金属结晶原理

王渠东　张楠楠　编著

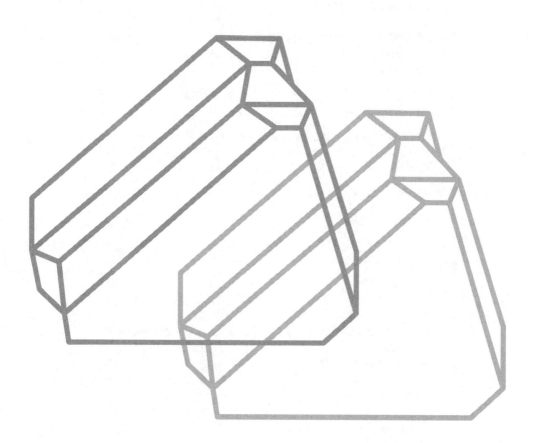

上海交通大学出版社
SHANGHAI JIAO TONG UNIVERSITY PRESS

内容提要

本书系统介绍了金属和合金凝固、塑性变形、薄膜制备过程中的金属结晶原理,主要内容包括晶体的形核、晶体的生长、晶体生长形态学、多相合金的结晶过程、定向凝固与单晶制备、快速凝固与非平衡结晶、电磁场中金属凝固的晶体生长、金属和合金的再结晶与晶体生长、薄膜制备过程中的晶体生长。本书可以作为材料科学与工程相关专业的研究生教材,也可以供相关专业的高年级本科生、研究人员、工程技术人员学习和参考。

图书在版编目(CIP)数据

金属结晶原理/ 王渠东,张楠楠编著. —上海:
上海交通大学出版社,2023.1
  ISBN 978 - 7 - 313 - 27800 - 5

Ⅰ.①金… Ⅱ.①王… ②张… Ⅲ.①金属-结晶-
研究 Ⅳ.①TG111.7

中国版本图书馆 CIP 数据核字(2022)第 206393 号

金属结晶原理
JINSHU JIEJING YUANLI

编   著:王渠东 张楠楠
出版发行:上海交通大学出版社   地   址:上海市番禺路 951 号
邮政编码:200030   电   话:021 - 64071208
印   制:上海景条印刷有限公司   经   销:全国新华书店
开   本:710 mm×1000 mm 1/16   印   张:22.25
字   数:385 千字
版   次:2023 年 1 月第 1 版   印   次:2023 年 1 月第 1 次印刷
书   号:ISBN 978 - 7 - 313 - 27800 - 5
定   价:65.00 元

前言 | *Foreword*

　　金属和合金在成为最终产品前，通常要经历一次甚至多次结晶过程，在从工业生产到固体物理的许多领域中，金属结晶都起着重要的作用。结晶过程是决定铸造、塑性加工、焊接、热处理、薄膜制备等产品组织和性能的关键坏节，例如，从大型的连续铸锭和铸件，到中型的高温合金单晶叶片以及相当小的高纯度晶体，都涉及结晶过程。因此，金属结晶原理是材料科学与工程专业的重要理论基础。长期以来，国内外虽然有一些研究晶体生长的专著，主要介绍晶体生长的物理基础、溶液中晶体生长等方面的知识，但是专门系统论述金属结晶原理基础知识的高等院校教材并不多。此外，现有有关金属凝固方面的专著和教材重点讲述金属凝固方面的理论，侧重于金属凝固过程中的传热传质、凝固热力学和动力学、固-液界面理论、凝固控制技术原理等内容，对金属凝固过程中的结晶原理还缺乏系统介绍，有关金属和合金的再结晶与晶粒长大、薄膜制备过程中晶体生长的知识则分散在其他相关书籍中。因此，截至目前，国内还缺少一本全面介绍金属结晶原理的教材。作者在上海交通大学材料科学与工程学院长期从事金属材料制备与成形加工技术相关的研究与开发工作，积累了丰富的理论知识和实践经验。有鉴于此，作者编著了教材《金属结晶原理》，包括金属和合金凝固、塑性变形、薄膜制备过程中的金属结晶原理等内容。

　　本教材是以作者近二十年为上海交通大学博士生开设的"结晶原理"课程为基础，结合自己的一些相关研究实践，旨在为材料科学与工程相关专业研究生提供一本内容系统而丰富的《金属结晶原理》教材。

本教材从理论与实践并重的角度出发,详尽地介绍了金属结晶原理基础知识。本教材以深入理解基本概念和基本理论为原则,尽可能地包含了多种环境和条件下金属结晶的相关知识,内容涵盖了晶体的形核,晶体的生长,共晶、包晶和偏晶等多相合金的结晶,定向凝固与单晶制备,快速凝固与非平衡结晶,电磁场中金属凝固的晶体生长,金属和合金的再结晶与晶体生长,以及薄膜制备过程中的晶体生长等,是目前较为全面的针对金属结晶生长相关理论知识的研究生教材。本书适合学习过材料科学基础、金属学等相关课程和知识的研究生作为金属结晶原理课程的教材或参考书,也可以供相关专业的高年级本科生、研究人员、工程技术人员学习和参考。

本书的出版得到了上海交通大学材料科学与工程学院和上海交通大学出版社的资助,作者在此致以衷心感谢。由于作者水平有限,书中可能存在问题和不足,恳请读者批评指正。

目录
Contents

第1章 晶体的形核

由热力学知识可知,一个系统若处于平衡态,则系统的吉布斯自由能最小,系统中的平衡相称为稳定相;若系统处于亚稳态,则此时系统中的相称为亚稳相。系统有从非平衡态过渡到平衡态的趋势,所以亚稳相也有过渡到稳定相的趋势。晶体生长,通常就是亚稳相不断转变成稳定相的动力学过程,或者说就是晶核不断形成并不断长大的过程,伴随这一过程发生的是系统的吉布斯自由能降低。对于金属凝固,结晶过程的第一步是在液相金属中形成固相的结晶核心,然后通过这些核心不断长大,完成液相向固相的转变。因而,形核是结晶过程研究的主要问题之一。

1.1 结晶的基本条件

晶体生长属于一级相变过程,即在发生相变时有体积的变化,同时也有热量的吸收或释放。因此,在结晶过程中,新相能否出现和如何出现,需要满足一定的基本条件。

1.1.1 结晶的热力学条件

结晶必须在过冷的条件下进行,这是由热力学原理所决定的。热力学第二定律告诉我们,在等温等压条件下,物质系统总是自发地从自由能较高的状态向自由能较低的状态转变。也就是说,只有伴随着自由能降低,该过程才能自发地进行;或者说,只有当新相的自由能低于旧相的自由能时,旧相才能自发地转变为新相。自由能 G 可用下式表示:

$$G = H - TS \tag{1.1.1}$$

式中,H 为热焓;T 为绝对温度;S 为熵。

在可逆过程中,熵的变化可以由下式表示:

$$dS = \frac{dQ}{T} \tag{1.1.2}$$

式中，Q 为环境与体系间的热量交换值。由式(1.1.1)可得

$$\frac{dG}{dT} = \frac{dH}{dT} - S - T\frac{dS}{dT} = \frac{dH}{dT} - S - \frac{dQ}{dT} \tag{1.1.3}$$

等压条件下，$dH = dQ$，于是得出

$$\frac{dG}{dT} = -S \tag{1.1.4}$$

将式(1.1.4)积分，可以得到某一温度时系统的自由能为

$$G = G_0 - \int_0^T S\, dT \tag{1.1.5}$$

式中，G_0 为绝对零度时的自由能，相当于绝对零度时的内能 U_0。同时，由于 $dQ = c_p dT$，故式(1.1.2)可表示为

$$S = \int_0^T \frac{c_p}{T}\, dT \tag{1.1.6}$$

式中，c_p 为定压比热容。将式(1.1.6)代入式(1.1.5)，可得

$$G = U_0 - \int_0^T \left[\int_0^T \frac{c_p}{T}\, dT \right] dT \tag{1.1.7}$$

式(1.1.6)和式(1.1.7)表明，体系的熵恒为正值，且随温度的上升而增加，而自由能随熵的增加而降低。将自由能与温度的变化关系绘成曲线，如图 1.1.1 所示。

从图 1.1.1 中可以看出，液相与固相自由能随温度变化的曲线各不相同。这是由于液相的比热容比其固相的比热容大，所以液相自由能随温度升高而下降的速率比固相的大，也就是说，液相曲线比固相曲线有更大的斜率。同时，在绝对零度时，固相的内能比液相的内能小，因此，固相曲线的上起点位置较低。基于上述分析，可以认为，液相自由能 G_L 与固相自由能 G_S 随温度变化的曲线必然在某一温度处相交，两条

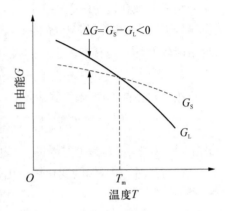

图 1.1.1 自由能随温度变化的示意图

曲线的交点对应的温度便是该材料的熔点 T_m,此时 $G_S = G_L$,$\Delta G = 0$。液相与固相共存,体系处于热力学平衡态,交点对应的温度 T_m 即为理论结晶温度。因此,当温度低于 T_m 时,固相自由能低于液相自由能,则液相会自发地转变为固相,这就是结晶的热力学条件。

在温度低于 T_m 的条件下,$G_S < G_L$,其差值为

$$\Delta G = \Delta H - T\Delta S = (H_S - H_L) - T(S_S - S_L) \tag{1.1.8}$$

式中,H_S 和 H_L 分别为单位体积物质固相和液相的焓;S_S 和 S_L 为单位体积物质固相和液相的熵。

若近似地假定液相、固相的密度相同,并令 H、S 分别为单位体积物质的热焓及熵,则 ΔG 即为单位体积物质固相与液相自由能的差值,记为 ΔG_V。只有当 ΔG_V 为负值时,固相才是稳定相。我们称负值的 ΔG_V 为结晶驱动力。在恒压下可得单位体积物质的热焓 ΔH_p 为

$$\Delta H_p = H_S - H_L = -L_m \tag{1.1.9}$$

$$\Delta S_m = S_S - S_L = \frac{-L_m}{T_m} \tag{1.1.10}$$

式中,L_m 为熔化潜热,表示固相转变为液相时体系向环境吸收或放出的热量,定义吸热为正值,放热为负值;ΔS_m 为固体的熔化熵,它主要反映固体转变成液体时组态熵的增加,可从熔化潜热与熔点的比值求得。将式(1.1.9)和式(1.1.10)代入式(1.1.8),并用 ΔG_V 代替 ΔG,可得

$$\Delta G_V = -L_m + \frac{TL_m}{T_m} = -L_m\left(\frac{T_m - T}{T_m}\right) = \frac{-L_m\Delta T}{T_m} \tag{1.1.11}$$

式中,ΔT 是熔点 T_m 与实际凝固温度 T 的差值,$\Delta T = T_m - T$,称为过冷度。由式(1.11)可知,要使 $\Delta G_V < 0$,必须使 $\Delta T > 0$,即 $T < T_m$,故要有一定的过冷度才能结晶。过冷度越大,自由能差 ΔG_V 越大,则结晶驱动力也就越大。这就从热力学条件出发,进一步说明了实际凝固温度应低于熔点 T_m,即需要有过冷度。

1.1.2 结晶的结构条件

结晶是晶核形成与长大的过程。那么,晶核从何而来?这是一个与液相结构有关的问题,因此,我们首先应了解液相结构的一些特征。

　　液体介于气体与固体之间,大量的实验数据证明它更像固体,特别是在接近熔点时的情况下。例如,对液态金属的 X 射线衍射研究指出,液态金属具有与固态金属相似的结构,在配位数及原子间距等方面相差无几,如表 1.1.1 所示。

表 1.1.1　液态与固态金属 X 射线衍射结果比较

金属	固　态		液　态		温度/℃
	配位数	原子距离/Å	配位数	原子距离/Å	
Zr	6	2.66	11	2.94	460
Au	12	2.88	11	2.86	1 100
Al	12	2.86	10.6	2.96	700
Na	8	3.72	8	3.36	390

　　进一步的研究认为,液态的结构从长程(整体)来说,原子排列是不规则的,而在短程(局部)范围内存在着接近于规则排列的原子集团,如图 1.1.2 所示。这种微小的原子集团的规则排列称为短程规则排列。

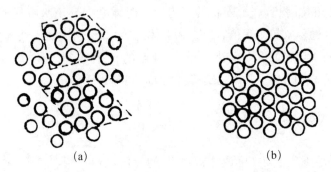

(a)　　　　　　　　　　　　　　　(b)

图 1.1.2　液态与固态金属结构示意图

(a) 液态;(b) 固态

　　晶核是由溶质的分子、原子或离子组成的。由于这些粒子每时每刻都在不停地快速运动着,所以又可以把这些粒子称为运动单元,即使是在新相与旧相处于平衡的状态下,对于极微小的任一空间的任一瞬间而言,各运动单元的位置、速度、能量等也都在迅速地变化着。但就宏观而论,由于这种波动太快也太小,以致我们测量到的物理量只是它们的时均值。这种波动就是通常所说的能量起伏和结构起伏。正如晶格理论指出的那样,在接近熔点的液体中,由于结构起伏

(也称为相起伏)的存在,一个运动单元才有可能进入另外一个运动单元的力场中,从而结合在一起,构成短程规则排列,这种短程规则排列就成为新相的生成基元团。虽然有的基元团又很快解体了,但它们确实能结合在一起。这些大小不同、存在时间很短、时聚时散的基元团具有与晶体固相相似的结构。这些基元团之间存在着一定的自由空间,或者模糊的边界,也可能在基元团的边界上共享一些原子。这种短程规则排列的基元团实际上就是结晶过程的晶胚。由此可知,结构起伏是液体结构的重要特征之一,它是产生晶核的基础。

综上所述,过冷是结晶的基本条件,因为只有过冷才能满足固相自由能低于液相自由能的条件,也只有过冷才能使液相中短程规则排列结构成为晶胚。

1.2 熔体中的相变驱动力

在熔体生长系统中,过冷熔体是亚稳相,而系统中的晶体是稳定相。亚稳相的吉布斯自由能较高,这是亚稳相能够转变为稳定相的原因,也是促使这种转变发生的相变驱动力(driven force of phase transformation)存在的原因。我们先给出相变驱动力的定义。晶体生长过程实际上是晶体-熔体界面向熔体中的推移过程。这个过程之所以会自发地进行,是由于熔体是亚稳相,其吉布斯自由能较高。如果晶体-熔体的界面面积为 A,垂直于界面的位移为 Δx,这个过程中系统降低的吉布斯自由能为 ΔG,界面上单位面积的驱动力为 f,于是上述过程中驱动力所做的功为 $fA\Delta x$。驱动力所做的功等于系统降低的吉布斯自由能,即

$$fA\Delta x = -\Delta G \tag{1.2.1}$$

故

$$f = -\frac{\Delta G}{\Delta V} \tag{1.2.2}$$

式中, $\Delta V = A\Delta x$,表示上述过程中生长的晶体体积。因此,生长驱动力在数值上等于生长单位体积的晶体所引起的系统吉布斯自由能的降低;负号表示界面向熔体中位移引起系统自由能降低。

若单个原子由亚稳相熔体转变为晶体所引起吉布斯自由能的降低为 Δg,单个原子的体积为 Ω_s,单位体积的原子数为 N,则有

$$\Delta G = N \Delta g \tag{1.2.3}$$

$$\Delta V = N \Omega_s \tag{1.2.4}$$

将式(1.2.3)和式(1.2.4)代入式(1.2.2),得到

$$f = -\frac{\Delta g}{\Omega_s} \tag{1.2.5}$$

若熔体为亚稳相,$\Delta g < 0$,则 $f > 0$,这表明 f 指向流体,故 f 为生长驱动力。若晶体为亚稳相,$\Delta g > 0$,则 $f < 0$,f 指向晶体,故 f 为熔化、升华或溶解驱动力。由于 Δg 和 f 只相差一个常数,因而往往将 Δg 也称为相变驱动力。

当结晶物质处在熔点温度 T_m 时,熔体与晶体两相呈热力学平衡状态,此时,两相间无相变驱动力,晶体处在既不熔化也不生长的状态。当熔体的实际温度 T 低于 T_m 时,熔体处于亚稳态,此时,由于晶体与熔体的吉布斯自由能不同,两相间就存在相变驱动力,熔体相有向晶体相转变的趋势。

当熔体与晶体两相处于平衡状态时,熔体与晶体的摩尔吉布斯自由能相等,即

$$\mu_L(T_m) = \mu_S(T_m) \tag{1.2.6}$$

根据吉布斯自由能的定义 $G = H - TS$,可得

$$\Delta H(T_m) = T_m \Delta S(T_m) \tag{1.2.7}$$

式中,$\Delta H(T_m)$、$\Delta S(T_m)$ 分别代表温度为 T_m 时,晶体与熔体两相中摩尔焓的差值和摩尔熵的差值。相变发生时,根据式(1.1.9)、式(1.1.10),与相变潜热的关系可以表示为

$$\Delta H(T_m) = -L_m \tag{1.2.8}$$

$$\Delta S(T_m) = \frac{-L_m}{T_m} \tag{1.2.9}$$

当系统处在温度 T 时,由于 $T < T_m$,熔体与晶体的吉布斯自由能不同,其差值为

$$\Delta \mu(T) = \mu_L(T) - \mu_S(T) = \Delta H(T) - T \Delta S(T) \tag{1.2.10}$$

式中,$\Delta H(T)$ 和 $\Delta S(T)$ 分别代表温度为 T 时,晶体与熔体两相中摩尔焓的差值和摩尔熵的差值,它们都是温度的函数。在熔体生长系统中,一般情况下,认

为 T 只略低于 T_{m}，即过冷度 ΔT 较小，因而可以近似地认为 $\Delta H(T) \approx \Delta H(T_{\mathrm{m}})$ 和 $\Delta S(T) \approx \Delta S(T_{\mathrm{m}})$，于是，将式(1.2.8)和式(1.2.9)代入式(1.2.10)得到

$$\Delta \mu(T) = -L_{\mathrm{m}} + T \frac{L_{\mathrm{m}}}{T_{\mathrm{m}}} = -L_{\mathrm{m}} \frac{\Delta T}{T_{\mathrm{m}}} \tag{1.2.11}$$

因而温度为 T 时，单个原子由熔体转变为晶体时，吉布斯自由能的降低为

$$\Delta g = -l_{\mathrm{m}} \frac{\Delta T}{T_{\mathrm{m}}} \tag{1.2.12}$$

式中，l_{m} 为单个原子的熔化潜热，$l_{\mathrm{m}} = \dfrac{L_{\mathrm{m}}}{N_0}$。于是，将式(1.2.12)代入式(1.2.5)，可得熔体生长的驱动力为

$$f = \frac{l_{\mathrm{m}} \Delta T}{T_{\mathrm{m}} \Omega_{\mathrm{s}}} \tag{1.2.13}$$

在通常的熔体生长系统中，式(1.2.13)已经足够精确，但当晶体与熔体的定压比热容相差较大或过冷度较大时，更为精确驱动力的表达式为[1]

$$\Delta g = -l_{\mathrm{m}} \frac{\Delta T}{T_{\mathrm{m}}} + \Delta c_p \left[\Delta T - T \ln \frac{T_{\mathrm{m}}}{T} \right] \tag{1.2.14}$$

式中，$\Delta c_p = c_p^{\mathrm{L}} - c_p^{\mathrm{S}}$ 为两相定压比热容的差值。可以看到，当 Δc_p 较小且 T 与 T_{m} 比较接近时，式(1.2.14)近似变为式(1.2.13)。

1.3　亚稳态

在温度和压强不变的条件下，当系统没有完全达到平衡态时，可以把它分成若干部分，每一部分可近似地认为已经达到了局域平衡，因而可以存在吉布斯自由能函数。整个系统的吉布斯自由能就是各部分吉布斯自由能的总和。整个系统的吉布斯自由能可能存在几个极小值，其中最小的极小值就相当于系统的稳定态，其他较大的极小值相当于亚稳态。

如果吉布斯自由能函数为连续函数，在两个相邻极小值间必然存在一个极大值。对于亚稳态，当无限小地偏离其极小值时，系统的吉布斯自由能是增加

的,因此系统立即回到初态;但有限地偏离时,系统就可能越过相邻的吉布斯自由能的极大值,而不能回复到初态;相反地,就有可能过渡到另一种状态,这种状态的吉布斯自由能的极小值可能是系统中最小的,则系统过渡到稳态,否则,系统过渡到另一种亚稳态。显然,亚稳态在一定限度内是稳定的状态,但处于亚稳态的系统是迟早要过渡到稳定态的。

如前所述,在两个相邻极小值(其一为系统中最小的极小值)间存在一个极大值,该极大值就是由亚稳态转变到稳定态所必须克服的能量位垒。亚稳态与稳定态间存在能量位垒,这是亚稳态能够存在而不立即转变为稳定态的必要条件。但是亚稳态迟早会过渡到稳定态,例如生长系统中的过冷熔体终究会结晶。在这类亚稳态系统中,结晶的方式只能是由无到有、由小到大,这就给熔体(亚稳态)转变为晶体(稳定态)设置了障碍。这个转变能否实现以及如何实现,这不是平衡态理论所能回答的问题,它属于相变动力学的范畴。下面将介绍新相晶核的形核方式。

1.4 均匀形核

形核方式可以分为两种:第一种是新相晶核在母相中均匀地生成,即晶核由液相中的一些原子团直接形成,不受杂质粒子或外表面的影响,称为均匀形核;第二种是新相优先在母相中存在的异质处形核,即依附于液相中的杂质或外表面来形核,称为非均匀(异质)形核。在实际熔体中,不可避免地存在杂质和外表面(如容器表面),因而其凝固方式主要是非均匀形核。但是,非均匀形核的基本原理是建立在均匀形核的基础上的,因此首先要了解均匀形核的相关理论,才能解决非均匀形核的问题。

1.4.1 晶核的形成能和临界尺寸

当液体中出现晶核时,系统吉布斯自由能的变化由两部分组成:一部分是液相和固相体积吉布斯自由能差,它是相变的驱动力;另一部分是由于出现了固-液界面,系统增加了界面能,它是相变的阻力。因此,系统总的吉布斯自由能变化可以表示为

$$\Delta G = \Delta G_V V + \sigma_{LS} A \tag{1.4.1}$$

式中,σ_{LS} 为固-液界面张力;V 为晶核体积;A 为晶核表面积。

当晶核为球形时,系统总的吉布斯自由能表示为

$$\Delta G = 4\pi r^3 \Delta G_V/3 + 4\pi r^2 \sigma_{LS} \tag{1.4.2}$$

式中，r 为晶胚半径。

在一定温度下，ΔG_V 和 σ_{LS} 是确定值。ΔG
随 r 变化的曲线如图 1.4.1 所示。由图可知，
ΔG 在半径为 r^* 时达到最大值。当晶胚半径
$r < r^*$ 时，晶胚的长大将导致系统自由能的增
加，故这种尺寸的晶胚不稳定，难以长大，最终
熔化而消失。当 $r \geqslant r^*$ 时，晶胚的长大使系统
自由能降低，这些晶胚就成为稳定的晶核。因
此，半径为 r^* 的晶核称为临界晶核，而 r^* 称
为临界晶核半径。由此可见，在过冷熔体中，
不是所有晶胚都能成为稳定的晶核，只有达到
临界半径的晶胚才能成为稳定的晶核。为此，
将式(1.4.2)对 r 求导，并令 $\mathrm{d}\Delta G/\mathrm{d}r = 0$，即可
求出临界晶核半径为

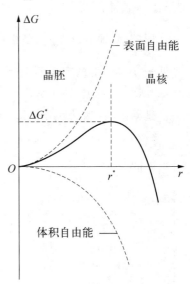

图 1.4.1　不同温度下晶核尺寸与
吉布斯自由能的关系

$$r^* = \frac{-2\sigma_{LS}}{\Delta G_V} \tag{1.4.3}$$

将式(1.4.3)代入式(1.4.2)，即得最大形核功为

$$\Delta G^* = \frac{16}{3}\pi\left(\frac{\sigma_{LS}^3}{\Delta G_V^2}\right) \tag{1.4.4}$$

由于临界晶核的表面积为

$$A^* = 4\pi(r^*)^2 = 16\pi\left(\frac{\sigma_{LS}}{\Delta G_V}\right)^2 \tag{1.4.5}$$

故最大形核功化简为

$$\Delta G^* = \frac{1}{3}A^*\sigma_{LS} \tag{1.4.6}$$

即临界形核功相当于表面能的 1/3，这意味着固、液相之间吉布斯自由能差只能
供给形成临界晶核所需表面能的 2/3，剩余 1/3 的能量要靠能量起伏来补足。
能量起伏是指体系中每个微小体积所实际具有的能量会偏离体系平均能量水平
而瞬时涨落的现象。

1.4.2 晶体的形核率

形核率,即形核速度,是指在单位体积中单位时间内形成的晶核数目。当温度低于 T_m 时,形核率受两个因素控制:一个是形核功因子,$\exp\left(\dfrac{-\Delta G^*}{kT}\right)$;另一个是原子的扩散概率因子,$\exp\left(\dfrac{-Q}{kT}\right)$。因此,形核率可以表示为

$$N = K\exp\left(\frac{-\Delta G^*}{kT}\right)\exp\left(\frac{-Q}{kT}\right)$$

$$(1.4.7)$$

式中,K 为比例常数;Q 为原子越过液、固相界面的扩散激活能;k 为玻尔兹曼常数。

形核率与过冷度的关系如图 1.4.2 所示。过冷度较小时,形核率主要受形核率因子控制;随着过冷度增加,所需的临界形核半径减小,因此形核率迅速增加,并达到最大值;随后,当过冷度继续增大时,尽管所需的临界晶核半径继续减小,但由于原子在较低温度下难以扩散,此时,形核率受扩散概率因子控制,即达到峰值后,随温度的降低,形核率随之减小。

对于液态金属来说,形核率随温度下降至 T^* 时突然显著增大,此时 T^* 可视为均匀形核的有效形核温度。随着过冷度增加,形核率继续增大,未达到图1.4.2 所示的峰值之前,结晶已经完成。多种易流动熔体的结晶实验结果表明,对于大多数熔体,观察到均匀形核的有效过冷度 $\Delta T^* \approx 0.2T_m$,如图 1.4.3 所示。

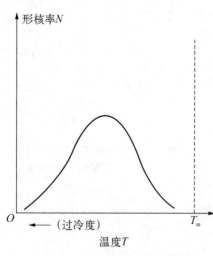

图 1.4.2　形核率与温度的关系

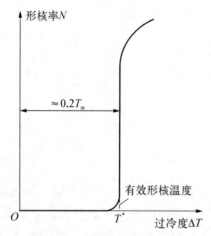

图 1.4.3　金属的形核率 N 与过冷度 ΔT 的关系

1.5　非均匀形核

除非在特殊的实验室条件下,液态金属中不会出现均匀形核。如前所述,液态金属均匀形核所需的过冷度很大,约为 $0.2T_m$,例如,纯铁均匀形核时的过冷度达 295 ℃。但通常情况下,金属凝固形核的过冷度一般不超过 20 ℃,其原因在于非均匀形核,即由于外界因素,如杂质颗粒或铸型内壁等,促进了结晶晶核的形成。依附于这些已存在的表面可使形核界面能降低,因而形核可在较小过冷度下发生。

1.5.1　形核功与临界半径

假定晶胚在夹杂颗粒表面上形成一个球冠[2],如图 1.5.1 所示。此时有三种界面能出现,即 σ_{LS}(液-固)、σ_{LC}(液-衬底)、σ_{CS}(衬底-固),当达到平衡时,三者具有下列关系:

$$\sigma_{LC} = \sigma_{CS} + \sigma_{LS}\cos\theta \tag{1.5.1}$$

$$\cos\theta = \frac{\sigma_{LC} - \sigma_{CS}}{\sigma_{LS}} \tag{1.5.2}$$

式中,θ 为新相和衬底的润湿角,$\cos\theta$ 为衡量晶体在夹杂颗粒表面上扩展倾向的一个量度,它对非自发形核功起着重要作用。为计算形核功,必须知道晶核球冠的体积(V)、晶核与夹杂的接触面积(A_1)以及晶核与液体的接触面积(A_2)。可得 A_1、A_2 和 V 的表达式为

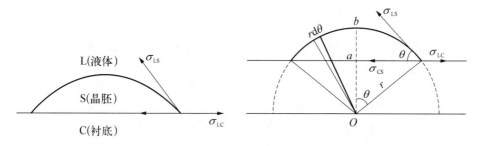

图 1.5.1　非均匀形核示意图

$$A_1 = \pi(r\sin\theta)^2 \tag{1.5.3}$$

$$A_2 = \int_0^\theta (2\pi r\sin\theta)(r\,\mathrm{d}\theta) = 2\pi r^2(1 - \cos\theta) \tag{1.5.4}$$

$$V = \int_0^\theta \left[\pi (r \sin \theta)^2 \right] \mathrm{d} \left[r - (r \cos \theta) \right] = \pi r^3 \left[\frac{2 - 3\cos \theta + \cos^3 \theta}{3} \right] \quad (1.5.5)$$

下面计算形成晶核前后的界面能变化。晶核形成前,液体与夹杂界面接触,其界面能为

$$\sigma_{LC} A_1 = \sigma_{LC} \pi r^2 \sin^2 \theta \quad (1.5.6)$$

晶核形成后的界面能为

$$\sigma_{LS} A_2 + \sigma_{CS} A_1 = \sigma_{LS} 2\pi r^2 (1 - \cos \theta) + \sigma_{CS} \pi r^2 \sin^2 \theta \quad (1.5.7)$$

晶核形成前后的界面能变化 ΔG_i 为

$$\Delta G_i = \sigma_{LS} A_2 + \sigma_{CS} A_1 - \sigma_{LC} A_1 = 2\pi r^2 \sigma_{LS} (1 - \cos \theta) + \pi r^2 \sin^2 \theta (\sigma_{CS} - \sigma_{LC})$$
$$(1.5.8)$$

将 $\sigma_{LC} - \sigma_{CS} = \sigma_{LS} \cos \theta$ 代入式(1.5.8),得

$$\Delta G_i = \pi r^2 \sigma_{LS} (2 - 3\cos \theta + \cos^3 \theta) \quad (1.5.9)$$

晶核形成前后体积吉布斯自由能的变化为

$$V \Delta G_V = \pi r^3 \left(\frac{2 - 3\cos \theta + \cos^3 \theta}{3} \right) \Delta G_V \quad (1.5.10)$$

因此,非均质形核时总的吉布斯自由能变化为

$$\Delta G_{he} = V \Delta G_V + \Delta G_i = \left[(4\pi r^3 / 3) \Delta G_V + 4\pi r^2 \sigma_{LS} \right] \left(\frac{2 - 3\cos \theta + \cos^3 \theta}{4} \right)$$
$$(1.5.11)$$

为了求解非自发形核时的临界半径 r_{he}^* 及其形核功,可令 $\mathrm{d}\Delta G_{he} / \mathrm{d}r = 0$,得

$$r_{he}^* = \frac{-2\sigma_{LS}}{\Delta G_V} \quad (1.5.12)$$

上式与自发形核的计算式[式(1.4.3)]相同。为此,非自发形核功为

$$\Delta G_{he}^* = \frac{16\pi \sigma_{LS}^3}{3\Delta G_V^2} \left(\frac{2 - 3\cos \theta + \cos^3 \theta}{4} \right) = \Delta G_{ho}^* f(\theta) \quad (1.5.13)$$

式(1.5.13)即为非自发形核功公式。非自发形核功 ΔG_{he}^* 与自发形核功 ΔG_{ho}^* 之比为

$$f(\theta) = \frac{2 - 3\cos\theta + \cos^3\theta}{4} \tag{1.5.14}$$

当 $\theta = 0°$ 时，$\Delta G_{he}^* = 0$，此时非自发形核不需要形核功，在无过冷的情况下即可形核。当 $\theta = 180°$ 时，$\Delta G_{he}^* = \Delta G_{ho}^*$，此时该衬底对形核没有促进作用，这种情况与自发形核相同。当 θ 在 $0° \sim 180°$ 的范围内变化时，$\Delta G_{he}^* < \Delta G_{ho}^*$，此时该衬底对形核有促进作用，非自发形核与自发形核相比，所需要的过冷度小，更容易形成晶核。

非自发形核功与自发形核功的比值随润湿角 θ 的变化如图 1.5.2 所示，这里可以看出，润湿角 θ 的大小直接影响着非自发形核的难易程度。非均质形核功与 θ 成正相关。尽管润湿角在非自发形核中有着重要作用，但是用实验方法测定润湿角是困难的，因为在形核过程中，只有几十个原子参与形核过程。当在夹杂表面形成晶胚球冠时，在球冠体积一定的情况下，润湿角愈小，球面的曲率半径愈大。这样，在较小的过冷度下便可出现达到临界半径条件的晶胚，所以润湿角愈小，夹杂界面的形核能力愈强。图 1.5.3 所示为不同润湿角对应的过冷度与润湿角和曲率半径 r' 的关系。过冷度 ΔT 愈大，晶胚尺寸愈大，其曲率半径愈大。但在相同的过冷度下，润湿角愈小的晶胚，在折合成同体积的情况下，其曲率半径愈大。它们与临界半径 r^* 和 ΔT 的关系曲线的交点即为该润湿角相应的形核过冷度。由图 1.5.3 可知，θ 愈小，形核过冷度愈小，即其形核能力愈强。上述情况必须满足几个先决条件：润湿角与温度无关；夹杂的基底面积要大于晶胚接触所需要的面积；晶胚与夹杂的接触面为平面。

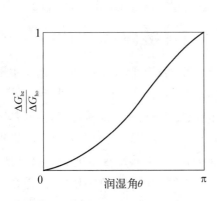

图 1.5.2　润湿角对非均质形核的影响

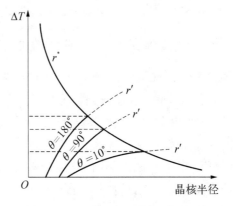

图 1.5.3　非均质形核的形核过冷度与润湿角及晶核尺寸的关系

通过以上分析,我们知道,含有一定数目原子的晶胚在夹杂表面上形成一个球冠时,要比形成一个体积与之相等的完整球体具有更大的曲率半径。因此,在一定的过冷度下,出现具有临界曲率半径的晶核时,球冠中含有的原子数比具有同样曲率半径的球体中所含的原子数要少得多。由此可知,液相中晶胚附在适当的界面上形核时,体积较小的晶胚便可达到临界曲率半径。因此,在较小的过冷度下,当自发形核的速率还微不足道时,非自发形核便开始了。图 1.5.4 表明了非均匀形核与均匀形核之间的差异。由图 1.5.4 可知,最主要的差异在于非均匀形核所需的过冷度比均匀形核所需的过冷度小得多。非均匀形核在过冷度约为 $0.02T_m$ 时,形核率已达到最大值。另外,非均匀形核率由低向高的过渡较为平缓;达到最大值后,结晶并未结束,形核率下降至凝固完毕。这是因为非均匀形核需要合适的基底,当晶核很快地在基底界面上铺开时,可供形核的基底面积减小,在基底面积减小到一定程度时,形核率降低。

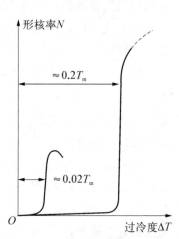

图 1.5.4 均匀形核率与非均匀形核率随过冷度变化的对比

1.5.2 基底性质及形状对非均匀形核的影响

从上述分析可以看出,晶核与基底之间的润湿角是一个很重要的参数。但是目前还不太清楚究竟有哪些因素影响润湿角的大小。

从非均匀形核的形核功表达式[即式(1.5.13)]可以看出,当润湿角趋于 0 时,

形核的效能最高,甚至在没有过冷度的情况下也能形核。从 $\cos\theta = \dfrac{\sigma_{LC} - \sigma_{CS}}{\sigma_{LS}}$ 可

知,当 θ 趋于 $0°$ 时,$\cos\theta$ 趋于 1,即 σ_{CS} 趋于最小,因为通常 $\sigma_{LC} > \sigma_{LS}$,这是由于熔体和晶核间的原子排列较为接近。为使 $\cos\theta$ 不出现负值,σ_{CS} 应小于 σ_{LC},而且是越小越好,因为 σ_{CS} 越小,则 $\cos\theta$ 值越有可能趋近于 1。因此,晶核与基底间的表面能 σ_{CS} 越小,就越有利于非均匀形核。根据表面能产生的原因不难理解,两个相互接触的晶面结构(点阵类型、晶格常数、原子大小)越近似,它们之间的表面能就越小,即使只在接触面的某一方向上结构排列配合得比较好,也会使表面能有所降低。这个规律称为"结构相似、尺寸相应"原理,也称为点阵匹配原理。凡是满足点阵匹配原理的界面,就可能对形核起到促进作用。

另外,假若提供形核的界面不是平面,而是曲面,则界面的曲率大小与方向(凸、凹)也会对形核产生不同的影响。图 1.5.5 所示为在三个不同形状的基底界面上形成的三个晶核,它们具有相同的曲率半径和相同的润湿角 θ,但三个晶核的体积却不一样。凸面上形成的晶核体积最大,平面上次之,凹面上最小。由此可见,在曲率半径、润湿角相同的情况下,晶核体积随界面曲率的不同而不同。

凹面形核效能最高,因为较小体积的晶胚便可达到临界形核半径,平面形核效能次之,凸面的最低。因此,凹面的形核过冷度比平面和凸面的形核过冷度都要小。铸型壁上的深孔或微裂纹属于凹曲面的一种情况,在结晶凝固时,这些地方易于形核,有可能成为促进非均匀形核的有效界面。

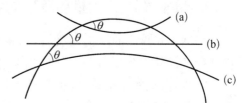

图 1.5.5　当润湿角 θ 与曲率半径相同时,在凹面、平面和凸面上形核的体积

(a) 凹面;(b) 平面;(c) 凸面

1.6　界面失配对形核行为的影响

在前面所阐述的理论中,我们将衬底与晶胚间的界面性质对形核行为的影响笼统地归结为对润湿角的影响而没有进行细致分析。一般说来,衬底与晶胚的点阵和结构是不同的,或者说,在界面处,衬底与晶胚的点阵是不匹配的。通常,这种不匹配对形核行为的影响只有一部分可以概括在界面能内,另一部分是在晶胚及衬底中引起了弹性畸变。这种弹性畸变所产生的弹性能同样也影响了形核行为。这里我们将讨论界面处的点阵不匹配对界面能和弹性能的影响,以及如何通过它们影响形核行为。

界面能通常由两部分构成:一部分与界面两侧异相原子的化学交互作用有关,我们将这部分能量称为界面能的化学部分,记为 $\sigma_{化学}$;另一部分与界面两侧异相点阵的不匹配有关,这部分能量称为界面能的结构部分,记为 $\sigma_{结构}$。 于是,衬底与晶胚间的界面能为

$$\sigma_{CS} = \sigma_{化学} + \sigma_{结构} \tag{1.6.1}$$

若界面处异相(衬底和晶胚)原子间由于化学交互作用形成的键称为混合键,在界面上单位面积形成的混合键的数目为 ξ,混合键的键合能为 ϕ_{CS},衬底本身原子间的键合能为 ϕ_C,晶体晶胚中原子的键合能为 ϕ_S,于是,由于出现混

合键而对界面能的贡献为

$$\sigma_{化学} = \phi_{CS} - \frac{1}{2}\xi(\phi_C + \phi_S) \tag{1.6.2}$$

这就是界面能的化学部分。

1.6.1 共格界面、半共格界面与非共格界面

依据固相界面的结构,我们可以将界面分成三种类型。第一种类型是界面两侧的晶体点阵保持一定的位相关系,而沿着界面的两相具有相同或相近的原子排列(见图1.6.1),这种类型的界面称为共格界面(coherent interface)。共格界面的界面能结构部分 $\sigma_{结构} = 0$。如果界面两侧的点阵不匹配[见图1.6.1(b)],则这种点阵不匹配将完全转变为两相之间的弹性能。第二种类型的界面称为非共格界面(incoherent interface),其界面两侧的点阵不保持任何的位相关系,沿着界面,两相具有完全不同的原子排列,两相是完全不匹配的。非共格界面的 $\sigma_{结构}$ 较大,但在两相中不产生弹性能。第三种类型的界面介于上述两者之间,称为半共格界面(semicoherent interface),界面两侧的点阵仍保持一定的位相关系,虽然界面的原子排列有差异,但还比较接近,可以将这种类型的界面看作由共格区域和非共格区域(错配区域)构成,如图1.6.2所示。这种界面由于错配区域的存在,具有一定的 $\sigma_{结构}$,同时也具有一定的弹性能。

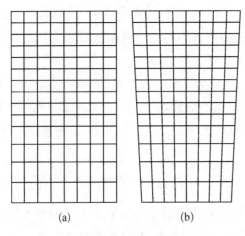

图 1.6.1 共格界面

(a) 晶体点阵保持一定的位相关系;(b) 点阵不匹配

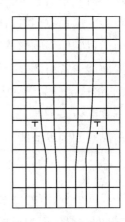

图 1.6.2 半共格界面

　　关于非共格界面,由于在衬底和晶胚中不引起弹性能,因而它对形核行为的影响可以完全归结为界面能的影响。因此,上节中阐述的非均匀形核理论对非共格界面是适用的。一般说来,无法使衬底与晶体晶胚完全匹配,也就是说,通常得不到如图 1.6.1(a)所示的共格界面。实际上我们所选用的衬底,其与外延层(晶体薄膜)在界面两侧的原子排列都是稍有差异的。因此,实验上只能得到如图 1.6.1(b)所示的共格界面。在这种情况下,弹性能与外延层的体积成正比,当外延层的厚度增加到某临界值时,这种共格界面显得不稳定,将转变为半共格界面,这样消减了长程应力场,降低了总能量[3]。因此,外延生长中的界面多为半共格界面。我们将着重讨论半共格界面。

1.6.2　错配度引起的弹性畸变和错配位错

　　对于半共格界面,如果两相沿界面的原子排布相同,原子间距不同,令 a_C°、a_S° 分别代表衬底与晶体晶胚的原子间距(平衡间距)[见图 1.6.3(a)],则理想错合度(ideal disregistry)定义为

$$\delta_i = \frac{a_C^\circ - a_S^\circ}{a_S^\circ} \tag{1.6.3}$$

　　若两相的原子间距相同,但原子列的取向存在角度差异,则理想错合度 δ_i' 定义为

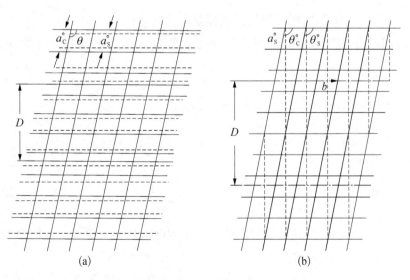

图 1.6.3　错配位错

(a) 刃型;(b) 螺型

$$\delta'_i = \frac{\theta^\circ_C - \theta^\circ_S}{\theta^\circ_S} \tag{1.6.4}$$

式中,θ°_C 和 θ°_S 分别为衬底与晶体晶胚的原子列角度。可以看出,由于两相在界面处不完全匹配,产生了理想错合度。理想错合度或由界面两侧晶体的弹性畸变来容纳[见图 1.6.1(b)],或由界面产生错配位错(misfit dislocation)来容纳(见图 1.6.2),或由两者共同容纳。

如果理想错合度完全由弹性畸变来容纳,则两相之间的界面为图 1.6.1(b)所示的共格界面。但由于在衬底上形成晶胚的体积较小,我们假定弹性畸变完全发生于晶胚中,于是晶胚中的两种弹性应变 e 和 e' 就等于理想错合度,即

$$e = \delta_i = \frac{a^\circ_C - a^\circ_S}{a^\circ_S} \tag{1.6.5}$$

$$e' = \delta'_i = \frac{\theta^\circ_C - \theta^\circ_S}{\theta^\circ_S} \tag{1.6.6}$$

由弹性力学可知,此时单位体积中的应变能为

$$\Delta G_e = ce^2 = c\delta^2_i \tag{1.6.7}$$

$$\Delta G'_e = c'e'^2 = c'\delta'^2_i \tag{1.6.8}$$

式中,c 和 c' 是与晶体弹性模量、切变模量有关的常数。

若理想错合度 δ_i(或 δ'_i)只能部分被晶体晶胚中的弹性畸变所容纳,则实际错合度(actual disregistry)为

$$\delta = \delta_i = \frac{a^\circ_C - a_S}{a^\circ_S} \tag{1.6.9}$$

或

$$\delta'_i = \delta'_i - e' = \frac{\theta^\circ_C - \theta_S}{\theta^\circ_S} \tag{1.6.10}$$

式中,a_S、θ_S 是晶体弹性畸变后的原子间距和原子列间夹角。实际错合度将由界面产生错配位错来容纳。

如果界面处两相原子列的方位一致,但原子间距不同,则实际错合度的计算式为式(1.6.9)。在这种情况下,实际错合度将由界面上的刃型错配位错列或网

格来容纳,如图 1.6.3(a)所示。如果界面处两相原子间距相等,但原子列的方位有差异,则实际错合度的计算式为式(1.6.10)。在这种情况下,实际错合度由螺型错配位错列或网格来容纳,如图 1.6.3(b)所示。而在一般情况下,界面上是混合型的位错网格。

若实际错合度满足式(1.6.9),则界面上产生一列刃型错配位错,如图 1.6.3(a)所示。其间距为

$$D = a_S^\circ \sin \theta_C^\circ / \delta = (a_S^\circ)^2 \sin \theta / \mid a_C^\circ - a_S^\circ \mid \tag{1.6.11}$$

若实际错合度满足式(1.6.10),则界面上产生一列螺型错配位错,如图 1.6.3(b)所示。其间距为

$$D = a_S^\circ \sin \theta_C^\circ / \delta' \tag{1.6.12}$$

由式(1.6.11)可以看出,若 $\delta = 0.02$,则刃型错配位错的间距为

$$D \approx 50 a_S^\circ$$

即实际错合度为原子间距的 2% 时,每相隔 50 个原子间距,实际错配量的总和正好等于一个原子间距。如果 $a_S^\circ > a_C^\circ$,则在晶体中要求抽出一个半原子平面,即要求出现一个刃型错配位错。这就是说,在 50 个原子间距内产生一个刃型错配位错正好容纳该范围内的总实际错配量。

实际错合度越大,错配位错间的距离越小。例如

$$\delta = 0.04, \ D \approx 50 a_S^\circ \tag{1.6.13}$$

$$\delta = 0.1, \ D \approx 10 a_S^\circ \tag{1.6.14}$$

若 δ 太大,使 D 接近于原子间距,则错配位错的意义就不明确了,此时的界面就成为非共格界面。

1.6.3　错配位错对界面能的贡献

下面我们进一步讨论错配位错对界面能的贡献,即得出 $\sigma_{结构}$ 与 δ 的关系。我们仍然假设所有弹性应变完全发生于晶胚内(在衬底内不引起弹性应变),并假设晶胚的弹性是各向同性的,忽略界面上相邻位错间的交互作用,则界面上单位长度刃型错配位错的弹性能为[4]

$$G_\perp = B + \frac{\mu (a_S^\circ)^2}{4\pi(1-\nu)} \ln\left(\frac{R}{a_S^\circ}\right) \tag{1.6.15}$$

式中，B 为单位长度位错的核心能；R 为位错应力场所及区域的线度；μ 为切变模量；ν 为泊松比。

若衬底与晶体都是简单立方晶体，界面为 $\{001\}$ 面，晶格参数分别为 a_C° 和 a_S°，则在界面上形成的是由两组正交的刃型错配位错构成的正方网格。网格的宽度 D 由式(1.6.12)给出。网格的面积为 D^2，每一网格中位错线的长度为 $2D$（每一位错线分别属于两相邻网格）。由此可得，界面上单位面积的位错线长度为 $2/D$。因此，单位面积上错配位错对界面能的贡献为

$$\sigma_{结构} = G_\perp \frac{2}{D} = \frac{2G_\perp}{a_S^\circ}\delta \tag{1.6.16}$$

由式(1.6.15)可以看出，$G_\perp$ 可以近似看作一个常数。于是有

$$\sigma_{结构} = \Lambda\delta \tag{1.6.17}$$

式中，Λ 可看作与 δ 无关的量，其表达式为

$$\Lambda = \frac{2}{a_S^\circ}\left[B + \frac{\mu(a_S^\circ)^2}{4\pi(1-\nu)}\ln\left(\frac{R}{a_S^\circ}\right)\right] \tag{1.6.18}$$

于是我们得出如下结论，界面处的不匹配可能引起两种效应：其一是引起晶胚(或外延晶体层)的弹性畸变，从而引起与理想错合度的平方成正比的弹性能[见式(1.6.7)和式(1.6.8)]；其二是在界面上产生错配位错，从而引起界面能的增加，此项界面能 $\sigma_{结构}$ 与实际错合度成正比[见式(1.6.17)]。

实际上，界面处的不匹配是由弹性畸变容纳，还是由产生错配位错容纳，或由两者共同容纳，这取决于如何能使系统的自由能降低。我们假设界面的不匹配全由弹性畸变容纳，或是全由产生错配位错容纳，根据式(1.6.7)和式(1.6.17)，两种方式引起系统的能量增加与理想错合度的关系如图1.6.4所示。图1.6.4中，直线表示错配位错所产生的界面能与理想错合度的关系，而抛物线表示弹性能与理想错合度的关系。由图可以看出，当 δ_i 较小时，将由晶体的弹性畸变来容纳界面的不匹配，因为这样所引起的系统能量增加值最小，在这种情况下，可能出现共格界面。当 δ_i 较大时，界面不匹配由错配位错来容纳；如果 δ_i 很大，产生的位错密度很高，使位错间距小于原子间距，则可能出现非共格界面。当 $\delta_i \approx \delta_i^*$ 时，可能出现两者共同容纳的情况，即出现半共格界面。但是由于晶体中的总弹性能与外延晶体的体积成正比，而总界面能 $\sigma_{结构}$ 与界面面积成正比，因而曲线的交点 δ_i^* 将随外延晶体体积的增加而减小。范德默夫(van der Merwe)比较严格地计算了半共格界面的能量[5]，分析了刃型错配位错列以及螺型错配位错网格的情况，所得的部分结果如图 1.6.5 所示。可以看出，其结果与上述估计的结果(见图 1.6.4)相似。假设界面处的不匹配全由错配位错容纳，该情况下得到的界面能与理想错合度的关系如图 1.6.5 中的实线所示。这与我们粗略估计所得的线性关系式[式(1.6.13)]有较大差别。曲线 A 代表外延晶体层的厚度为无限大时的情况，曲线 B 代表外延晶体层为单原子层的情况。可以看出，曲线 A 与曲线 B 的差异很小，这是由于上述错配位错组态的应力场和应变场是随着界面之间距离的增加而指数衰减的，这反映了错配位错与晶体中位错的弹性性质的差异。此外，在界面处的不匹配全为弹性畸变容纳的情况下，范德默夫假设外延晶体遭到均匀压缩或拉伸后再与衬底相匹配，则单位面积所具有的弹性能约为 $2\mu h \delta_i^2$，其中 μ 为外延晶体的切变模量，h 为外延层厚度。图 1.6.5 中曲线 C 是单原子厚度外延晶体的弹性能与 δ_i 的关系曲线。由于弹性能是厚度 h 的函数，因此，弹性能曲线与界面能曲线的交点 δ_i^* 也是 h 的函数。表 1.6.1 列出了不同厚度外延层的 δ_i^*。可以看出，对给定的外延生长系统，δ_i 是确定的；当外延层很薄时，可能有 $\delta_i < \delta_i^*$，故界面为共格界面，界面处的不匹配全为弹性畸变容纳；但由表 1.6.1 可知，随着外延层厚度增加，δ_i^* 减小，当 $\delta_i > \delta_i^*$ 时，原共格界面上将出现一定组态的错配位错，以消减长程应力场，降低整个系统的能量。实际上，当 $\delta_i \approx \delta_i^*$ 时，界面处的不匹配一部分由弹性畸变容纳，一部分由错配位错容纳。范德默夫求得了不同 δ_i 时的最小能量(界面能和弹性能最小)，其结果如图 1.6.5 中的曲线 $OB'B''B$ 所示。可以看出在 $B' \sim B''$ 的区间内，即在 δ_i^* 邻近处，界面处的不匹配由弹性畸变和错配位错共同容纳。

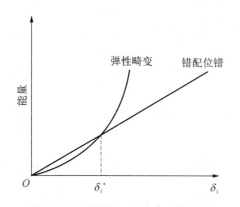

图 1.6.4　能量与理想错合度的关系

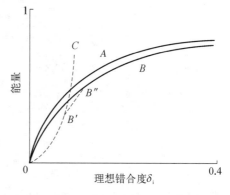

图 1.6.5　能量与理想错合度的关系
(精确计算结果)

表 1.6.1　外延晶体厚度与 δ_i^*

外延层厚度（原子层厚度）	2	5	10	20	100	1 000
$\delta_i^*/\%$	5.4	4.2	3.5	3.2	0.5	0.05

1.6.4　界面失配对形核行为的影响

我们假设衬底和外延层的界面为平面，晶胚的形状为球冠形，在衬底与外延晶体间的理想错合度为 δ_i，由于界面处的不匹配在晶体中引起的弹性应变为 e，界面的实际错合度为 $\delta=\delta_i-e$，得到衬底和晶胚的界面能为

$$\sigma_{CS}=\sigma_{化学}+\Lambda\delta \tag{1.6.19}$$

将式(1.6.19)代入式(1.5.2)得

$$\cos\theta=\frac{\sigma_{LC}-(\sigma_{化学}+\Lambda\delta)}{\sigma_{LS}} \tag{1.6.20}$$

结晶时熔体转变为晶核时，其体自由能的降低为 ΔG_V。但由于晶胚中有弹性畸变，因此晶胚的自由能较没有弹性畸变时升高了 ce^2。于是熔体转变为存在弹性应变 e 的晶胚，基体自由能的变化为 ΔG_V+ce^2。故在衬底上形成球冠晶胚时，系统的自由能变化为

$$\Delta G=V(\Delta G_V+ce^2)+[A_2\sigma_{LS}+A_1(\sigma_{化学}+\Lambda\delta-\sigma_{CS})] \tag{1.6.21}$$

令 $\partial G/\partial r=0$，可得晶核的半径，再代入式(1.6.21)，最后得到晶核的形成能为

$$\Delta G^*=\frac{16\pi\sigma_{LS}^3}{3(\Delta G_V+ce^2)^2}f(\theta) \tag{1.6.22}$$

将式(1.5.14)代入式(1.6.22)得

$$\Delta G^*=\frac{16\pi\sigma_{LS}^3}{3(\Delta G_V+ce^2)^2}\left(\frac{2-3\cos\theta+\cos^3\theta}{4}\right)$$
$$=\frac{4\pi\sigma_{LS}^3}{3(\Delta G_V+ce^2)^2}(2+\cos\theta)(1-\cos\theta)^2 \tag{1.6.23}$$

在通常的外延生长系统中，$\theta\approx0°$，$2+\cos\theta\approx3$，将式(1.6.20)代入式(1.6.23)得

$$\Delta G^* = \frac{4\pi\sigma_{LS}^3}{(\Delta G_V + ce^2)^2}\left[\frac{\sigma_{LS} - \sigma_{LC} + \sigma_{化学}}{\sigma_{LS}} + \frac{\Lambda}{\sigma_{LS}}\delta\right]^2 \qquad (1.6.24)$$

由式(1.6.24)可知,界面处的不匹配,无论是在界面上引起错配位错,还是在晶胚中引起弹性能,都增加了晶核的形成能,即增加了形核位垒。值得注意的是,亚稳流体相中形核时,ΔG_V 恒为负值,但晶胚中的弹性能恒为正值,这表明弹性能的出现等价于降低了晶体形核的有效驱动力,而错配位错的出现就增加了形核的界面能位垒。两者的大小都取决于衬底与外延晶体的理想错合度,故选用外延衬底时,希望理想错合度越小越好。

参考文献

[1] Jones D R H. The free energies of solid-liquid interfaces[J]. Journal of Materials Science,1974,9(1):1-17.

[2] Hirth J P. Condensation and evaporation[J]. Progress in Materials Science,1963,11:167-177.

[3] Matthews J W. Epitaxial growth[M]. New York:Academic Press,1975.

[4] 冯端,王业宁,丘第荣.金属物理(上册)[M].北京:科学出版社,1964.

[5] van der Merwe J H. Crystal interfaces part I. semi-infinite crystals[J]. Journal of Applied Physics,1963,34(1):117-122.

第2章 晶体的生长

我们已介绍了亚稳相的概念,讨论了界面的平衡结构和成核理论。现在我们面临的问题是在亚稳相中晶核形成后或在亚稳相中置入籽晶后,晶体是如何生长的,晶体以怎样的机制生长,以及晶体生长速率与生长驱动力间的规律如何。通常我们将生长速率与驱动力之间的函数关系称为生长动力学或界面动力学。

生长动力学规律取决于生长机制,而生长机制又取决于生长过程中界面的微观结构,因而生长动力学规律是与界面结构密切相关的。

在本章中,我们讨论邻位面、光滑界面(奇异面)、粗糙界面(非奇异面)的生长机制及其生长动力学规律。然后运用所得结果说明几个有关晶体形态的问题,介绍晶体生长的运动学理论。

首先,要了解邻位面、奇异面、非奇异面的定义。邻位面,即取向在光滑界面邻近的晶面。由于界面能效应,邻位面往往由一定组态的台阶构成。奇异面,即表面能级图中能量曲面上出现极小值的点所对应的晶面,是表面能较低的晶面,一般指低指数晶面、密排面。非奇异面是指除奇异面与邻位面外的其他取向的晶面。

20世纪80年代以来,光滑界面的晶体生长经典机制与动力学有所突破,主要是基于缺陷在晶面露头处的原子组态,将晶体生长的螺位错机制推广为包括螺位错、刃位错、混合位错在内的位错机制,以及发展了层错机制、孪晶机制、凹角(重入角)机制以及粗糙界面与凹角的协同机制等[1]。

2.1 邻位面生长——台阶动力学

只要邻位面存在,该面上必然有台阶存在,故邻位面的生长问题就是在光滑界面(奇异面)上的台阶运动问题。下面我们首先讨论台阶运动速率与驱动力间的关系,即台阶动力学(kinetics of steps),在此基础上再讨论邻位面的生长。

2.1.1 界面上分子的势能

简单起见,我们使用简单立方晶体{100}面的模型,并假设最近邻分子的交互作用能（键合能）为 $2\phi_1$，次近邻的交互作用能为 $2\phi_2$。现在我们来估计一个流体分子进入界面上的不同位置所释放的能量，参阅图 2.1.1。由图可见，当一个流体分子到达界面位置（2）时，由于形成了一个最近邻键和四个次近邻键，这一过程中释放的能量 $W^S = 2\phi_1 +$

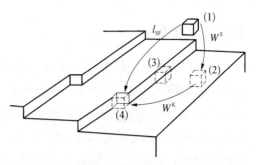

图 2.1.1　邻位面上不同位置的吸附分子

$8\phi_2$。同样，流体分子到达台阶位置（3）时，释放的能量为 $4\phi_1 + 12\phi_2$；到达扭折位置（4）时，释放的能量为 $6\phi_1 + 12\phi_2$。由此可见，在这些过程中，到达扭折位置（4）所释放的能量最大，故该位置的势能最低。因而扭折位置（4）是分子在界面上最稳定的位置。通常将到达扭折位置的分子称为晶相分子，而由流体到达扭折所释放的能量称为相变潜热。当晶体和流体处于平衡态时，此时驱动力 $\Delta g = 0$，因而分子吸附到扭折位置的概率与离开扭折位置的概率相等。当流体为亚稳相时，此时驱动力 $\Delta g < 0$，分子吸附到扭折位置的概率较大，故晶体生长。由于在通常的生长温度下，台阶上的扭折能够自发地产生，且扭折密度较高，故在邻位面上晶体生长比较容易。而吸附于界面[见图 2.1.1 中位置（2）]上的分子，其势能较高，显得较不稳定。这类分子或是吸收能量 W^S 后重新回到流体中去，或是继续释放能量 W^K，通过面扩散（surface diffusion）到达扭折位置而成为晶体的分子，故不能将这些分子称为晶相分子，而是称其为吸附分子。图 2.1.2 大致表示了界面上不同位置的分子势能。由图可知，单分子的相变潜热 l_{SF} 可以表示为

$$l_{SF} = W^S + W^K \tag{2.1.1}$$

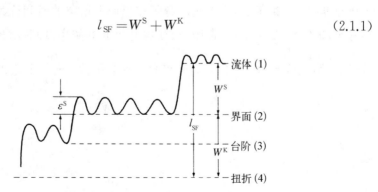

图 2.1.2　界面上不同位置的势能曲线

2.1.2 面扩散

仍然以简单立方晶体的{100}面为例进行说明。如图 2.1.1 所示,位置(2)的吸附分子由于热激活可以离开晶面进入流体,这个过程需要吸收的能量 $W^S = 2\phi_1 + 8\phi_2$,因而 W^S 就是吸附分子欲回到流体中所需翻越的位垒。然而,吸附分子在热激活下欲移向界面上最近邻的晶格点阵位置所需克服的位垒低得多,这个位垒的高度记为 ε^S,如图 2.1.2 所示。这是吸附分子进行面扩散所需克服的位垒,或者说,ε^S 是吸附分子能够进行面扩散所必须具有的能量,称为面扩散激活能。在简单立方晶体的{100}面上,面扩散激活能约为 $2\phi_2$。可以看出,面扩散激活能是较小的。通常,面扩散激活能只有相变潜热的 1/20,即 $\varepsilon^S = \dfrac{1}{20} l_{SF}$,故相对而言,面扩散是比较容易的。显然,面扩散激活能的大小不仅与晶体键合能的大小、晶体的结构有关,而且即使是同一晶体,在不同晶面指数下,其面扩散激活能也不相同。

若吸附分子在界面内振动的频率为 $\nu_{/\!/}$,一般而言,沿某特定方向,例如在 (100)面内沿[010]方向,其振动频率为 $\dfrac{1}{4}\nu_{/\!/}$。吸附分子在界面内的每一次振动不一定都能发生漂移(面扩散),其发生漂移的概率是 $\exp\left(-\dfrac{\varepsilon^S}{kT}\right)$,于是面扩散的扩散系数为

$$D_S = \frac{1}{4}\nu_{/\!/}\exp\left(-\frac{\varepsilon^S}{kT}\right) \tag{2.1.2}$$

当晶体和流体共存时,不断地有流体分子吸附于界面,同时不断地有吸附分子离开界面。一般而言,一个吸附分子在界面上逗留的时间称为吸附分子的平均寿命,记作 t_S。而 $1/t_S$ 是吸附分子离开界面的频率,即脱附频率。它与吸附分子上下振动的频率 $\nu_\perp$ 以及离开界面的概率 $\exp\left(-\dfrac{W^S}{kT}\right)$ 成正比,于是有

$$\frac{1}{t_S} = \nu_\perp\exp\left(-\frac{W^S}{kT}\right) \tag{2.1.3}$$

或

$$t_S = \frac{1}{\nu_\perp}\exp\left(\frac{W^S}{kT}\right) \tag{2.1.4}$$

现在来估计在吸附分子的平均寿命内,由于无规则漂移而在给定方向产生的迁移量,该迁移量由分子无规则位移的均方根偏差 x_S 表示。由统计物理学中[2]的爱因斯坦关系式可知,$x_S^2 = t_S D_S$。将式(2.1.2)和式(2.1.4)代入此关系式,并近似地认为 $\nu_\perp \approx \nu_\parallel$,于是有

$$x_S = \frac{1}{2}\exp\left(\frac{W^S - \varepsilon^S}{2kT}\right) \tag{2.1.5}$$

值得注意的是,我们讨论的虽然是简单立方晶体的{100}面,但式(2.1.5)中 x_S 的导出并不依赖于该晶体模型,它对不同结构、不同面指数的晶面上的面扩散都是适用的。

必须指出,对不同的晶体结构,虽然 W^S 和 ε^S 不同,但是对任何晶面,其差值 $W^S - \varepsilon^S$ 大体上等于 $0.45 l_{SF}$。故有

$$x_S = \frac{1}{2}\exp\left(\frac{0.225 l_{SF}}{kT}\right) \tag{2.1.6}$$

吸附分子定向迁移 x_S 的大小对晶体生长基本过程的影响是很大的。首先指出,x_S 的大小将影响流体分子到达界面扭折位置的途径。如果 x_S 大于界面上的台阶间距以及台阶上的扭折间距,这意味着在吸附分子寿命内(在离开界面进入流体之前)就可能与台阶或扭折相遇而被捕获。因而在这种情况下,界面上所有吸附分子都对生长有贡献,气相生长就是以这种方式生长的典型。如果 x_S 很小,则生长只能是流体分子通过体扩散直接到达扭折位置,这种生长方式在溶液生长中是常见的。

2.1.3 台阶动力学——面扩散控制

在气相生长以及某些熔体生长系统中,如果台阶的运动主要取决于通过面扩散到达台阶的吸附分子的流量,那么在这种情况下,台阶的运动主要受到面扩散的控制。本节我们将讨论面扩散控制条件下的台阶动力学,首先半定量地导出单个直台阶的动力学规律,然后直接给出不同形状台阶的动力学规律。

我们先用热力学方法求出光滑界面上晶格点阵位置被吸附分子占有的概率。我们可以设想,在 0 K 时,光滑界面上几乎不存在吸附分子;当温度升高时,台阶上扭折处的分子不断地跑到晶面上成为吸附分子,因此界面粗糙度随温度的升高而增加。上述设想能否实现,主要取决于上述过程是否能降低系统的能量。如果温度升至 T(K),由台阶上的扭折处跑出了一些分子,这些分子分布于

界面的 N_0 个点位上,则这个过程将使界面能增加,因而也增加了系统的内能 U_0。但是由于界面的 N_0 个点位上出现了 N_S 个吸附分子,故其组态熵 S 增加了。根据 $F = U - TS$ 可以看出,在一定的温度 T 下,出现一定浓度的吸附分子有可能使系统的自由能下降。根据自由能极小的条件 $\dfrac{\partial F}{\partial N_S} = 0$,可以求得光滑界面上吸附分子的平衡浓度。

若光滑界面有 N_0 个点位,其中 N_S 个点位被吸附分子所占有,故界面上吸附分子的浓度为 $\alpha_0^S = N_S/N_0$;α_0^S 还可理解为界面上某晶格点位被吸附分子占有的概率。此外,若吸附分子的形成能为 W^K,即由扭折扩散到界面上所吸收的能量(见图 2.1.1),则界面上某晶格点位上出现吸附分子的概率可近似视为

$$\alpha_0^S = \exp\left(-\frac{W^K}{kT}\right) \tag{2.1.7}$$

在上述推导中,我们忽略了熵的因子,对于单原子或简单分子,由于它们没有取向效应,这样的近似处理是可取的。

现在来估计在过饱和蒸气压下一个平直台阶在光滑界面上运动的速率 v_∞。仍用 x_0 表示台阶上扭折的间距,而 x_S 为界面上吸附分子的定向迁移量。若 $x_S \gg x_0$,则表明凡是到达台阶的分子都将立即到达扭折,于是分子将向台阶依附。下面我们考虑的就是这种情况。当界面与蒸气平衡时,单位时间内从界面的给定点位上脱附的分子数等于该点位被占有的概率 α_0^S 与脱附频率 $1/t_S$ 的乘积。由于是饱和蒸气,因而单位时间内由气相来到界面上给定点位的蒸气分子数亦为 α_0^S/t_S。显然,随着饱和比 $\alpha = \dfrac{P}{P_0}$ 的增加,吸附到给定点位上的分子数也有所增加,并假定是按比例增加的。于是当饱和比为 α 时,在界面的给定点位上吸附的分子数为 $\alpha\alpha_0^S/t_S$。由于吸附于界面上的分子在脱附前平均的定向迁移为 x_S,因而可以认为所有吸附于距台阶 x_S 内的分子,在再脱附前都能到达台阶。因此,单位时间内到达长度为 a 的台阶上的分子数为 $2(\alpha\alpha_0^S/t_S)x_S a/a^2$,其中因子 2 是由于台阶两侧的吸附分子都向台阶扩散。

在饱和比为 α 的蒸气压下,单位时间吸附到长度为 a 的平直台阶上的分子数为 $2x_S\alpha\alpha_0^S/t_S a$。我们假定当饱和比增至 α 时,只是吸附到台阶上的分子数增加,脱附而离开台阶的分子数并未减少。故由脱附而离开台阶的分子数仍然等于与饱和气压平衡($\alpha=1$)时的分子数 $2(\alpha_0^S/t_S)x_S a/a^2$。这样单位时间吸附到

长度为 a 的台阶上的净分子数为 $2(\alpha-1)x_{\mathrm{s}}\alpha_0^{\mathrm{S}}t_{\mathrm{s}}a/t_{\mathrm{s}}a$，由于过饱和度 $\sigma=\alpha-l$，于是平直台阶的运动速率为

$$v_{\infty}=\left(\frac{2\sigma x_{\mathrm{s}}\alpha_0^{\mathrm{S}}}{t_{\mathrm{s}}a}\right)\left(\frac{a^2}{a}\right)=\frac{2\sigma x_{\mathrm{s}}\alpha_0^{\mathrm{S}}}{t_{\mathrm{S}}} \tag{2.1.8}$$

将式(2.1.7)、式(2.1.4)、式(2.1.1)代入式(2.1.8)得

$$v_{\infty}=2\sigma x_{\mathrm{S}}v_{\perp}\exp\left(-\frac{l_{\mathrm{SF}}}{kT}\right) \tag{2.1.9}$$

式(2.1.9)可以写为

$$v_{\infty}=A\Delta g \tag{2.1.10}$$

式中，A 为台阶的动力学系数；对于熔体生长，Δg 的表达式为式(1.2.12)。由文献[3]可得

$$A=\frac{3D}{akT} \tag{2.1.11}$$

式中，D 为扩散系数。由此可见，直台阶运动的速率与 Δg 之间为线性关系，或者说，单根直台阶的速率为过冷度 ΔT 或过饱和度 σ 的线性函数。

2.1.4　面扩散方程及其解

为了得到等间距平行直台阶列、单圈圆台阶、同心等间距多圈圆台阶的动力学规律，我们导出面扩散方程，并根据不同形状和组态的台阶的边界条件，求解台阶的运动速率[4]。我们仍然以气相生长系统为例，给出面扩散方程及其解，然后将所得的结论再推广到其他系统中去。

我们定义吸附分子在界面上的面饱和比 α_{S} 和面过饱和度 σ_{S} 分别为

$$\alpha_{\mathrm{S}}=\frac{n_{\mathrm{s}}}{n_{\mathrm{s0}}} \tag{2.1.12}$$

$$\sigma_{\mathrm{S}}=\alpha_{\mathrm{S}}-1 \tag{2.1.13}$$

式中，n_{s} 和 n_{s0} 分别为吸附分子在界面上的实际面密度和平衡面密度(单位面积的吸附分子数)，两者之间的差异是由于界面上存在台阶，故 n_{s} 是界面上位置的函数。

在 $x_{\mathrm{s}}\gg x_0$ 的条件下，吸附分子的面扩散是流向台阶的，如图 2.1.3(a)所示。流向台阶的吸附分子的扩散流按斐克扩散定律计算，其流量密度矢量 $\dot{\boldsymbol{q}}_{\mathrm{S}}$ 为

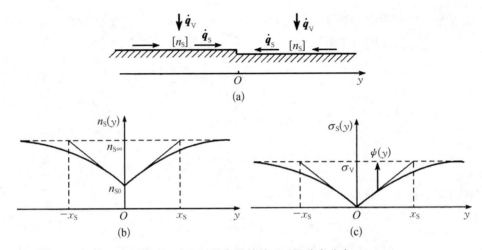

图 2.1.3 面扩散参量的关系以及稳态分布

(a) 面扩散示意图；(b) 面密度分布曲线；(c) 面过饱和度分布曲线

$$\dot{\boldsymbol{q}}_{S} = -D_{S}\nabla n_{S} = D_{S}n_{S0}\nabla\psi \tag{2.1.14}$$

式中，D_{S} 为吸附分子的面扩散系数，而 ψ 定义为

$$\psi = \sigma_{V} - \sigma_{S} \tag{2.1.15}$$

下面我们给出体扩散流量密度。如前所述，平衡态 $\alpha_{V}=1$ 时，单位面积界面上，单位时间脱附和吸附的分子数相等，其大小为 n_{S0}/t_{S}，其中 t_{S} 为吸附分子的平均寿命。在饱和比为 α_{V} 时，单位面积上吸附的分子数为 $\alpha_{V}n_{S0}/t_{S}$，脱附的分子数为 $\alpha_{S}n_{S0}/t_{S}$。于是体扩散流量密度的大小为

$$\dot{q}_{V} = \frac{(\alpha_{V} - \alpha_{S})n_{S0}}{t_{S}} = \frac{n_{S0}\psi}{t_{S}} \tag{2.1.16}$$

假设在我们所讨论的问题中，台阶运动的速度较小，在较短的时间间隔内，可将台阶两侧吸附分子的分布看作稳态分布（与时间无关）。在此条件下，必然满足连续性方程

$$\nabla\dot{\boldsymbol{q}}_{S} = \dot{q}_{V} \tag{2.1.17}$$

将式(2.1.14)和式(2.1.16)代入式(2.1.17)，值得注意的是，n_{S0} 与位置无关，并假设 D_{S} 是各向同性的常数，同时利用爱因斯坦关系式 $x_{S}^{2}=t_{S}D_{S}$，可得

$$x_{S}^{2}\nabla^{2}\psi = \psi \tag{2.1.18}$$

式(2.1.18)就是伯顿(Burton)、卡勃累拉(Cabrera)、弗兰克(Frank)所导出的面扩散方程(surface diffusion equation)。在 $x_S \gg x_0$ 时,分子将向直台阶依附,因而可将单根直台阶或平行的直台阶列视为一维情况,参阅图 2.1.3(a)。此时,式(2.1.18)可简化为一维表达式:

$$x_S^2 \frac{\mathrm{d}^2 \psi}{\mathrm{d}y^2} = \psi \tag{2.1.19}$$

$$\psi(y) \equiv \sigma_V - \sigma_S(y) \tag{2.1.20}$$

微分方程(2.1.20)是二阶常系数齐次方程,其一般解为

$$\psi(y) = a \exp\left(\frac{y}{x_S}\right) + b \exp\left(-\frac{y}{x_S}\right) \tag{2.1.21}$$

式中,a、b 是待定常数,可根据不同情况下的边界条件确定。

我们先讨论单根平直台阶的情况。在此情况下,边界条件为

$$y = 0, \ \sigma_S = 0, \ \psi = \sigma_V \tag{2.1.22}$$

$$y = \pm\infty, \ \sigma_S = \sigma_V, \ \psi = 0 \tag{2.1.23}$$

将边界条件(2.1.23)代入式(2.1.21)可得,当 $y > 0$ 时,有 $a = 0$,$b = \sigma_V$;当 $y < 0$ 时,有 $a = \sigma_V$,$b = 0$。于是对于单根平直台阶,式(2.1.20)的解为

$$\psi(y) = \sigma_V \exp(\pm y/x_S) \tag{2.1.24}$$

当 $y > 0$ 时,式中取负;当 $y < 0$ 时,式中取正。将式(2.1.15)代入式(2.1.24)可得界面面过饱和度分布为

$$\sigma_S(y) = \sigma_y[1 - \exp(\pm y/x_S)] \tag{2.1.25}$$

如果假设远离台阶处晶面上的吸附分子的面密度 $n_{S\infty}$ 与蒸气压成正比,即 $n_{S\infty} \propto p$;同样,吸附分子的平衡面密度 n_{S0} 亦与平衡蒸气压成正比,即 $n_{S0} \propto p_0$,则 $\alpha_V = p/p_0 = n_{S\infty}/n_{S0}$。将这个关系式及式(2.1.12)代入式(2.1.25),可得吸附分子的面密度分布为

$$n_S(y) = n_{S0} + (n_{S\infty} - n_{S0})[1 - \exp(\pm y/x_S)] \tag{2.1.26}$$

图 2.1.3(b)(c)是根据式(2.1.26)和式(2.1.25)画出的分布曲线。图 2.1.3(b)是面密度分布曲线,可以看出,台阶两侧 x_S 宽度范围内的吸附分子都将扩散到台阶,从而使得台阶前进。而距离大于 x_S 的吸附分子在扩散到台阶前将重新

回到蒸气中,故对台阶运动没有贡献。

将式(2.1.24)代入式(2.1.14)中,并令 $y=0$,可得单位时间到达单位长度台阶上的吸附分子的流量密度为

$$\dot{q}_S(0) = D_S n_{S0} \nabla \psi \big|_{y=0} = 2\sigma_V n_{S0} D_S / x_S \tag{2.1.27}$$

若界面上单位面积的晶格点位数为 n_0,则台阶速率为

$$v_\infty = \dot{q}_S(0)/n_0 = 2\sigma_V \frac{n_{S0} D_S}{n_0 x_S} \tag{2.1.28}$$

式中, $\dfrac{n_{S0}}{n_0}$ 是在平衡态晶格点位上出现吸附分子的概率 α_0^S。 利用爱因斯坦关系式可得

$$v_\infty = 2\sigma_V x_S \alpha_0^S / t_S \tag{2.1.29}$$

将式(2.1.1)、式(2.1.4)、式(2.1.7)代入式(2.1.29),最后可得直台阶的运动速率为

$$v_\infty = 2\sigma_V x_S v_\perp \exp(-l_{SF}/kT) \tag{2.1.30}$$

这个结果与用半定量推导所得的结果[式(2.1.8)]一致。

现在我们来考虑一组等间距的平行台阶列的运动。设台阶间距为 y_0,坐标原点取在两个相邻台阶间的中点,如图2.1.4所示。显然,这仍然是一维问题,面扩散方程的一般解仍然适用。因而我们

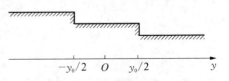

图 2.1.4 等间距的平行台阶列

先给出边界条件,然后再根据边界条件确定式(2.1.17)中的待定常数。在等间距的平行台阶列的情况下,边界条件为

$$y = +y_0/2,\ \sigma_S = 0,\ \psi = \sigma_V \tag{2.1.31}$$

$$y = -y_0/2,\ \sigma_S = 0,\ \psi = \sigma_V \tag{2.1.32}$$

将式(2.1.31)和式(2.1.32)代入式(2.1.21)得

$$a \exp(y_0/2x_S) + b \exp(-y_0/2x_S) = \sigma_V$$

$$a \exp(-y_0/2x_S) + b \exp(y_0/2x_S) = \sigma_V$$

由上式得到待定常数 a、b 为

$$a = b = \sigma_V/[\exp(y_0/2x_S) + \exp(-y_0/2x_S)] \tag{2.1.33}$$

将 a、b 的表达式代入式(2.1.21)，得到等间距的平行台阶列的 $\psi(y)$ 函数为

$$\psi(y) = \sigma_V \frac{\exp(y/x_S) + \exp(-y/x_S)}{\exp(y_0/2x_S) + \exp(-y_0/2x_S)} = \sigma_V \frac{\cosh(y/x_S)}{\cosh(y_0/2x_S)} \tag{2.1.34}$$

将式(2.1.34)代入式(2.1.14)，并令 $y = y_0/2$，可得流向台阶（$y = y_0/2$）的流量密度为

$$\dot{q}_S\left(\frac{y_0}{2}\right) = D_S n_{S0} \nabla \psi\big|_{y=y_0/2} = 2\sigma_V n_{S0} D_S \tanh\left(\frac{y_0}{2x_S}\right)\bigg/x_S \tag{2.1.35}$$

令一组等间距的平行台阶列的速率为 U_∞，同样，$U_\infty = \dot{q}_S\left(\dfrac{y_0}{2}\right)\bigg/n_0$。类似地，将式(2.1.35)代入并化简后得

$$U_\infty = 2\sigma_V x_S v_\perp \exp(-l_{SF}/kT) \tanh(y_0/2x_S) \tag{2.1.36}$$

式(2.1.36)为气相生长系统中等间距平行台阶列的速率表达式。将单个直台阶的速率的表达式(2.1.8)代入式(2.1.36)，可得比较普遍的形式为

$$U_\infty = v_\infty \tanh(y_0/2x_S) \tag{2.1.37}$$

可以看出，等间距平行台阶列的速率 U_∞ 与单个直台阶的速率 v_∞ 间只相差一个因子 $\tanh(y_0/2x_S)$。由双曲正切函数的性质可以知道，$\tanh(y_0/2x_S)$ 是小于或等于 1 的，因而等间距台阶列的速率 U_∞ 只能小于或等于单根直台阶的速率 v_∞。当等间距平行台阶列中相邻台阶间距 y_0 小于或等于吸附分子的定向漂移 x_S 的 2 倍时，即 $y_0 \leqslant 2x_S$ 时，有 $\tanh(y_0/2x_S) < 1$，故 $U_\infty < v_\infty$；而当 $y_0 \geqslant 2x_S$ 时，$\tanh(y_0/2x_S) \to 1$，因而 $U_\infty \to v_\infty$。上述性质可以定性地解释如下。

在界面上，由于台阶两侧距离为 x_S 的区域内，所有吸附分子都能被台阶捕获，故我们将台阶两侧一定宽度内的区域称为有效扩散区。显然，当台阶间距 $y_0 < 2x_S$ 时，相邻台阶间的有效扩散区相互重叠。这意味着相邻台阶将争夺重叠区中的吸附分子，因而单位时间内到达单位长度台阶上的分子减少，台阶速率也就减小，而且台阶越密、有效扩散区重叠得越多，台阶速率越小。这种情况可

以用在 $y_0 \leqslant 2x_S$ 时, $\tanh(y_0/2x_S) < 1$ 的性质来表述。当 $y_0 \geqslant 2x_S$ 时,相邻台阶间的有效扩散区不重叠,平行台阶列的运动就完全等同于单根平直台阶的运动,故有 $U_\infty \to v_\infty$。

下面我们推导单圈圆台阶和同心等间距多圈圆台阶的运动速率[5]。我们开始由面扩散方程求圆形台阶的运动速率。假设在低的过饱和度 σ_V 下,圆形台阶的运动速率并不大,在较短的时间间隔内,吸附分子的分布可视为稳态分布,故稳态的面扩散方程式(2.1.18)仍然适用。在圆对称的情况下,式(2.1.18)的具体形式为

$$r^2 \frac{\mathrm{d}^2 \psi(r)}{\mathrm{d}r^2} + r \frac{\mathrm{d}\psi(r)}{\mathrm{d}r} = \frac{r^2}{x_S^2} \psi(r) \qquad (2.1.38)$$

式中,$\psi(r) = \sigma_V - \sigma_S(r)$,式(2.1.38)为虚变量的零阶贝塞尔微分方程。$\psi(r)$ 为

$$\psi(r) = A I_0(r/x_S) + B K_0(r/x_S)$$

式中,$I_0(r/x_S)$ 和 $K_0(r/x_S)$ 分别为具有虚变量的零阶第一类和第二类贝塞尔函数。根据这两个函数的性质可以确定不同区间内的待定常数 A、B。最后可得式(2.1.38)的解为

$$\psi_-(r) = \psi(r_0) \frac{I_0(r/x_S)}{I_0(r_0/x_S)}, \quad r < r_0 \qquad (2.1.39)$$

$$\psi_+(r) = \psi(r_0) \frac{K_0(r/x_S)}{K_0(r_0/x_S)}, \quad r > r_0 \qquad (2.1.40)$$

式中,r_0 为内切圆的半径; $\psi(r_0)$ 为半径为 r_0 的圆台阶处的 ψ 函数值。现在来给出 $\psi(r_0)$ 的表达式。由式(2.1.12)可得面过饱和度为

$$\sigma_S(r_0) = \frac{n_S(r_0)}{n_{S0}} - 1 = \frac{\exp[-W^K(r_0)/kT]}{\exp(-W^K/kT)} - 1 \qquad (2.1.41)$$

式中,$W^K(r_0) = W^K - kT\sigma_V r_C/r_0$,表示任意形状吸附分子层中的一个分子所具有的平均能量。代入式(2.1.41)可得

$$\sigma_S(r_0) = \exp(\sigma_V r_C/r_0) - 1 \approx \sigma_V r_C/r_0 \qquad (2.1.42)$$

由于 $\psi(r_0) = \sigma_V - \sigma_S(r_0)$,将式(2.1.42)代入可得

$$\psi(r_0) = \sigma_V(1 - r_C/r_0) \qquad (2.1.43)$$

将式(2.1.43)代入式(2.1.14),可得 $r > r_0$ 和 $r < r_0$ 两个区域内的吸附分子流向

台阶的流量密度为

$$\dot{q}_S(r_0) = D_S n_{S0} \left[\left| \frac{\mathrm{d}\psi_+}{\mathrm{d}r} \right| + \left| \frac{\mathrm{d}\psi_-}{\mathrm{d}r} \right| \right]_{r=r_0} \tag{2.1.44}$$

利用贝塞尔函数的性质和渐进公式,式(2.1.44)可以简化为[6]

$$\dot{q}_S(r_0) = 2D_S n_{S0} \psi(r_0) / x_S \tag{2.1.45}$$

将爱因斯坦关系式 $(x_S^2 = t_S D_S)$ 及式(2.1.43)代入,得

$$\dot{q}_S(r_0) = 2\sigma_V n_{S0} \frac{x_S}{t_S} \left[1 - \frac{r_C}{r_0} \right] \tag{2.1.46}$$

则圆台阶前进速率为

$$v(r_0) = \dot{q}_S(r_0) / n_0 = 2\sigma_V \frac{n_{S0}}{n_0} \frac{1}{t_S} \left[1 - \frac{r_C}{r_0} \right] \tag{2.1.47}$$

式中,$\dfrac{n_{S0}}{n_0}$ 为平衡态晶格点位上出现吸附分子的概率,将式(2.1.7)、式(2.1.4)和式(2.1.1)代入,可得

$$v(r_0) = 2\sigma_V x_S v_\perp \exp(-l_{SF}/kT) \left[1 - \frac{r_C}{r_0} \right] \tag{2.1.48}$$

此为气相生长系统中单圈圆台阶的运动速率,将式(2.1.8)代入后,可得

$$v(r_0) = v_\infty \left[1 - \frac{r_C}{r_0} \right] \tag{2.1.49}$$

从式(2.1.49)可以看出,单圈圆台阶的生长速率是台阶圈半径 r_0 的函数。台阶圈的半径 r_0 越大,其运动速率越大。当 $r_0 \to \infty$ 时,台阶圈的速率达到最大值 v_∞,这就是说,单根平直台阶的速度 v_∞ 是单圈圆台阶速率的极限。当 $r_0 \to r_C$ 时,由式(2.1.49)可知,台阶圈的速率为零。从式(2.1.49)还可以看出,在给定的过饱和度 σ_V 下,当 $r_0 > r_C$ 时,$v(r_0) > 0$,故台阶圈自发长大;当 $r_0 < r_C$ 时,$v(r_0) < 0$,台阶圈将自发缩小乃至消失,这种性质与第 1 章成核理论中所描述的晶核的行为十分类似。实际上,$r_0 = r_C$ 的吸附分子层就是在光滑界面上的一颗二维晶核。

对一组同心等间距的多圈圆台阶,其相邻台阶圈的间距为 r_0。 对这个面扩散问题,也能用类似的方法求解,其最后结果为

$$U(r_0) = v_\infty \tanh(y_0/2x_S)\left[1 - \frac{r_C}{r_0}\right] \qquad (2.1.50)$$

将式(2.1.49)代入式(2.1.50)后,可得

$$U(r_0) = v(r_0)\tanh(y_0/2x_S) \qquad (2.1.51)$$

可以看出,当相邻台阶间的间距 y_0 远大于吸附分子定向漂移 x_S 的2倍时,同心等间距多圈圆台阶中半径为 r_0 的台阶圈的速率与同样半径的单台阶圈的速率相等。同时,当 $y_0 \gg 2x_S$ 和 $r_0 \to \infty$ 时,台阶速率才能达到单根平直台阶的速率 v_∞。

应该着重指出,式(2.1.50)可以应用于台阶速率为各向异性的情况。这种情况下,台阶圈不是圆形而是多边形,多边形边的方向与速率最小的方向相垂直。

2.1.5 台阶动力学——体扩散控制

对溶液生长和熔体生长而言,如果界面上吸附分子的定向迁移 x_S 很小,则台阶的运动主要取决于通过体扩散到达台阶的分子流量密度。在这种情况下,台阶运动主要受流体分子体扩散的控制。本节我们通过求解体扩散方程,求得等间距的平行直台阶列和单根直台阶的动力学规律[7]。

在面扩散可以忽略不计而台阶运动主要取决于体扩散的情况下,我们考虑等间距平行直台阶列的运动。如图2.1.5所示,假设平行直台阶列中相邻台阶的间距为 y_0,台阶列平行于 x 轴,而坐标平面 x-y 与邻位面一致。前面已经讨论过,由于 x_0 远小于 x_S,故分子将向平行于 x 轴的直台阶列依附,故浓度场不是 x 的函数,可表示为 $C(y, z)$。并令溶质边界层的厚度为 δ,边界层处浓度为 C_δ,则

$$C(0, \delta) = C_\delta \qquad (2.1.52)$$

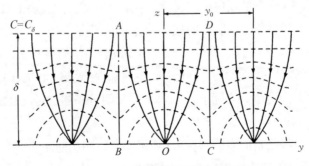

图 2.1.5 平行直台阶列的体扩散场

实质上,不仅在 $(0, \delta)$ 点的浓度为 C_δ,在 $z = \delta$ 的平行于 $x - y$ 面的平面上,其浓度都等于 C_δ,即 $C(y, \delta) = C_\delta$。图 2.1.5 中的虚线为等浓度线,而实线为分子流线。可以看出,所有流线都会聚于台阶处。例如,在 $z > 0$, $-\dfrac{y_0}{2} < y < \dfrac{y_0}{2}$ 的半无限长的狭带内,流体分子将向原点处的台阶依附,故分子流由 $z = +\infty$ 处流向并汇聚于原点。由于在上述狭带内,通过狭带边界 $ABOCD$ 的流体的通量为零(原点除外),故单位时间内到达台阶上的流体分子数就等于 AD 平面上的流体分子的面通量,也等于原点处以 a(台阶高度)为半径的半柱面上的面通量。在该半柱面上的流量密度为

$$D \frac{\partial C}{\partial r} = \beta(C - C_0), \quad r = a, \quad r = \sqrt{y^2 + z^2} \tag{2.1.53}$$

式中,C_0 为溶液的平衡浓度;C 为溶液的实际浓度;β 为台阶与溶液的交换系数,即在单位浓度差的条件下通过上述半柱面的流量密度。显然 β 是各向异性的,不过我们在这里取其平均值。同时,β 值与台阶上的扭折密度有关,随着扭折密度减小,交换系数 β 减小。

在通常的溶液生长系统中,台阶速率远小于体扩散的特征速率,即 $v_\infty < \dfrac{D}{\delta}$。在此条件下,可以把台阶看作是相对静止的,因而上述扩散场为稳态扩散场,同时,我们不考虑流体的宏观流动。浓度分布应满足拉普拉斯方程(Laplace's equation),即

$$\nabla^2 C(y, z) = 0 \tag{2.1.54}$$

在 $z > 0$, $-\dfrac{y_0}{2} < y < \dfrac{y_0}{2}$ 的半无限长的狭带内,应用保角变换,可得浓度场为

$$C(y, z) = A' \ln \sqrt{\sin^2(\pi y / y_0) + \sinh^2(\pi y / y_0)} + B' \tag{2.1.55}$$

当 $z \gg y_0$ 时,式(2.1.55)简化为

$$C(z) = A' \frac{\pi Z}{y_0} + B' \tag{2.1.56}$$

式中，A'、B' 分别为

$$A' = \frac{\beta a(C_\delta - C_0)}{D + \beta a \ln\left(\frac{y_0}{\pi a}\right)\sinh\left(\frac{\pi z}{y_0}\delta\right)} \qquad (2.1.57)$$

$$B' = C_\delta - A'\ln\left(\sinh\frac{\pi}{y_0}\delta\right) \qquad (2.1.58)$$

我们可以近似地认为：在 $0 < z < \delta$，$-\frac{y_0}{2} < y < \frac{y_0}{2}$ 的区域内，浓度场如

式 (2.1.55) 所描述；而在 $\delta < z < \infty$，$-\frac{y_0}{2} < y < \frac{y_0}{2}$ 的区域内，浓度场如式

(2.1.56) 所描述。

单位时间内到达单位长度台阶上的流体分子数在 AD 平面上（沿 x 方向为

单位长度）的面通量为

$$\dot{Q} = D\frac{\mathrm{d}c(z)}{\mathrm{d}z}y_0 = \pi DA' \qquad (2.1.59)$$

平行直台阶列的速率 $U_\infty = \dfrac{Q}{n_0}$，其中 n_0 仍为单位面积上的晶格点位数。

由于晶体分子体积 $\Omega_S = a/n_0$，过饱和度 $\sigma = \dfrac{C_\delta - C_0}{C_0}$。将上述关系以及 A' 的

表达式 (2.1.56) 代入，得到平行直台阶列的速率为

$$U_\infty = \frac{\pi\Omega_S\beta c_0}{1 + \dfrac{\beta a}{D}\ln\left(\dfrac{y_0}{\pi a}\right)\sinh\left(\dfrac{\pi}{y_0}\delta\right)}\sigma \qquad (2.1.60)$$

可以看出，平行直台阶列的动力学规律亦为线性规律，我们可以将式

(2.1.60) 表示为较普遍的形式：

$$U_\infty = A\Delta g \qquad (2.1.61)$$

式中，A 是等间距的平行直台阶列的动力学系数，其表达式为

$$A = \frac{\pi\Omega_S\beta c_0}{1 + \dfrac{\beta a}{D}\ln\left(\dfrac{y_0}{\pi a}\right)\sinh\left(\dfrac{\pi}{y_0}\delta\right)}\frac{1}{kT} \qquad (2.1.62)$$

在 $\pi\delta \ll y_0$ 以及 $y_0 \approx 2x_S$ 的条件下，它就等价于单根直台阶的运动。因而在式(2.1.60)中令 $\dfrac{\delta}{y_0} \to 0$，$y_0 \approx 2x_S$，就能得到溶液生长系统中单根直台阶的动力学规律，其动力学系数同样可以获得

$$v_{\infty} = \frac{\pi \Omega_S \beta c_0}{1 + \dfrac{\pi\beta a\delta}{2Dx_S}\ln\left(\dfrac{2x_S}{\pi a}\right)}\sigma \tag{2.1.63}$$

2.1.6　邻位面生长动力学

一组等间距的相互平行的直台阶列就代表具有给定倾角 θ 的邻位面，如图 2.1.6 所示。取 x 轴平行于台阶列，y 轴置于奇异面内，则 z 轴为奇异面的面法线。图中虚线代表倾角为 θ 的邻位面，该面可用方程 $z = z(y, t)$ 来描述。若台阶的高度为 h，等间距台阶列中相邻台阶的间距为 y_0，于是具有给定倾角 θ 的邻位面就等价于台阶线密度 k 为常数的奇异面。倾角 θ 与台阶密度 $k(k = 1/y_0)$ 间的关系为

$$\tan\theta = \frac{\partial z(y, t)}{\partial y} = -kh = -\frac{h}{y_0} \tag{2.1.64}$$

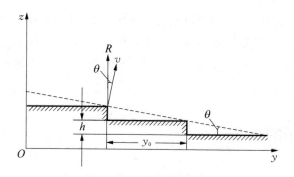

图 2.1.6　邻位面生长与台阶列运动

在奇异面上的给定点，单位时间通过的台阶数称为台阶流量，记为 q。显然，台阶流量为台阶密度与台阶列速率的乘积，即

$$q = U_{\infty}k = \frac{U_{\infty}}{y_0} \tag{2.1.65}$$

如图 2.1.6 所示，台阶列沿 y 轴运动，代表晶体生长；而台阶列反向运动，将

引起晶体的升华、熔化或溶解。台阶列运动所引起奇异面的法向生长速率为

$$R = \frac{\partial z(y, t)}{\partial t} = hq = U_\infty p \qquad (2.1.66)$$

式中，p 是邻位面的斜率，$p = \dfrac{h}{y_0}$。由图 2.1.6 可以看出，平行台阶列的运动所引起的邻位面的法向生长速率为

$$v = R\cos\theta = \frac{p}{\sqrt{1+p^2}} U_\infty \qquad (2.1.67)$$

对于不同的晶体生长系统，将 U_∞ 的不同表达式代入，就能得到邻位面的法向生长速率与过饱和度或过冷度之间的关系，即邻位面生长的动力学规律。可以看出，在这种简单情况下，邻位面的法向生长速率与过饱和度或过冷度之间存在线性关系。

从式(2.1.67)可以看出，邻位面的法向生长速率是邻位面斜率 p 的函数，这表明晶体生长速率的各向异性。从式(2.1.64)可以看出，给定面指数的邻位面（即给定倾角 θ 的邻位面），其相应的台阶列的线密度 k 是确定的。在台阶列的运动过程中，一旦台阶列的线密度发生变化，例如运动着的台阶列遭到吸附物的塞积，就立即意味着该邻位面的消失。

在晶体生长过程中，如果不能连续不断地产生台阶列，那么当原有的台阶列扫过整个奇异面后，就意味着相应的邻位面消失了，此后的晶体生长就是奇异面的生长。反之，若奇异面上能连续不断地产生台阶列，则该奇异面的生长又是通过邻位面的生长进行的。

2.2 奇异面的生长

通常情况下，邻位面上的台阶在较低的驱动力下就能运动。运动的结果是台阶消失于晶体边缘，于是邻位面消失了，剩下的是奇异面。因此，我们必须考虑奇异面的生长机制。

2.2.1 二维成核生长机制

在第 1 章中我们曾分析过，在亚稳相中，新相只能通过三维成核过程形成，这是由于出现新相必须克服界面能引起的热力学位垒。因而在一定的驱

动力下,只有当三维胚团达到某一临界尺寸时,胚团才成为能自发长大的晶核。与此类似,奇异面(光滑界面)上的吸附分子通过面扩散可以集结成二维胚团。二维胚团一旦出现,系统就增加了棱边能(即单位长度台阶的能量),棱边能的效应与三维成核中的界面能效应完全类似,它构成了二维成核的热力学位垒。故只有当二维胚团的尺寸达到某临界尺寸时,胚团才能成为能自发长大的二维晶核,如图 2.2.1 所示。二维晶核一旦在奇异面上形成,其边界为一台阶圈,台阶在奇异面上运动,扫过整个奇异面,于是就生长了一层,不断地出现二维晶核,晶体就不断地生长,这称为二维成核生长机制。现在我们先来估计在一定驱动力下二维晶核的尺寸 r^* 和晶核形成能 ΔG^*。

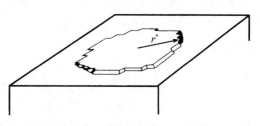

图 2.2.1　奇异面上的二维晶核

若台阶的棱边能为 γ,单个分子所占的面积为 O,驱动力为 Δg,二维胚团是半径为 r 的圆,则形成该胚团时所引起的吉布斯自由能的变化为

$$\Delta G(r) = \frac{\pi r^2}{O} \Delta g + 2\pi r\gamma \tag{2.2.1}$$

在晶体生长系统中流体为亚稳相时,驱动力为负,故有

$$\Delta G(r) = \frac{\pi r^2}{O} \mid \Delta g \mid + 2\pi r\gamma \tag{2.2.2}$$

式中,第一项是形成二维胚团时,由于流体分子转变为胚团中的分子所引起的吉布斯自由能的降低;第二项是由于二维胚团的出现所引起的棱边能的增加。同样,令 $\dfrac{\partial \Delta G}{\partial r} = 0$,可得二维晶核的临界半径为

$$r^* = \frac{\gamma O}{\Delta g} \tag{2.2.3}$$

将式(2.2.3)代入式(2.2.2),可得二维晶核的形成能为

$$\Delta G^* = \frac{\pi O r^2}{\mid \Delta g \mid} \tag{2.2.4}$$

或

$$\Delta G^* = \frac{1}{2}(2\pi r^* \gamma) \tag{2.2.5}$$

式(2.2.5)表明二维晶核的形成能为其棱边能的 1/2,这与三维晶核形成能为其界面能的 1/3 十分类似。如果棱边能是各向异性的,那么二维晶核的形状应为多边形,它可由二维棱边能级图的内接多边形确定。例如,在立方晶体的 {001} 面上,二维晶核应是正方形。对于形成边长为 l 的正方形胚团,其自由能的改变为

$$\Delta G(l) = \frac{l^2}{O} \mid \Delta g \mid + 4l\gamma \tag{2.2.6}$$

同样,可求得二维晶核的尺寸和形成能分别为

$$l^* = \frac{2\gamma O}{\mid \Delta g \mid} \tag{2.2.7}$$

$$\Delta G^* = 2l^* \gamma = \frac{4O\gamma^2}{\mid \Delta g \mid} \tag{2.2.8}$$

可以看出,正方形二维晶核的形成能仍为棱边能的一半,但临界尺寸 l^* 却是式(2.2.3)中的 r^* 的 2 倍。Burton 等[4]精确地计算了简单立方晶体的 {001} 面上的二维晶核的平衡形状。结果表明,在低温时,形状为其边平行于 〈100〉 的方块;当温度上升时,其角逐渐变圆;近于熔点时,二维晶核就为圆形。

类似于三维成核理论,可以得到二维成核率(单位时间内在单位面积上形成的二维晶核数)为

$$I = v_0 \exp\left(-\frac{\Delta G^*}{kT}\right) \tag{2.2.9}$$

式中, v_0 为一常数,在成核理论中难以精确地确定。不过可以近似地将它看作界面上吸附分子的碰撞频率。

若奇异面的面积为 S,在该面上单位时间的成核数(成核频率)为 IS,连续两次成核的时间间隔(成核周期)为

$$t_n \approx \frac{1}{IS} \tag{2.2.10}$$

二维晶核一旦形成,台阶在驱动力作用下沿奇异面运动。当台阶扫过整个晶面 S 时,晶体就生长一层。一个二维晶核的台阶扫过晶面所需的时间为

$$t_S \approx \frac{\sqrt{S}}{v_\infty} \tag{2.2.11}$$

式中, v_∞ 为单根直台阶的运动速率。若 $t_n \gg t_S$,这表明在第一颗二维晶核形成后,第二颗二维晶核形成前,有足够的时间让该晶核的台阶扫过整个晶面。于是,下一次成核将发生在新的晶面上。因而每生长一层晶面只用了一个二维晶核,这样的生长方式称为单二维晶核生长。若 $t_n \ll t_S$,这表明单核的台阶扫过晶面所需的时间远远超过连续两次成核的时间间隔,因而同一层晶面的生长用了多个二维晶核,这样的生长方式称为多二维晶核生长,如图 2.2.2 所示。必须注意,同一晶面在生长过程中虽有较多的二维晶核,但各二维晶核的方位仍然相同,故相邻的二维晶核的台阶相遇而湮灭后并不留下任何痕迹,故一般说来仍为单晶。下面我们按上述两种生长方式分别导出其动力学规律。

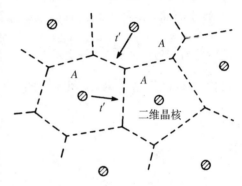

图 2.2.2 多二维晶核生长

首先讨论奇异面上的单二维晶核生长机制。在这种情况下,由于 $t_n \gg t_S$,因而每隔时间 t_n ,晶面就能增加一个台阶高度 h 。于是,晶面的法向生长速率为

$$R = \frac{h}{t_n} \tag{2.2.12}$$

将式(2.2.10)代入后,再将式(2.2.9)、式(2.2.4)代入,得

$$R = hSv_0 \exp\left(-\frac{\pi O r^2}{kT \mid \Delta g \mid}\right) = A \exp\left(-\frac{B}{\mid \Delta g \mid}\right) \tag{2.2.13}$$

式中, A 、 B 称为动力学系数,其表达式分别为

$$A = hSv_0 \tag{2.2.14}$$

$$B = \frac{\pi O r^2}{kT} \tag{2.2.15}$$

式(2.2.13)表明,单二维晶核生长机制的动力学规律为指数规律。事实上,单二维成核的动力学规律与其他具有指数形式的规律一样,存在一临界过饱和度。低于临界过饱和度时,生长速率几乎为零;超过临界过饱和度后,生长速率就增加得很快。不过,一旦过饱和度超过了临界值,晶体生长速率就不再取决于成核率,而取决于达到二维晶核的分子流量。

下面我们再来讨论多二维晶核生长。此时,每生长一层晶体用了多个二维晶核,其生长如图2.2.2所示。相邻二维晶核的台阶在图中虚线处相遇、合并而消失,于是晶体就生长了一层。

从奇异面上某二维晶核的出现到该晶核与相邻晶核的台阶相遇、合并而消失,这个时间间隔的平均值称为二维晶核的寿命 t'。通常来说,一个二维晶核的台阶所扫过的面积为 S,于是 $t' \approx \dfrac{\sqrt{S}}{v_\infty}$,参阅图2.2.2。由上述 t' 和 S 的定义可知,在时间间隔 t' 内,面积为 S 的晶面上只能出现一个二维晶核,即 $ISt'=1$,故有

$$t' \approx \frac{\sqrt{S}}{v_\infty} \approx \frac{1}{IS} \qquad (2.2.16)$$

在二维晶核的平均寿命内,晶面生长一层,其高度的增长为 h,故生长速率为

$$R \approx \frac{h}{t'} \qquad (2.2.17)$$

由式(2.2.16)可得 $\sqrt{S} = \left(\dfrac{v_\infty}{I}\right)^{\frac{1}{3}}$,$t' = v^{-\frac{2}{3}} I^{-\frac{1}{3}}$。将 t' 的表达式代入式(2.2.17),得

$$R = h v_\infty^{-\frac{2}{3}} I^{-\frac{1}{3}} \qquad (2.2.18)$$

将式(2.2.13)、式(2.2.9)和式(2.2.4)代入式(2.2.18),得

$$R = A\,(\Delta g)^{\frac{2}{3}} \exp\left(-\frac{B}{\Delta g}\right) \qquad (2.2.19)$$

式中,动力学系数 A 和 B 对不同的生长系统可根据台阶速率表达式及二维成核

率的表达式求得。值得注意的是，多二维晶核生长的动力学规律基本上也是指数函数的形式。

2.2.2　螺位错生长机制

光滑界面（奇异面）上台阶不能借助于热激活自发地产生，只能通过二维成核不断地形成，从而维持晶体的持续生长。二维成核要克服由于台阶棱边能而形成的热力学位垒，因而导出了生长速率与驱动力间的指数规律。已经提及，与三维成核中指数规律所具有的特征一样，二维成核的生长方式也有对应的生长速率，而该速率同样存在临界驱动力。低于此临界驱动力，理论预言，生长速率是无法观测到的。已经对临界驱动力做了具体的估计，并得到了少数十分精细的实验的证实。但大多数实验表明，即使在远低于临界驱动力的情况下，晶体仍然以可观测的速率生长。这些实验结果并不表明二维成核理论的失败，而是意味着在生长过程中存在某些效应，这些效应可以消除或减小二维晶核的成核位垒。晶体中的缺陷，例如螺型位错（简称螺位错）、孪晶等，就能产生这种效应。下面我们讨论奇异面的螺位错生长机制及其动力学规律。

在晶体生长过程中，由于各种各样的工艺原因，晶体中存在一定数量的螺位错。如果一个螺位错与奇异面正交，就会产生高度为晶面间距的台阶，如图2.2.3所示。事实上，不管晶体如何生长，此台阶是永存的。这是由于螺位错使晶体中的晶面成为连续的螺旋面，而不像完整的晶体那样，晶面是一层一层地堆垛起来的。由于这类台阶的永存性，在生长过程中提供了一个无穷尽的台阶源，这种情况称为螺位错生长机制。螺位错生长机制完全消除了二维成核的必要性，故在远低于二维成核的临界驱动力的情况下，晶体仍然能够生长。

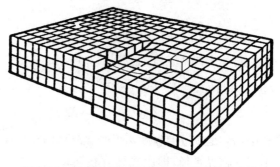

图 2.2.3　纯螺位错与奇异面正交所产生的台阶

如图 2.2.4 所示，这种类型的台阶起始于晶面上位错的露头点，终止于界面边缘。在生长过程中，台阶只能绕着位错的露头点在晶面上扫动，这就等价于使构成晶体的连续螺旋面无限地延伸下去。

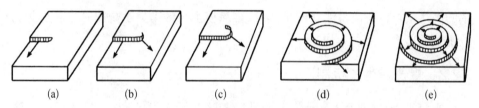

图 2.2.4 螺旋线台阶的形成过程

现在我们进一步讨论螺位错生长机制。图 2.2.4 是台阶运动不同阶段的图像。在驱动力作用下,吸附分子沿着台阶沉积,台阶就以一定的速率向前推进。开始运动时,台阶速率垂直于台阶本身,如图 2.2.4(a)所示。但台阶的一端固定于位错露头点,台阶运动后,在露头点附近的台阶必然弯曲,如图 2.2.4(b)(c)所示。越靠近露头点,曲率半径越小,因而台阶的速率越小。在露头点,台阶速率为零,故其曲率半径为临界半径 r_C。随着台阶运动,很快形成螺旋线,并且越卷越紧[见图 2.2.4(d)(e)],在给定的生长驱动力下,最后达到稳定形状。此后的晶体生长是整个形状稳定的螺旋线台阶以等角速度旋转。这样的生长方式将在奇异面上形成螺旋线状的小丘,称为生长丘。

下面我们导出螺位错机制的生长动力学规律。先考虑界面上只有一个位错露头点的情况。在一定的驱动力下,如果螺旋线台阶已达到稳定形状,则晶体生长将是该螺旋线台阶以等角速度 ω 绕露头点旋转。若光滑界面的面间距为 h,则生长速率为

$$R = \frac{h}{2\pi}\omega \tag{2.2.20}$$

我们近似地假定,螺旋线台阶的形状为阿基米德螺旋线,如图 2.2.5 所示。

在极坐标下,螺旋线方程为

$$r = 2r_C\theta \tag{2.2.21}$$

式中,r_C 是在过饱和度 σ_v 下二维吸附分子层的临界半径,即由二维吉布斯-汤姆孙关系所确定。在式(2.2.21)中,对时间求导,得

$$\frac{\mathrm{d}r}{\mathrm{d}t} = 2r_C\frac{\mathrm{d}\theta}{\mathrm{d}t} \tag{2.2.22}$$

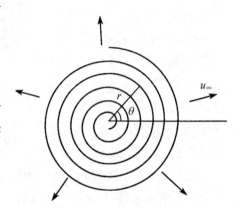

图 2.2.5 阿基米德螺旋线示意图

在 r 较大的条件下,可以近似地认为 $\dfrac{\mathrm{d}r}{\mathrm{d}t}$ 就等于台阶移动的速率,故有

$$\omega = \frac{U_\infty}{2r_C} = 0.5\frac{U_\infty}{r_C} \tag{2.2.23}$$

式(2.2.21)和式(2.2.23)是近似表达式,而更接近真实的生长螺旋线表达式为[8]

$$\frac{r}{r_C} + \ln\left(1 + \frac{r}{\sqrt{3}r_C}\right) = 2\left(1 + \frac{1}{\sqrt{3}}\right)\theta \tag{2.2.24}$$

相应螺旋线的角速度为

$$\omega = \frac{\sqrt{3}U_\infty}{2r_C(1+\sqrt{3})} = 0.63\frac{U_\infty}{r_C} \tag{2.2.25}$$

对比式(2.2.25)和式(2.2.23),可以看出,假定螺旋线是阿基米德螺旋线所得的结果与更精确的角速度表达式没有太大差别。将式(2.2.25)代入式(2.2.20),可得到螺位错机制的生长速率为

$$R = \frac{0.63}{2\pi r_C}hU_\infty \tag{2.2.26}$$

由式(2.2.20)可得,相邻台阶圈间距为 $y_0 = 2\pi r_C$。将该关系式以及式(2.1.25)代入式(2.2.26),可得气相生长系统中螺位错机制的生长速率为

$$R = \frac{0.63h}{2\pi}\frac{kT}{\gamma O}2x_S v_\perp \exp\left(-\frac{l_{SF}}{kT}\right)\tanh\left(\frac{\sigma_1}{\sigma}\right)\sigma^2$$

亦可表示为

$$R = A\tanh\left(\frac{\sigma_1}{\sigma}\right)\sigma^2 \tag{2.2.27}$$

式中,A 为动力学系数,其表达式为

$$A = \frac{0.63h}{2\pi}\frac{kT}{\gamma O}2x_S v_\perp \exp\left(-\frac{l_{SF}}{kT}\right) \tag{2.2.28}$$

σ_1 的表达式为

$$\sigma_1 = \frac{2\pi\gamma O}{kTx_S} \tag{2.2.29}$$

当过饱和度较小，并且 $\sigma \ll \sigma_1$，$\tanh\left(\dfrac{\sigma_1}{\sigma}\right) \approx 1$ 时，螺位错生长机制的动力学规律为

$$R = A'\sigma \tag{2.2.30}$$

式中，$A' = A\sigma_1$，故此时动力学规律表现为线性规律。

对于熔体生长，由螺位错生长机制导出的生长动力学规律也是抛物线规律，可以表示为

$$R = A\,(\Delta T)^2 \tag{2.2.31}$$

对具有光滑界面的晶体，熔体生长时测定了动力学关系。结果表明，其生长速率 R 与过冷度 ΔT 间的关系为抛物线关系[9]。

以上由单根螺位错所推导出来的动力学规律，同样也适用于一对异号螺位错。这是因为在生长过程中，单根螺位错起作用时，在面上给定位置的台阶流量与一对异号螺位错起作用时的台阶流量相同。

下面我们进一步分析位错的性质与分布对生长速率的影响。

以上我们只讨论了一种特殊情况，即只讨论了位错为螺位错以及位错线与生长界面正交的情况。事实上，位错之所以会对生长做出贡献，关键在于位错能在生长界面上产生台阶，而这种台阶在生长过程中永不消失。出现这种效应更为本质的原因是，晶体中原平行于界面的一层一层的晶面，由于位错的出现而转变为连续的螺旋面。这种螺旋面与生长界面的交迹就是台阶，而晶体生长过程就是这种螺旋面绕螺旋轴（位错线）无限延伸的过程。因而，不管位错的性质如何，即不管是螺位错、刃位错还是混合型位错，不管位错线与生长界面是否正交，只要该位错能使晶体中原平行于界面的一层一层的晶面转变为连续的螺旋面，该位错对晶体生长就能做出类似的贡献。

可以说，只要位错线与界面相交，只要位错的伯格斯矢量在界面法线方向有分量，则这种位错就能使晶体中平行于界面的晶面成为螺旋面。若位错的伯格斯矢量为 $\boldsymbol{b}$，位错线的方向为 $\mathrm{d}\boldsymbol{l}$，生长界面的面法线为 $\boldsymbol{n}$，则上述条件可以表示为

$$\mathrm{d}\boldsymbol{l} \cdot \boldsymbol{n} \neq 0, \quad \boldsymbol{b} \cdot \boldsymbol{n} = h' \neq 0 \tag{2.2.32}$$

式中,第一个条件表明位错线必须与界面相交,但不可以与界面法线正交,否则位错线就位于界面内,在界面上就没有露头点;第二个条件中的 h' 就是位错所产生的台阶的高度。可设想如下：我们在晶体中平行于生长界面的晶面上,绕位错线作一个伯格斯回路(Burgers circuit),此回路一定不闭合,其差值矢量为 $\boldsymbol{b}$。由式(2.2.32)中的第二个条件可以推知,晶体中平行于界面的晶面必为螺旋面,且其螺距为 h'。

若平行于界面的晶面间距为 h,如果 $h'=h$,则可完全排除二维成核的必要性,该位错对生长的贡献完全等同于与界面正交的纯螺位错。如果 $h'<h$,则只能部分地对生长做出贡献。如果位错是与界面正交的纯螺位错,即 $b=h$,由式(2.2.32)可得 $h'=h$,这就是前面所讨论的情况。上面我们讨论了位错性质和取向的影响,下面我们再来分析位错的数量和分布的影响。

我们在讨论一对异号螺位错产生台阶圈时曾经提及,位错间距必须大于 $2r_C$。现在我们先来说明这个问题。如果一对异号螺位错的间距为 d,开始时位错间为一直台阶,如图 2.2.6 中虚线所示。随着台阶向前运动,台阶的曲率半径由无穷大(直线)逐渐减小。可以看出,当台阶曲率半径为 $d/2$ 时达到极小值,如图 2.2.6 中实线所示。当台阶曲率半径为 $d/2$ 时,其速度为

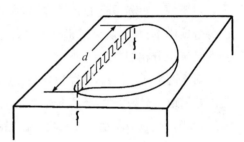

图 2.2.6　位错对的台阶运动

$$v\left(\frac{d}{2}\right)=v_\infty\left[1-\frac{2r_C}{d}\right] \tag{2.2.33}$$

在给定驱动力 Δg 的生长系统中,台阶的临界半径由二维吉布斯-汤姆孙关系式确定,即 $r_C=\dfrac{\gamma O}{|\Delta g|}$。于是在该生长系统中,凡是满足 $d\leqslant r_C$ 条件的位错对,当台阶运动到曲率半径最小 $(r=d/2)$ 的位置时,由式(2.2.33)得,$v\left(\dfrac{d}{2}\right)\leqslant 0$。这表明,在上述情况下,异号位错间的台阶在该驱动力作用下,只能停留在曲率半径为 $d/2$ 处,或停留在此之前,即 $\dfrac{d}{2}<r_C$。因而,在给定驱动力的系统中,凡是露头点的间距 $d\leqslant 2r_C$ 的异号位错对,都不能产生台阶圈,都对生长无

贡献。反之,一对间距为 d 的异号位错,只有当系统的驱动力增加到使 $dr_C \leqslant \dfrac{d}{2}$ 时,该位错对才能不断地产生台阶,才能对生长有贡献。我们把能使异号位错对产生台阶圈的临界驱动力称为位错对的台阶启动力。间距不同的位错对需要不同的台阶启动力。在生长系统中,随着驱动力的增加,不同间距的位错对依次启动而投入产生台阶圈的运转。

如果界面上有两个异号位错对,其伯格斯矢量都是相等的。每一个位错对在界面上都发出台阶圈,在同一平面上相遇时就合并而消失。在晶面上任一位置,单位时间所通过的台阶数仅仅与晶面上只存在一个位错对时相同。此时界面分成两个部分,每一部分的台阶来自一个位错对。于是两个位错对的生长速率就与单独存在一个位错对的生长速率相同。在这种情况下,界面由一个生长丘构成,而在很接近位错露头点处才分裂为两个生长丘。

对于两个距离很远的异号位错,所产生的结果与上述情况大体相同。界面也可分成两部分,台阶分别来自两个位错,其生长速率与界面形态和两个异号位错的结果十分相似。

对于两个同号位错,情况稍复杂一点,它们对晶体生长速率的贡献取决于其间距。若间距大于 $2r_C$,情况与上述相似,不过台阶交点的轨迹不是直线而是 S 形的曲线,如图 2.2.7(a) 所示。如果两个位错靠得很近,两螺旋线将不相交,故每个位错所产生的生长台阶都将扫过整个晶面,如图 2.2.7(b) 所示。这样,晶面的法向生长速率将是单个位错的 2 倍,这个结论只在位错间距很小时有效。如果位错间距

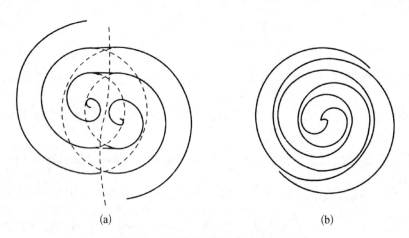

(a)   (b)

图 2.2.7 一对同号位错产生的生长台阶

(a) 位错间距大于 $2r_C$;(b) 位错间距小于 $2r_C$

不是很小,则晶面法向生长速率是单个位错的 $1\sim 2$ 倍。同样,一组 n 个相互紧靠着的同号位错,其晶面法向生长速率可比存在单个位错时的生长速率快 n 倍。

现在可以求得包含一群位错的晶体生长速率。如果这群位错是等量异号位错,即一群位错对,则晶体的生长速率仍由式(2.2.27)表示。在该式中我们已经看到存在一临界过饱和度 σ_1:若高于此 σ_1,则具有线性规律;若低于 σ_1,则表现为抛物线规律。现在如果位错群包含很多间距很小的异号位错对,则必然存在第二临界过饱和度 σ_2,此 σ_2 对应异号位错对的台阶启动力。若低于 σ_2,则晶体不生长;若高于 σ_2,则异号位错对启动而产生台阶圈,故晶体开始以抛物线规律生长。

若位错群中含有同号或异号的过量位错,在生长的初始阶段,可以得到比式(2.2.27)高 c 倍的生长速率。c 介于同号或异号的过量位错数 n 与 1 之间。

显然,我们不能由测定界面生长速率而推知晶体中的位错密度,只能得知是否有位错在界面露头。界面上生长丘的数目只能给出位错数的下限。

2.2.3　凹角生长机制

我们已经知道,球冠核将优先形成于衬底上的凹角处。同样地,二维晶核也优先形成于奇异面上的凹角处,因为该处同样能降低二维晶核的成核位垒。只要奇异面上有凹角存在,就能像位错露头点一样,从凹角处不断地产生台阶,以促进奇异面的生长。我们将奇异面的这种生长方式称为凹角生长机制或重入角生长机制。

我们先定性地讨论凹角生长机制。在不少天然晶体中,例如在水晶、方解石、赤铁矿、金刚石中,已经观测到凹角生长的迹象。在人工生长的镉晶体、钛酸锶晶体中,同样观察到凹角生长。关于凹角生长机制,最令人信服的证据是由道森(Dawson)获得的[10],他从低过饱和度的溶液中获得了片状的 $n\text{-}C_{100}H_{202}$ 晶体,观测到每片晶体中存在一孪晶面,在该晶体生长最快的面上观测到孪晶所产生的凹角。19 世纪 60 年代初期,人们曾用凹角生长机制解释了硅、锗带状晶体生长。下面我们以硅、锗、金刚石等为例,说明凹角生长机制的基本过程。这些晶体都是面心立方点阵金刚石结构。

金刚石结构晶体的 $\{111\}$ 面为奇异面(光滑界面),因而这类晶体在气相或溶体生长系统中,其惯态是由八个 $\{111\}$ 面构成的多面体。对于完整晶体,由于 $\{111\}$ 面为奇异面,只能借助二维成核机制生长,生长速率相对较低。故一般说来,具有上述形态的晶体,其尺寸较小。但在天然金刚石中,也观察到一些片状晶体,通常尺寸较大。仔细研究这些片状晶体,发现它们仍由 $\{111\}$ 面构成,但每片晶体中至少存在一孪晶面。图 2.2.8 所示是具有一层孪晶面的金刚石晶体。从图 2.2.8(a)可以看出,晶体仍由{111}面构成,但在孪晶面的露头处存在三个凹角和三个凸角。凸角对生长没有贡献,但在凹角处,由于二维晶核优先形成,因而凹角方向,即图中[1$\bar{2}$1]、[$\bar{2}$11]、[11$\bar{2}$]方向,为快速生长方向。于是晶体很快长成片状,如图 2.2.8(b)所示。由于晶面淘汰律,即生长过程中,快速生长的晶面将隐没,而慢速生长的晶面将显露,故凹角的面越来越小,最后凹角消失,晶体长成具有三角形的片状晶体。此后该晶体的生长就完全与完整晶体相同,因为凸角已经隐没,对生长无贡献。

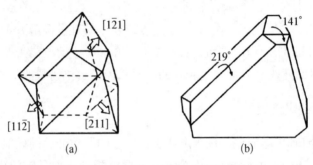

图 2.2.8　金刚石的孪晶和凹角生长

由此可见,如果要求凹角生长机制在生长过程中能够持续地发挥作用,必须要求生长过程中凹角永不消失。哈密顿等[11]提出了多重孪晶的凹角生长机制。图 2.2.9(a)所示是具有双重孪晶的金刚石结构的晶体,该晶体仍由{111}面构成。可以看出,该晶体的每一孪晶面的露头处都有三个凹角,其间方位相差 60°。这就是说,第一层孪晶面的凹角生长方向是[1$\bar{2}$1]、[$\bar{2}$11]、[11$\bar{2}$],第二层孪晶面的凹角生长方向是[2$\bar{1}\bar{1}$]、[$\bar{1}\bar{1}$2]、[$\bar{1}$2$\bar{1}$],如图 2.2.9(a)所示。为了说明该晶体在生长过程中凹角永不消失,我们假想该晶体按下列方式生长。如果只有第一孪晶面的凹角在生长中起作用,即假定优先生长方向是[1$\bar{2}$1]、[$\bar{2}$11]、[11$\bar{2}$],则相应的晶面逐渐缩小乃至消失,于是第一孪晶面的凹角消失了,但是,此时第二孪晶面的凹角区域却生长得最快,如图 2.2.9(b)所示。同样,如果第二孪晶面的凹角消失了,则第一孪晶面将生长得最快,如图 2.2.9(c)所示。实际上,在生长过程中,两个孪晶面的凹角相互制约、永不消失。在熔体生长系统中,界面形状受到温度场和热量传输条件的制约,只有某些方向的晶面可以生长,有时界面的宏观形状还必须为一曲面,因而有必要进一步分析凹角生长机制。我们仍然考虑金刚石结构晶体的凹角生长,该晶体仍然为双重孪晶。该晶体上原来的 141°

的凹角称为型Ⅰ-凹角。当型Ⅰ-凹角内生长了一层晶体后,在孪晶面的露头处,新的晶体层与凸角的面间形成型Ⅱ-凹角,该凹角的角度为 109.5°,如图 2.2.10(a)所示。构成型Ⅰ-凹角的两个面都是晶体的{111}面,构成型Ⅱ-凹角的面中只有一个是{111}面,而另一个为孪晶面(孪晶面虽然也是{111}面,但它与正常堆垛的{111}面有所不同)。因而考虑在型Ⅱ-凹角内二维成核时,还必须考虑孪晶界的界面能,这就增加了在型Ⅱ-凹角内的成核位垒。但另一方面,型Ⅱ-凹角的角度较小,这个几何因素却有利于成核。总的说来,虽然在型Ⅰ、型Ⅱ的凹角内,其二维晶核的成核位垒略有不同,但两者都能优先成核。凹角内进一步成核以及台阶运动的结果如图 2.2.10(b)所示。此时固-液界面为凸形(宏观尺度),这取决于温度场和热传输条件。如图 2.2.10(b)所示,型Ⅰ-凹角的区域缩小了,但出现了许多生长台阶和型Ⅱ-凹角。如果生长过程中型Ⅱ 凹角和生长台阶消失了,则型Ⅰ-凹角的区域又扩大了,故型Ⅰ-凹角与型Ⅱ-凹角相互依存、相互制约、永不消失。多重孪晶同样具有这种性质。

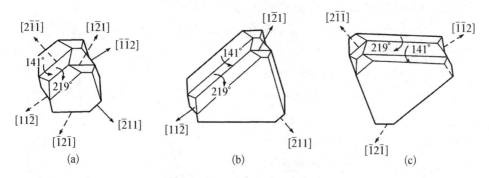

图 2.2.9　双重孪晶的凹角结构

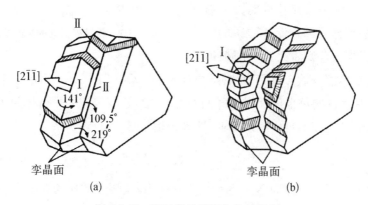

图 2.2.10　双重孪晶的凹角生长机制

2.3 粗糙界面的生长

奇异面(光滑界面)上,不同位置的吸附分子具有不同的势能,在台阶上扭折处的势能最低,故扭折是"生长位置"。因而在奇异面的生长过程中,台阶和扭折起着重要的作用。

在光滑界面上台阶不能自发产生,只能通过二维成核产生。这种现象一方面导致了光滑界面生长的不连续性(当晶体生长了一层后,必须通过二维成核才能产生新的台阶),另一方面也表明晶体缺陷(位错、层错或孪晶界)在奇异面的生长中能起重要作用,因为这些缺陷或是提供了无穷尽的台阶,或是促进了台阶的二维成核。

但是在粗糙界面上的任何位置,其"吸附分子"所具有的势能都是相等的,因而粗糙界面上的所有位置都是"生长位置"。这表明粗糙界面的生长是连续过程,晶体缺陷在粗糙界面的生长过程中不起明显的作用。

大多数金属晶体的熔体生长是典型的粗糙界面生长。下面我们将分析粗糙界面的生长动力学。

粗糙界面上的任何原子都具有同样的势能。因而界面上晶体原子离开晶格点位(熔化)以及熔体原子进入晶格点位(结晶),这两种事件都能同时、相互独立地进行,并能在界面的任何位置上发生。在温度为 T(K)时,流体原子欲穿越界面进入晶格点位,必须克服邻近流体原子的约束,因而必须具有激活能 Q_f。 同样,

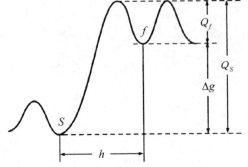

图 2.3.1 粗糙界面处的势能曲线

界面上的晶体原子欲穿过界面,必须具有激活能 Q_s。 图 2.3.1 所示是生长系统中粗糙界面处的势能曲线。激活能的差 $Q_s - Q_f$ 正好等于一个流体原子转变为晶体原子时其吉布斯自由能的降低,即等于相变驱动力 Δg。 故有

$$| \Delta g | = Q_s - Q_f \tag{2.3.1}$$

若界面上原子总数为 N_0,晶面的面间距为 h,原子的振动频率为 ν,则单位时间内进入晶格点位的流体原子总数为

$$N_{\mathrm{F}} = N_0 \nu \exp\left(-\frac{Q_f}{kT}\right) \tag{2.3.2}$$

单位时间内离开晶格点位的流体原子总数为

$$N_{\mathrm{M}} = N_0 \nu \exp\left(-\frac{Q_S}{kT}\right) \tag{2.3.3}$$

由式(2.3.1)得 Q_S 的表达式,再代入式(2.3.3),得

$$N_{\mathrm{M}} = N_0 \nu \exp\left(-\frac{Q_f + |\Delta g|}{kT}\right) \tag{2.3.4}$$

单位时间内进入界面的净原子数 N 可由式(2.3.2)与式(2.3.4)的差值给出:

$$N = N_{\mathrm{F}} - N_{\mathrm{M}} = N_0 \nu \exp\left(-\frac{Q_f}{kT}\right)\left[1 - \exp\left(-\frac{|\Delta g|}{kT}\right)\right] \tag{2.3.5}$$

当进入界面的净原子数 N 等于晶格点位总数 N_0 时,界面就前移了一个面间距 h。故晶体生长速率 $R = \left(\dfrac{N}{N_0}\right)h$,将式(2.3.5)代入,有

$$R = h\nu \exp\left(-\frac{Q_f}{kT}\right)\left[1 - \exp\left(-\frac{|\Delta g|}{kT}\right)\right] \tag{2.3.6}$$

当生长温度近于平衡温度 T_0(熔体生长)时,有 $|\Delta g| \ll kT$。于是式(2.3.6)中的指数 $\exp\left(-\dfrac{|\Delta g|}{kT}\right)$ 可展开为级数,并略去高阶微量,则有

$$\exp\left(-\frac{|\Delta g|}{kT}\right) = 1 - \frac{|\Delta g|}{kT} \tag{2.3.7}$$

将式(2.3.7)代入式(2.3.6)后,得

$$R = \frac{h\nu}{kT} \exp\left(-\frac{Q_f}{kT}\right)|\Delta g| \tag{2.3.8}$$

式(2.3.8)是粗糙界面生长动力学规律的表达式,称为威尔逊-弗仑克尔公式。可以看出,生长速率 R 与驱动力 Δg 间满足线性规律。如将式(2.1.9)代入式(2.3.8),得熔体生长中粗糙界面的动力学规律:

$$R = A\Delta T \tag{2.3.9}$$

$$A = \frac{h\nu l_{\mathrm{SL}}}{kTT_0}\exp\left(-\frac{Q_f}{kT}\right) \tag{2.3.10}$$

式中,A 为动力学系数。式(2.3.9)表明生长速率与过冷度 ΔT 间满足线性规律。式(2.3.9)预测即使 ΔT 很小,相应的生长速率也很大。例如,对铜来说,若 $\Delta T = 1\,^\circ\mathrm{C}$,则 $R = 100\ \mathrm{cm/s}$,对很多金属可以得到同样的结果。

在熔体生长系统中,可将 Q_f 视为熔体中的扩散激活能,$\exp\left(-\dfrac{Q_f}{kT}\right)$ 与熔体的自扩散系数成正比,与熔体的黏滞系数 μ 成正比,于是有

$$R \propto \frac{1}{\mu}\left[1 - \exp\left(-\frac{\mid\Delta g\mid}{kT}\right)\right] \approx \frac{l_{\mathrm{SL}}\Delta T}{\mu k T_0^2} \tag{2.3.11}$$

2.4 晶体生长的运动学理论

在前面各节中,我们讨论了台阶和界面的动力学,即讨论了台阶和界面的运动速率与驱动力之间的关系。本节我们讨论台阶和界面的运动学,因而我们在这里只研究台阶和界面的位置变动与时间的关系,而不涉及驱动力场。

在晶体的表面上,经常观测到高度达微米数量级的台阶,这说明单原子台阶列在沿光滑界面运动的过程中经常发生聚并(bunching),从而形成大尺度的台阶。为了说明这个现象,Frank 等[8]和卡勃累拉等发展了晶体生长的运动学理论。运动学理论不仅可以说明台阶列的聚并,还能预言晶体生长或溶解过程中晶体形状的演变。

2.4.1 台阶列和邻位面的运动方程

若奇异面上台阶高度为 h,台阶密度为 k[通常台阶密度是位置和时间的函数,即 $k(y, t)$],台阶流量为 q,而不同时刻邻位面的轮廓可用函数 $z(y, t)$ 表示(见图 2.1.6)。由式(2.1.64)得邻位面的斜率为

$$\frac{\partial z}{\partial y} = -kh \tag{2.4.1}$$

由式(2.1.65)得奇异面的法向生长速率为

$$\frac{\partial z}{\partial t} = kq \tag{2.4.2}$$

理论的基本假设为台阶流量是台阶密度的函数,即

$$q = q(k) \tag{2.4.3}$$

实际上,台阶流量依赖于台阶间距(即台阶密度),这是十分明显的。间距较大的台阶列($y_0 \gg x_S$)可达最大速率 v_∞[见式(2.1.37)]。而台阶越密,其有效扩散场重叠得越多,故台阶列的速率越低。而流量等于速率和密度的乘积,即 $q = vk$,故流量也越低。

将式(2.4.1)对时间 t 求导,式(2.4.2)对坐标 y 求导,再将得到的两等式相减,得

$$\frac{\partial q}{\partial y} + \frac{\partial k}{\partial t} = 0 \tag{2.4.4}$$

式(2.4.4)实质上是表明台阶守恒的连续性方程。由于台阶密度 k 为 y 和 t 的函数,即由式(2.4.3)可得 $\dfrac{\partial q}{\partial y} = \dfrac{\mathrm{d}q}{\mathrm{d}k} \dfrac{\partial k}{\partial y}$,将此式代入式(2.4.4),得

$$\frac{\mathrm{d}q}{\mathrm{d}k} \frac{\partial k}{\partial y} + \frac{\partial k}{\partial t} = 0 \tag{2.4.5}$$

令 $c(k) = \dfrac{\mathrm{d}q}{\mathrm{d}k}$,于是有

$$\frac{\partial k}{\partial t} + c(k) \frac{\partial k}{\partial y} = 0 \tag{2.4.6}$$

式(2.4.6)是描述生长和溶解过程中奇异面上台阶密度 k 随时间 t 和空间 y 变化规律的一阶偏微分方程。将 $k(y, t)$ 对时间求导,得

$$\frac{\mathrm{d}k}{\mathrm{d}t} = \frac{\partial k}{\partial t} + \frac{\partial k}{\partial y} \frac{\mathrm{d}y}{\mathrm{d}t} \tag{2.4.7}$$

我们最关心的是生长或溶解过程中密度 k 不变的台阶列(即给定倾角恒为 θ 的邻位面)。对于 k 不变的台阶列,$\dfrac{\mathrm{d}k}{\mathrm{d}t} = 0$。但 $\dfrac{\partial k}{\partial t} \neq 0$,$\dfrac{\partial k}{\partial y} \neq 0$,于是有

$$\frac{\partial k}{\partial t} + \frac{\partial k}{\partial y} \frac{dy}{dt} = 0 \tag{2.4.8}$$

对比式(2.4.6)和式(2.4.8),得

$$c(k) = \frac{dq}{dk} = \frac{dy}{dt} \tag{2.4.9}$$

由此可见,$c(k)$ 是密度不变的台阶列(邻位面)的运动速度。我们已经指出,式(2.4.6)是描述生长过程中台阶密度 k 关于时间、空间变化的偏微分方程。这里我们进一步指出,该式还可以理解为密度不变的台阶列(给定面指数的邻位面)的运动方程。密度不变的台阶列的运动速率 $c(k)$ 与单个台阶的运动速率 v_{∞} 不一定相同。如果 $c(k) < v_{\infty}$,台阶列运动过程中后面的台阶不断地向前推移,前沿的台阶则脱离此台阶列。此时,构成此台阶列(邻位面)的成分是变化着的。当 $c(k) > v_{\infty}$ 时,前面的台阶并入此台阶列,后面的台阶则脱离台阶列,此时构成台阶列的成分也是变化着的。而当 $c(k) = v_{\infty}$ 时,台阶列的成分才是稳定不变的。台阶列的速度 $c(k)$ 十分类似于机械波、电磁波传播时的群速度,因而人们将 $c(k)$ 称为运动波速度。

2.4.2 弗兰克第一运动学定理

现在我们注意生长过程中密度不变的台阶的运动,即关注给定面指数的邻位面的运动。我们的目的是求它们在生长过程中的轨迹。对式(2.4.9)积分,得

$$y(t) = c(k)t + 常数 \tag{2.4.10}$$

由此可知,密度不变的台阶列,在生长过程中,在 y-t 平面内的轨迹为直线。此直线的斜率为运动波速度 $c(k)$,不同密度的台阶列,其波速 $c(k)$ 不同,因而在 y-t 平面内运动轨迹的斜率也不等。在生长过程中,某一时刻的晶体外形可用该时刻的 $z(y)$ 函数来描述。在生长全过程中,晶体外形可用函数 $z(y,t)$ 描述。于是有 $\dfrac{dz}{dy} = \dfrac{\partial z}{\partial y} + \dfrac{\partial z}{\partial t} \Big/ \dfrac{\partial y}{\partial t}$,将式(2.4.1)、式(2.4.2)和(2.4.9)代入,则

$$\frac{dz}{dy} = -h\left(k - \frac{q}{c}\right) \tag{2.4.11}$$

在 z-y-t 的三维空间中,$z(y,t)$ 为一空间曲面,密度不变的台阶列在生长全过程中的轨迹必然位于此空间曲面 $z(y,t)$ 上。此轨迹曲线在 z-y 平面

上投影的斜率的表达式为式(2.4.11)。对密度不变的台阶列,有 $k = $ 常数,

$q(k) = $ 常数,$c(k) = $ 常数,由式(2.4.11)得 $\dfrac{\mathrm{d}z}{\mathrm{d}y} = $ 常数。于是密度不变的台阶列

的轨迹在 $z\text{-}y$ 平面内的投影亦为直线。

在 $z\text{-}y\text{-}t$ 三维空间中,曲面上的空间曲线(密度不变的台阶列的轨迹)在 $y\text{-}t$ 面和 $z\text{-}y$ 面上的投影都是直线,故该空间曲线必为直线。于是给定面指数的晶面(给定密度的台阶列)在生长过程中的轨迹必为直线。此即界面运动学第一定理,又称弗兰克第一运动学定理。

在晶体生长过程中,不同时刻的界面位置和形状是不同的。图 2.4.1 中画出了任意时刻 t_0、t_1、t_2 的界面形状和位置。作相互平行的平面,分别与不同时刻的界面切于 T_0、T_1、T_2 上,由弗兰克第一运动学定理可知,T_0、T_1、T_2 必在一条直线上,且此直线就是倾角恒定的邻位面(给定面指数的晶面)的轨迹。

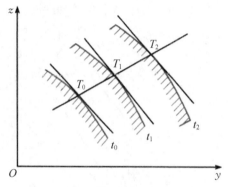

图 2.4.1 给定面指数的晶面轨迹

2.4.3 台阶聚并

在晶体生长或溶解过程中,在界面上往往可观测到台阶图像,这对了解晶体生长机制、验证晶体生长理论起到很大作用。然而所观察到的生长台阶,其高度往往是几百个或几千个晶面间距,这表明这些亚宏观台阶是单原子台阶聚并的结果。我们将这些亚宏观台阶的形成过程称为台阶聚并。在实验中经常观测到亚宏观台阶,这表明等间距平行台阶列在运动过程中趋于产生台阶聚并。现在我们用弗兰克第一运动学定理来说明这一事实。

若台阶速度与台阶密度 k 的关系比较松弛,我们假定它具有下列形式:

$$v = q(k)/k = v_\infty + rk \qquad (2.4.12)$$

或

$$q(k) = v_\infty k + rk^2 \qquad (2.4.13)$$

由式(2.4.9)可得运动波速度 $c(k)$ 为

$$c(k) = \frac{\mathrm{d}Q}{\mathrm{d}k} = v_{\infty} + 2rk \tag{2.4.14}$$

当 $r<0$ 时,由式(2.4.13)知,台阶速度随台阶密度的增加而降低。由式(2.4.14)可知,台阶列速度也随台阶密度的增加而降低。

今有等间距平行台阶列,在行进途中遭到干扰,产生了局部的台阶集结。如果在集结区内台阶密度分布是对称的,其余地区台阶密度仍是均匀的,如图2.4.2(a)中 $k(y, t_0)$ 对应的界面轮廓,即如图 2.4.2(b)中 $z(y, t_0)$ 曲线所示。根据弗兰克第一运动学定理,在台阶集结区外,由于所有位置处的台阶密度是不变且相等的,故各点生长轨迹在 t-y 平面内都是相互平行的直线,如图 2.4.2(a)所示。

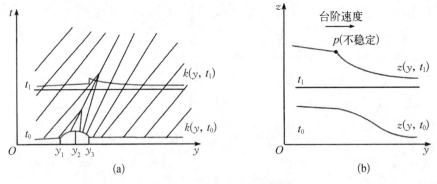

图 2.4.2　生长时的台阶聚并

(a) 台阶密度分布;(b) 界面轮廓

在台阶集结区内,在 y_1 至 y_2 范围内,$k(y, t_0)$ 随 y 增加而单调地增加,根据式(2.4.14)以及 $r<0$,故 $c(k) = \dfrac{\mathrm{d}y}{\mathrm{d}t}$ 将随之减小,在 t-y 平面内轨迹的斜率 $\dfrac{\mathrm{d}t}{\mathrm{d}y}$ 将增加,故由 y_1 到 y_2,各点轨迹是汇聚的,于是在集结区的尾部,台阶聚并。从 y_2 到 y_3,$k(y, t_0)$ 随 y 增加而减小,根据式(2.4.14)以及 $r<0$,故 $c(k) = \dfrac{\mathrm{d}y}{\mathrm{d}t}$ 将随之增加,在 t-y 平面内轨迹的斜率将减小,各点的轨迹是发散的,于是在集结区的头部,台阶趋于分散。故到下一时刻 t_1 时,密度分布如图 2.4.2(a)中 $k(y, t_1)$ 所示,而界面轮廓如图 2.4.2(b)中 $z(y, t_1)$ 所示。于是等间距的台阶列在行进途中,由于运动学效应,在偶然干扰而产生的集结区的尾部出现了台阶聚并,聚并的结果是在界面上出现了不连续点,如图 2.4.2(b)中的 p 点。正是由

于 p 点的出现,在界面上才出现了用光学显微镜可以观测到的宏观台阶。但是必须指出,在 $r<0$ 的情况下,在台阶集结区尾部出现的不连续点是不稳定的,是可能逐渐消失的。这是由于尾部不断获得台阶,但前部不断损失台阶,如果损失的大于获得的,则台阶聚并将逐渐消失。在 $r>0$ 时,在台阶集结区的前部将出现台阶聚并(这与 $r<0$ 时的分析完全类似,从略),正是由于台阶聚并发生在台阶集结区的前部,这样的聚并才是稳定的,才能发展成亚宏观台阶。在 $r>0$ 的情况下,意味着台阶越密,台阶的速率越大,台阶的流量也越大,在生长过程中存在杂质吸附时往往会出现这种情况。这是由于吸附于界面的杂质往往阻滞台阶运动,而界面上某点的杂质吸附概率与台阶连续两次通过该点的时间间隔成正比,即与 $1/q$ 成正比。这类效应将导致间距较大的台阶列(即 k 较小),其运动阻力较大,而间距较小的台阶列阻力较小。这与面扩散的有效扩散场效应相反。如果这个效应足够大,就会使 $r>0$,于是台阶聚并发生于集结区的前部,因而能形成宏观台阶。

2.4.4　弗兰克第二运动学定理

根据弗兰克第一运动学定理,可以了解到给定面指数的晶面(或给定倾角的邻位面),其生长过程中的轨迹为直线。若需要求得该轨迹的具体情况,则要由弗兰克第二运动学定理给出。

取晶体的 (001) 面的法线为 z 轴,y 轴沿着 [010] 方向,则任一邻位面的面法线与 z 轴间的夹角 θ 即为该邻位面相对于奇异面 (001) 的倾角,如图 2.4.3(a) 所示。若已知邻位面的生长速率与倾角 θ 间的关系,则可作生长速率倒数极图。即过原点作矢径,矢径的方向平行于给定邻位面的面法线,矢径的长度等于该邻位面法向生长速率的倒数,并作出与晶体的所有晶面相应的矢径相,于是这些矢径的端点的集合,给出了晶面法向生长速率的倒数与晶面取向的关系,这就是晶面法向生长速率倒数极图,如图 2.4.3(b) 所示。于是弗兰克第二运动学定理可表述如下:过法向生长速率倒数极图上倾角为 θ 的点,作极图之法线,则该法线平行于倾角为 θ 的邻位面的生长轨迹。

我们已经得出,倾角为 θ 的邻位面在 y-z 平面内的生长轨迹为直线,其斜率表达式为式 (2.4.11)。若取 $\boldsymbol{j}$、$\boldsymbol{k}$ 为 y 和 z 方向的单位矢量,于是倾角为 θ 的邻位面在 y-z 平面内的轨迹可表示为下面的矢量形式:

$$\boldsymbol{F} = \boldsymbol{j} + h(k - q/c)\boldsymbol{k} \qquad (2.4.15)$$

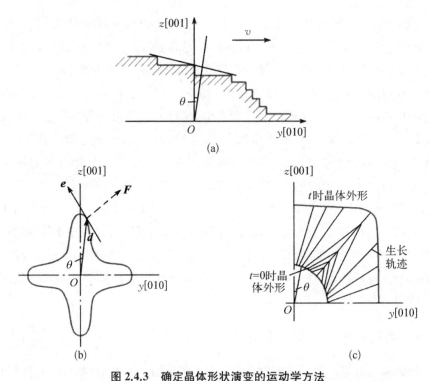

图 2.4.3 确定晶体形状演变的运动学方法

(a) 邻位面倾角与台阶密度的关系；(b) 邻位面法向生长速率倒数极图；(c) 晶体形状的演变

对台阶密度为 k 的台阶列，即对倾角为 θ 的邻位面，其法向生长速率倒数矢量 d 可从生长速率倒数极图中求得。如图 2.4.3(b)所示，在极图中过 d 矢量的端点作极图的切线，得切向矢量 e。根据弗兰克第二运动学定理，过 d 矢量端点作极图之法线，此法线与该倾角为 θ 的邻位面在 y-z 平面内的生长轨迹平行。因而要证明弗兰克第二运动学定理，只需证明切矢量 e 与式(2.4.15)所定义的矢量 F 正交，也就是说，只需证明式(2.4.15)定义的 F 矢量就是极图的法矢量。

我们先写出法向生长速率倒数矢量 d 的矢量表达式。由式(2.4.2)可知，(001)面的法向生长速率为 $\dfrac{\partial z}{\partial t}=hq$，于是倾角为 θ 的邻位面的法向生长速率为

$\dfrac{\partial z}{\partial t}\cos\theta=hq\cos\theta$。故倾角为 θ 的邻位面的法向速率倒数矢量 d 的模为

$$|d|=\frac{1}{hq\cos\theta} \tag{2.4.16}$$

由图 2.4.3(b)所示的坐标关系，可写出矢量 $\boldsymbol{d}$ 的表达式为

$$\boldsymbol{d} = |\boldsymbol{d}| \sin\theta \boldsymbol{j} + |\boldsymbol{d}| \cos\theta \boldsymbol{k} = h^{-1}q^{-1}\left[\tan\theta \boldsymbol{j} + \boldsymbol{k}\right] \tag{2.4.17}$$

将式(2.4.15)代入，注意 $\tan\theta = \dfrac{\partial z}{\partial y}$，可得

$$\boldsymbol{d} = h^{-1}q^{-1}\left[-hq\boldsymbol{j} + \boldsymbol{k}\right] \tag{2.4.18}$$

矢径 $\boldsymbol{d}$ 对 θ 求导就给出了切矢量 $\boldsymbol{e}$：

$$\boldsymbol{e} = \frac{\mathrm{d}}{\mathrm{d}\theta}(\boldsymbol{d}) = \frac{\mathrm{d}}{\mathrm{d}k}(\boldsymbol{d})\,\frac{\mathrm{d}\boldsymbol{k}}{\mathrm{d}\theta} \tag{2.4.19}$$

由式(2.4.1)可求得

$$\frac{\mathrm{d}k}{\mathrm{d}\theta} = -h^{-1}\sec^2\theta = -h^{-1}(1 + \tan^2\theta) = -h^{-1}(1 + h^2k^2) \tag{2.4.20}$$

由式(2.4.18)可求得

$$\frac{\mathrm{d}}{\mathrm{d}k}(\boldsymbol{d}) = -h^{-1}cq^{-2}\left[h\left(k - \frac{q}{c}\right)\boldsymbol{j} - \boldsymbol{k}\right] \tag{2.4.21}$$

将式(2.4.20)和式(2.4.21)代入式(2.4.19)，可得 $\boldsymbol{e}$ 的表达式为

$$\boldsymbol{e} = ch^{-2}q^{-2}(1 + h^2k^2)\left[h\left(k - \frac{q}{c}\right)\boldsymbol{j} - \boldsymbol{k}\right] \tag{2.4.22}$$

由式(2.4.15)和式(2.4.22)可得

$$\boldsymbol{F} \cdot \boldsymbol{e} = 0$$

故 $\boldsymbol{F}$ 矢量与 $\boldsymbol{e}$ 矢量正交，因而 $\boldsymbol{F}$ 矢量与过 $\boldsymbol{d}$ 矢量的端点的法矢量平行。或者说，倾角为 θ 的邻位面的生长轨迹 $\boldsymbol{F}$ 平行于法向速率倒数极图中相应的矢量 $\boldsymbol{d}$ 的端点的法线，这就是弗兰克第二运动学定理。

2.4.5 生长过程中晶体形状的演变

假设生长系统中驱动力场是均匀的，若已知法向生长速率关于晶面取向的关系，则可根据运动学定理预测生长过程中晶体形状的演变。

根据生长速率关于晶面取向的关系，作出生长速率倒数极图，如图 2.4.3(b)所示。对于给定倾角的邻位面，求出该面生长速率倒矢量 $\boldsymbol{d}$ 以及 $\boldsymbol{d}$ 矢量端点的

极图的法线,根据弗兰克第一、第二运动学定理,d 矢量端点的极图法线是与该晶面的生长轨迹平行的。$t = 0$ 时,籽晶的形状为一球体,如图 2.4.3(c)所示。先用作图法求得倾角为 θ 的矢径与球面的交点,再通过该交点作直线,使之平行于图 2.4.3(b)中 d 矢量端点的法线,此直线即该邻位面(倾角为 θ)的生长轨迹。用同样的方法作出籽晶上所有晶面的生长轨迹。由于生长速率与 θ 的关系已知,在生长过程中的 t 时刻各晶面的位移亦可求出(该位移等于各晶面的生长速率与 $\Delta t = t - t_0$ 的乘积),在各晶面的生长轨迹上截取相应的晶面位移,就能得到 t 时刻的各晶面位置。将这些位置联结起来就能得到 t 时刻的晶体形状,如图 2.4.3(c)所示。

2.4.6 运动学理论的实验检验

从图 2.4.3(a)可以看到,台阶沿 y 轴运动时为生长过程;若台阶反向运动,则为升华、熔化或溶解过程。因而台阶列或邻位面的运动学理论同样可用来预测溶解时晶体的形态演变以及浸蚀斑的形状发展。

对给定的晶体,其浸蚀速率是各向异性的,当然,浸蚀速率关于取向的具体关系还与浸蚀剂有关。Batterman[9] 曾测定了锗晶体的 $[1\bar{1}0]$ 晶带中晶面的浸蚀速率,他使用的浸蚀剂是体积比为 $1:1:4$ 的 H_2O_2(30%)、HF(40%) 和 H_2O 的混合液,现将他所得的结果表示于图 2.4.4 中。弗兰克等根据这个结果得到了浸蚀速率倒数极图,如图 2.4.5 中虚线所示。他们进一步假定在锗的 {110} 面上浸蚀斑的初始形状为圆形,于是根据前述的程序得到了浸蚀过程中锗晶面的运动轨迹,如图 2.4.5 中直线所示。可以看出,在晶面轨迹会聚处,蚀斑出现棱角;而在轨迹发散处,出现平面。例如,在浸蚀初期,{111} 面就显露出来,并且其晶

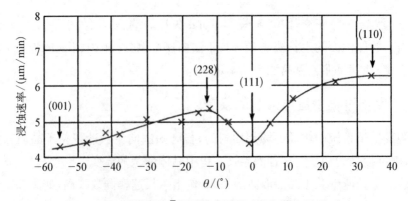

图 2.4.4 锗晶体 $[1\bar{1}0]$ 晶带中浸蚀速率与取向的关系

面面积快速增加;但在浸蚀后期,晶面面积就增加得较慢了。而在⟨100⟩方向,界面保持一定的曲率,即{100}面的邻位面可以存在。因而一个圆形浸蚀斑将演变为一个六角形蚀斑。该蚀斑相应的四个{111}的边界为直线,而两个{100}的边界为具有一定曲率的曲线,如图 2.4.5 所示。弗兰克等关于锗的{110}面上蚀斑形状演变的预言与巴特曼的观测结果相符,这表明上述运动学理论基本可靠。

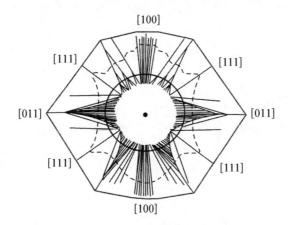

图 2.4.5 锗晶体{110}面上圆形浸蚀斑的演变

参考文献

[1] 闵乃本.晶体生长的物理基础[M].南京:南京大学出版社,2019.

[2] 王竹溪.统计物理学导论[M].北京:高等教育出版社,1956.

[3] Hillig W B, Turnbull D. Theory of crystal growth in undercooled pure liquids[J]. The Journal of Chemical Physics,1956,24(4):914.

[4] Burton W K, Cabrera N, Frank F C. The growth of crystals and the equilibrium structure of their surfaces[J]. Philosophical Transactions of the Royal Society of London, Series A, Mathematical and Physical Sciences, 1951, 243(866):299 – 358.

[5] Hartman P. Crystal growth: an introduction[M]. Amsterdam: North-Holland, 1973.

[6] Cabrera N, Burton W K. Crystal growth[M]. Oxford: Butterworths, 1959.

[7] Chernov A A. Modem crystallography Ⅲ: crystal growth [M]. Berlin: Springer-Verlag, 1984.

[8] Frank F C, Ives M B. Orientation — dependent dissolution of germanium[J]. Journal of Applied Physics, 1960, 31(11):1996 – 1999.

[9] Batterman B W. Hillocks, pits, and etch rate in germanium crystals[J]. Journal of Applied Physics, 1957, 28(11):1236 – 1241.

[10] Dawson I M. The study of crystal growth with the electron microscope Ⅱ. The

observation of growth steps in the paraffin *n*-hectane[J]. Philosophical Transactions of the Royal Society of London, Series A, Mathematical and Physical Sciences, 1952, 214 (1116): 72 - 79.

[11] Hamilton D R, Seidensticker R G. Propagation mechanism of germanium dendrites[J]. Journal of Applied Physics, 1960, 31(7): 1165 - 1168.

第3章 晶体生长形态学

晶体生长形态学(morphology of crystal growth)不仅要研究晶体长成后的宏观外形、生长过程中宏观外形的演变,还应包括界面的显微形态和界面(形态)的稳定性[1]。

如果晶体的形态只取决于晶体的几何结晶学性质(如空间点阵和结构)和晶体的热力学性质(如界面能和界面相变熵等),则晶体生长形态学就比较简单了。事实上,即使相同的晶体在相同的生长系统中生长,晶体的形态,特别是显微形态,也是变化多端的。因此还必须考虑生长动力学(生长机制、生长动力学规律)以及热量和质量传输等的影响。

螺位错在界面的露头点形成的生长螺线有力地证明了界面的显微形态与生长机制密切相关。在熔体生长系统中的固-液界面上出现小平面,这个实验事实充分地反映了固-液界面的宏观形态与生长机制及生长动力学规律间的关系。因而晶体的形态学与晶体生长动力学休戚相关,这正如弗兰克所指出的“如果我们不重视晶体生长形态学,我们就不可能理解晶体生长动力学,无论是较简单的从熔体中生长金属晶体,还是过程极其复杂的高分子结晶。反之,如果我们全面地理解了形态学,那么,关于动力学也就知道得差不多了”[2]。

3.1 晶体生长形态差异的来源

晶体生长特征与最终形态首先是受晶体内部结构所制约,这是影响晶体生长与最终形态的根本因素。但对于同样的晶体结构,晶体生长的最终形态也会有所差异,这是因为晶体生长的外部环境有所不同。下面主要介绍影响晶体生长形态的几个重要因素。

3.1.1 晶体生长速率的各向异性

在给定的生长驱动力作用下,界面的生长速率取决于界面的生长机制和生长的动力学规律,而界面生长机制与生长动力学规律又取决于界面的微观结构。

若界面为粗糙界面,则其生长机制为连续生长,满足线性的动力学规律;若界面为光滑界面,并且为二维成核机制,则满足指数规律;若为螺位错生长机制,则满足抛物线规律。因而在相同的驱动力作用下,对于不同类型的界面、不同的生长机制,晶体的生长速率不同。一般说来,在低的驱动力作用下,在粗糙界面生长得最快,在光滑界面的螺位错机制下次之,在二维成核机制下生长得最慢。这些就是出现生长速率各向异性的物理原因。

具体说来,是否存在生长速率的各向异性,首先取决于物质的类型。通常,金属的相变熵最小,特别是金属熔体生长,几乎所有的界面都是粗糙界面,故通常金属晶体的生长速率是各向同性的。对氧化物晶体,其相变熵最大,在界面上总存在较多的光滑界面,因而在生长过程中表现出强烈的各向异性。而半导体晶体,其相变熵介于其间,只有少数晶面为光滑界面,例如硅、锗晶体的{111}面,故生长速率仍表现出各向异性。

由于相变熵决定于相变潜热与相变温度,也就是说,相变熵与环境相有关,因而同一物质在某一生长系统中可为各向同性生长,而在另一生长系统中却为各向异性生长。例如在熔体生长系统中各向同性生长的金属晶体,在气相生长系统中生长时却表现出强烈的各向异性(呈现出多面体形态)。

同一种物质在同样的生长系统中生长,其是否表现出各向异性,还与生长驱动力的大小有关。如果生长界面上同时存在光滑界面与粗糙界面,其生长速率当然是各向异性的。但是在第2章中曾经提及,随着生长驱动力的增加,光滑界面将转变为粗糙界面。一旦所有的光滑界面都转变为粗糙界面,则晶体也就由各向异性生长转变为各向同性生长。

3.1.2　自由生长系统中的晶体形态

在均匀驱动力场中,晶体的不同晶面在相同的驱动力作用下按不同的动力学规律以不同的生长速率生长。在这样的生长系统中,不管生长界面的位置如何,生长驱动力是处处相等的。故不同晶面的生长速率只取决于其生长机制和生长动力学规律,而与晶体关于生长系统的相对取向无关。因此,在这样的生长系统中,晶体的不同晶面以各自的生长速率自由地生长,而不受环境的任何约束,我们将这样的生长系统称为自由生长系统。具有球形对称的驱动力场的系统也可以看作自由生长系统。气相生长系统、水溶液生长系统、水热法生长系统都可近似地看作这种生长系统。

在自由生长系统中,任一晶面的生长速率是恒定的,或诸晶面的生长速率的比值是恒定的,因而晶体的三维形态取决于生长速率的各向异性。但晶体的稳态形

状是什么？在晶体生长过程中哪些晶面将
显露出来，哪些晶面将隐没？这可应用晶
面淘汰律来定性地说明。我们考虑一个具
有四次对称性的二维晶体，若(01)面和
(10)面的法向生长速率为 v_1，(11)面的法
向生长速率为 v_2。如果在生长过程中晶
体形状保持几何上的相似，即诸晶面面积
按比例地增加，则(11)面与(10)面、(01)面
的交点必在 OP 直线上，如图 3.1.1 所示。
此时晶面法向生长速率必满足

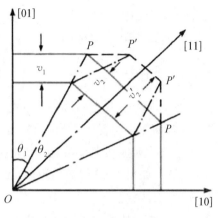

图 3.1.1　晶面淘汰律

$$\frac{v_1}{v_2} = \frac{\cos\theta_1}{\cos\theta_2} \tag{3.1.1}$$

式中，θ_1、θ_2 分别为 OP 直线与[01]、[11]的夹角，此时晶体的形状为稳态形状。

若(11)面的法向生长速率增加为 v_2'，则不能满足式(3.1.1)，此时有 $\dfrac{v_1}{v_2} <$

$\dfrac{\cos\theta_1}{\cos\theta_2}$。在经历单位时间后，{10}面与{11}面的交点不是 P 而是 P'（见图

3.1.1）。可以看出，随着生长延续，{11}面的面积将逐渐减小乃至消失。反之，如

果 $\dfrac{v_1}{v_2} > \dfrac{\cos\theta_1}{\cos\theta_2}$，则在生长过程中{10}面将消失。一般说来，在晶体生长过程

中，诸晶面相互竞争，生长速率快的晶面隐没，生长速率慢的晶面显露，这就是晶
面淘汰律。由此可见，晶体呈现出多面体形状是自由生长系统中晶体生长速率
各向异性的必然结果。

　　已知生长速率关于取向的分布，若要更准确地预测生长过程中晶体形态的
演变，可以借助上节的运动学理论。我们知道，运动学理论是从生长速率倒数极
图出发去预言晶体形态演变的。在上述理论处理中，实际上假定了在生长过程
中"生长速率极图"是不变的，或只做相似变化。这种假定只有在均匀驱动力场
中或是在球形对称的驱动力场中才能成立。因而上节中用来预测晶体生长形态
演变的运动学理论只适用于自由生长系统。

　　自由生长系统中，晶体的生长形态还与晶体缺陷有关。我们在上一章中已经
论及螺位错对界面微观形态的影响。孪晶的存在会影响晶体的宏观形态，例如在

自由生长系统中,对于完整的金刚石结构的晶体,其生长形态是由八个{111}面构成的八面体,但若在晶体中存在孪晶,则其生长形态为片状晶体,且尺寸较大。

3.1.3 强制生长

在单向凝固系统中,晶体只能沿着该凝固方向生长,其他方向的生长速率必为零;若晶体生长受到人为控制,则其生长速率的各向异性无法表现出来,这种生长系统称为强制生长系统。在直拉法、坩埚下降法、区域熔化法、基座法、焰熔法生长中,如果固-液界面为平面,那么都是单向凝固系统,因而都属于上述性质的强制生长系统。

如果在上述熔体生长系统中,固-液界面不是平面而是曲面,则晶体生长所受的强制在一定程度上有所松弛。例如在直拉法生长中,如果固-液界面为曲面,则凡是在该曲面上的晶面都能够以一定的速率生长;但这些晶面的生长并不是自由的,它们的生长速率在提拉方向的投影必须等于提拉速率。因而这类生长系统仍为强制生长系统。实际上,可以人为控制的熔体生长系统都是强制生长系统。这是由于为了达到人为控制的目的和为了保证界面的稳定性,熔体中必须具有正的温度梯度;如果考虑晶体生长的动力学效应,则固-液界面必为具有一定过冷度的等温面,此固-液界面上任何晶面的生长速率受到该等温面相对于晶体的位移速率的约束。例如在直拉法生长系统中,诸晶面的生长速率受到提拉速率的约束,在坩埚下降法中受到坩埚向下位移速率的约束。

在熔体生长系统中,对不同的生长方法,晶体生长在径向所受的强制略有不同。例如在坩埚下降法中,晶体的径向生长受到坩埚壁的约束,这种强制具有绝对性,因而晶体生长的各向异性在径向完全不能表现出来。而在直拉法等径向生长中,虽然径向生长同样受到约束,但这种约束来自温度场,即来自等温面与自由液面的交迹,这种约束比较松弛,因而晶体生长的径向各向异性可以在一定程度上表现出来。例如在直拉法生长的晶体的柱面上可以观察到晶棱,柱面也可长成多角柱体。

我们曾一再强调,不同类型的晶面,其生长机制以及生长动力学规律不同。因而不同类型的界面,例如光滑界面和粗糙界面,在同样驱动力的作用下,其生长速率不同;而如果要求不同类型的界面获得相同的生长速率,则作用于不同界面上的驱动力必然不同。在自由生长系统中,由于其驱动力场是均匀的,故不同类型的界面具有不同的生长速率;在强制生长系统中,由于要求界面上诸晶面具有同样的生长速率或要求诸晶面在某方向的速度分量相同,因而作用在不同类型晶面上的生长驱动力必然不同。这是自由生长系统与强制生长系统的本质区别,也是同一晶体在上述不同系统中表现出不同形态的重要原因。

3.2　晶体生长的微观形貌

3.2.1　小平面生长形貌

在强制生长系统中,弯曲的生长界面上出现的平坦区域称为小平面(facet)。强制生长系统中出现小平面,与自由生长系统中晶体呈现多面体形态,同样都是晶体生长的各向异性的表现。因此在强制生长系统中,生长界面上出现小平面是一种普遍现象。熔体生长法是典型的强制生长系统,只要晶体本身的生长行为具有明显的各向异性,不管具体的生长方法如何,在固-液界面上都应该能够观测到小平面。事实上,用直拉法、区域熔化法、焰熔法生长氧化物晶体或半导体晶体时,都已观测到小平面生长。

我们首先以直拉法生长的石榴石晶体为例说明小平面生长的概貌。图 3.2.1 所示是沿⟨111⟩方向提拉的石榴石晶体的固-液界面上的{112}小平面。图 3.2.1(a)为弯曲的固-液界面及其小平面的立体图,图 3.2.1(b)为该固-液界面的俯视图。图中只表示出在弯曲的固-液界面上显露出来的三个与提拉轴夹角为 19°28′的{112}小平面,而在固-液界面的曲率半径较小的情况下,三个与提拉轴⟨111⟩夹角为 35°16′的{110}面也能在固-液界面上显露为小平面。在高温熔体生长中,或是由于坩埚或晶体不透明,或是由于生长系统几何上的限制,不能直接观测到固-液界面的形态。我们可以利用倾倒法将生长过程中的固-液界面保存下来再进行观测。图 3.2.2(a)所示是用倾倒法保存下来的 YAG(钇铝石榴

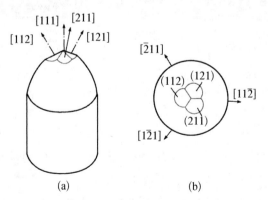

图 3.2.1　沿⟨111⟩方向提拉的石榴石晶体的固-液界面上的{112}小平面

(a) 立体图;(b) 俯视图

石)晶体固-液界面上的{112}小平面。由于该晶体的提拉轴与⟨111⟩偏离 4.3°，故图中三个小平面的面积不相等。通过生长层的研究可以追溯晶体生长界面的形态演变。图 3.2.2(b)所示是用生长层显示的 GGG(钆镓石榴石)晶体生长过程中的固-液界面上的{112}小平面。我们知道，如果固-液界面上没有小平面，而是光滑曲面，则在垂直于提拉轴⟨111⟩的截面上，其生长层或为同心圆，或为平面蜷线，但如果界面上出现了小平面，由于小平面为平面，故小平面与图面的交迹必为直线。如图 3.2.2(b)所示，图中有三组平行直线，这表征固-液界面上的三个{112}小平面；直线区周围的同心圆表征三个小平面之外的固-液界面都是光滑的曲面。事实上，只要我们得到两个不同平面上的生长层(即小平面分别与两个不共面的平面的交迹)，就能唯一地确定小平面的面指数。图 3.2.2(b)中呈现的近圆形结构代表不同时刻的固-液界面与图面的交迹，其时间推延的顺序如下：对凸形界面，由中央到边缘；反之，即为凹形固-液界面。因此，这类生长层的图像就显示出界面形态的演变。

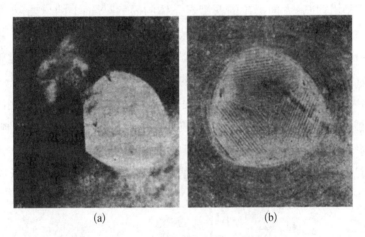

(a)　　　　　　　　　　(b)

图 3.2.2　小平面生长形貌示例

(a) 用倾倒法保存下来的 YAG 晶体固-液界面上的{112}小平面；(b) 用生长层显示的 GGG 晶体生长过程中的固-液界面上的{112}小平面

　　蒂勒(Tiller)首先用界面能和界面张力的概念解释了小平面的形成[3]。他假定生长过程中的界面形态是热力学平衡形态，于是可用乌尔夫作图法求得。如果在熔点，界面能极图上只有少数尖点，即只存在少数奇异面。例如在图 3.2.3(a)中，只有面法线为 n 的奇异面的界面能较低，其余各晶面的界面能较高而且是各向同性的。于是按乌尔夫作图法可得，晶体的平衡形状为在方向 n 显露为平面(小平面)的球。如果在直拉法生长中固-液界面亦为球面,于是在奇异面的法线 n 方向显露为小平面,如图 3.2.3(b)所示。

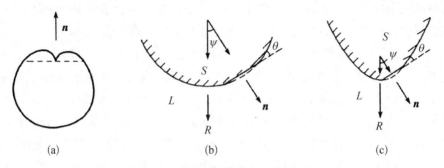

图 3.2.3　用界面能解释小平面的形成

在固-液界面上出现小平面的现象还可以比较形象地用界面张力来解释。如果 γ_n 是面法线为 n 的奇异面的界面张力,γ 是其余晶面的界面张力[见图3.2.3(a)],可以看出 $\gamma_n < \gamma$。θ 为小平面周界处界面张力 γ 与小平面的夹角,如图 3.2.3(b)所示。显然,当小平面面积为零时,$\theta = 0$;而随着小平面面积的增加,θ 逐渐增加。非奇异面的界面张力 γ 在小平面内的分量为 $\gamma\cos\theta$。初始时刻,小平面面积为零,有 $\theta = 0$,而 $\gamma_n < \gamma$,故在净张力 $\gamma - \gamma_n$ 作用下,小平面面积将不断增加;而后小平面周界处的净张力为 $\gamma\cos\theta - \gamma_n$,它随着小平面面积的增加($\theta$ 随之增加)而逐渐减小,当 $\gamma\cos\theta - \gamma_n = 0$ 时,小平面达到稳定的尺寸。对球形固-液界面,在其半径不变的条件下,小平面尺寸只取决于 γ 和 γ_n 的相对大小,而与小平面在固-液界面上的位置无关,即与 ψ 角无关[见图 3.2.3(b)]。如果固-液界面不是球面,则小平面尺寸就与 ψ 有关,例如,若固-液界面为抛物面,则小平面尺寸将随着 ψ 的减小而迅速减小,如图 3.2.3(c)所示。显然,界面的曲率半径越小,则小平面尺寸越小。应用界面张力和界面能的概念虽然可以解释小平面的形成,但是由于小平面已达宏观尺寸,使之回复到平衡形态的驱动力甚小,同时在生长过程中显露出小平面的固-液界面不是处于平衡形态,因而蒂勒关于小平面形成的理论是有缺点的。实际上,小平面的形成是由于不同类型的界面(奇异面和非奇异面)动力学行为的差异。

基于奇异面与非奇异面的生长动力学行为的差异,布赖斯(Brice)提出了在强制生长系统中小平面形成的动力学理论[4]。我们先讨论在直拉法生长系统中形成小平面的原因。如果生长界面上存在奇异面和非奇异面,已经指明,由于这两种类型界面的微观结构不同,故其生长机制不同以及所遵从的动力学规律不同。一般说来,在相同的驱动力作用下,非奇异面长得较快,以螺位错机制生长的奇异面次之,以二维成核机制生长的奇异面最慢。因而生长速率的各向异性充分地表现出来,其最终长成多面体形态,这就是自由生长系统中的情况。但是在强制生长系统中,虽然生长系统强制地要求生长界面上诸晶面的生长速率完全相同(或沿着某方向的生长速率相同),然而以不同机制生长的不同类型的面,仍然遵从固有的动力学规律,因而正如前面所指出的,要保持相同的生长速率,作用于不同类型的晶面上的驱动力必然不同。在直拉法生长系统中,要获得同样的生长速率,在不同的情况下所需的过冷度不同,奇异面二维成核机制所需的过冷度最大,奇异面位错机制次之,非奇异面(粗糙界面)连续生长机制最小。

在直拉法生长系统中,如果固-液界面上的晶面全为非奇异面(粗糙界面)。由于所有晶面的生长机制和所遵从的动力学规律都相同,对给定的提拉速率 R,所需的过冷度在固-液界面上处处相等,因而固-液界面是具有一定过冷度 ΔT_0 的等温面(在一般情况下为曲面)。ΔT_0 可以表示为

$$\Delta T_0 = \frac{R}{A_0} \quad （连续生长机制）\tag{3.2.1}$$

式中,A_0 为粗糙界面连续生长机制的动力学系数。若固-液界面上存在一奇异面,则该奇异面所需的过冷度为

$$\Delta T_1 = \left(\frac{R}{A_1}\right)^{\frac{1}{2}} \quad （位错机制）\tag{3.2.2}$$

$$\Delta T_2 = \frac{-B_2}{\ln\left(\frac{R}{A_2}\right)} \quad （二维成核机制）\tag{3.2.3}$$

式中,A_1 以及 A_2、B_2 分别是奇异面位错机制和二维成核机制的动力学系数。对同一材料的生长,在给定的提拉速率下,通常有

$$\Delta T_2 > \Delta T_1 > \Delta T_0 \tag{3.2.4}$$

现在将 $\Delta T = \Delta T_2 - \Delta T_0$ 或 $\Delta T = \Delta T_1 - \Delta T_0$ 定义为相对过冷度。由式(3.2.4)可以看出,相对过冷度 $\Delta T > 0$,这表明在直拉法生长中奇异面的过冷度较大,即实际温度较粗糙界面低。因而奇异面与粗糙界面不可能在同一等温面上,在直拉法生长中,奇异面必处于较高的位置(因为温度梯度矢量向下)。这个结论我们还可通过另一途径演绎出来。试设想在初始时刻,固-液界面上各晶面具有同样

的过冷度,因而各晶面处于同一等温面上,如果在该
过冷度下,粗糙界面的生长速率正好等于提拉速率,
于是在恒速提拉过程中所有粗糙界面的位置都保持
不变。而在同样的过冷度下,奇异面的生长速率小于
粗糙界面的生长速率,因而也小于提拉速率,于是奇异
面向上位移。随着奇异面向上位移,奇异面上的过冷度
增加(温度梯度矢量是向下的),奇异面的生长速率也随
之增加,直到奇异面的生长速率等于提拉速率时,奇异
面的位置才不再变化,此时界面上不同类型的晶面的生
长速率都等于提拉速率,但不同类型的晶面的过冷度不
同,因而固-液界面上出现了偏离等温面的平坦区域,也
就是说出现了小平面,如图 3.2.4 所示。

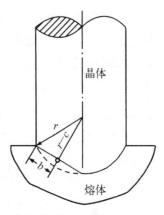

图 3.2.4　小平面形成的
动力学解释

　　下面我们导出小平面尺寸与某些工艺参量的关系。若固-液界面的曲率半
径为 r,小平面的“半径”为 b,几何参量 c 的定义如图 3.2.4 所示。由初等几何学
可得 $b^2 = c(2r - c)$,当 $r \gg c$ 时有

$$b^2 \approx 2cr \tag{3.2.5}$$

　　若固-液界面邻近的温度梯度为 G,小平面中心相对于周围粗糙界面的相对
过冷度为 ΔT,则

$$\Delta T = Gc \tag{3.2.6}$$

　　将式(3.2.6)代入式(3.2.5),可得小平面面积 b^2 的表达式为

$$b^2 \approx 2\Delta T \frac{r}{G} \tag{3.2.7}$$

　　由此可见,固-液界面上出现的小平面面积取决于小平面中心的相对过冷度
ΔT、固-液界面的曲率半径 r 和温度梯度 G。ΔT 由生长机制和提拉速率决定,
而 r 和 G 由温度场性质决定,这是可以通过工艺手段调节的参量。可以看出,
如欲减小小平面尺寸,可减小固-液界面的曲率半径和增加温度梯度。

　　我们在用倾倒法研究沿 $\langle 111 \rangle$ 提拉的 YAG 晶体的固-液界面时,观测到界面
上存在 3 个尺寸不同的 $\{112\}$ 小平面,如图 3.2.2(a)所示。由于这 3 个小平面的尺
寸不大、相距较近,可以认为诸小平面上的 ΔT 和 G 都相等,于是由式(3.2.7)有

$$b_1^2 : b_2^2 : b_3^2 = r_1 : r_2 : r_3 \tag{3.2.8}$$

我们分别测得三个小平面的半径及其邻近界面的曲率半径,将所得的结果列于表3.2.1中。可以看出,小平面半径平方之比与界面曲率半径之比基本相等,从而验证了关于小平面形成的动力学理论。

表 3.2.1　实验测得的小平面半径和界面曲率半径

小平面半径/mm			小平面面积比（小平面半径平方比）	界面曲率半径/mm			界面曲率半径比
b_1	b_2	b_3	$b_1^2 : b_2^2 : b_3^2$	r_1	r_2	r_3	$r_1 : r_2 : r_3$
0.75	0.68	0.53	1 : 0.82 : 0.50	7.4	6.0	2.7	1 : 0.81 : 0.57

由式(3.2.4)可以看出,要使奇异面保持同样的生长速率,二维成核机制所需的过冷度比位错机制大。因而奇异面以二维成核机制生长时,其小平面中心的相对过冷度较大,由式(3.2.7)可以发现,相应小平面面积亦较大。可以推知,在生长过程中,如果奇异面的生长由二维成核机制转变为位错机制,则小平面面积也必然减小。

阿部考夫(Takao Abe)在用直拉法生长硅单晶时,所用的籽晶取向为〈111〉,故在固-液界面的中心部位出现了{111}小平面。阿部考夫先采用了生长无位错晶体的工艺条件,这样保证了小平面生长机制为二维成核机制。在此条件下,晶体生长了一段时间后,突然将碳粉撒入坩埚,碳粉长入晶体后引起大量滑移带。阿部考夫观测到一旦滑移带与小平面相交,小平面中心的相对过冷度由9℃降低为8℃,同时小平面面积也相应地缩小。这就表明,当在小平面区内引入位错后,小平面生长就由二维成核机制转变为位错机制。

一般说来,奇异面的生长由台阶源和台阶运动所控制,但考虑到固-液界面的宏观形状对奇异面生长机制的影响时,就必须进一步分析。若固-液界面为平面,且为奇异面,一般说来,台阶源是生长过程的控制因素。若固-液界面为曲面(奇异面位于此曲面上),则由于邻位面的影响不同,凸形和凹形界面上奇异面的生长机制有所不同。业已表明,邻位面是由台阶构成的,邻位面相对奇异面的偏离越大,构成邻位面的台阶密度越大。在固-液界面为凹形的情况下[见图3.2.5(a)],晶体生长时台阶是相向运动的,这些台阶在奇异面的中心处相遇、合并而消失,不仅造成奇异面的扩大,而且使奇异面向前推进,只要固-液界面为凹形(这取决于炉膛内的温度场性质),构成邻位面的台阶总是存在的,因而凹形固-液界面上奇异面生长的控制因素是台阶运动而不是台阶源。但在固-液界面为凸形的情况下[见图 3.2.5(b)]，晶体生长时邻位面上的台阶是相背运动的，结果只能造成奇异面的扩大，而不能使奇异面向前推进，因而奇异面生长的控制因素是台阶源，故凸形固-液界面上奇异面的生长只能通过二维成核或位错机制实现。

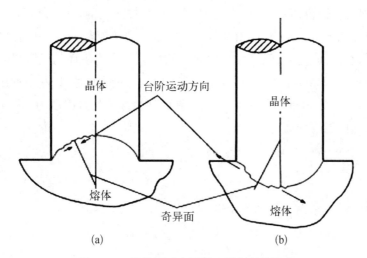

图 3.2.5 邻位面对奇异面生长机制的影响

(a) 固-液界面为凹形；(b) 固-液界面为凸形

由此可见，式(3.2.4)只适用于凸形固-液界面上的小平面生长。在凹形固-液界面上，由于邻位面提供了无穷尽的台阶源，因而奇异面的生长动力学规律既不是二维成核机制的指数规律，也不是螺位错机制的抛物线规律。下面我们首先给出凹形固-液界面上奇异面的生长动力学规律。若凹形固-液界面的奇异面上的台阶密度为 k，台阶高度为 h，台阶速度为 v_∞，则该奇异面的法向生长速率为

$$R = hkv_\infty \tag{3.2.9}$$

式中，$v_\infty = A\Delta T$，代入上式得

$$R = A_3 \Delta T \tag{3.2.10}$$

式中，$A_3 = hkA$，A_3 称为凹形固-液界面上奇异面的动力学系数。由此可见，与粗糙界面一样，凹形固-液界面上奇异面的生长动力学规律也是线性规律。

在凹形固-液界面上奇异面的生长机制与凸形界面上的生长机制有着明显的差异，因而所遵从的动力学规律也完全不同。已经证明，凹形界面上奇异面的

生长动力学规律为线性规律,在此基础上再考虑到生长过程中固-液界面的温度是低于理论相变温度的,因而在固-液界面上就有出现小平面的可能性。事实上,在硅[5]和YAG[6]的凹形固-液界面上已经观测到存在小平面的实验证据。下面我们来计算在凹形界面上的小平面尺寸。

在凹形固-液界面上的奇异面上的台阶是相向运动的,这些台阶在奇异面中心相互合并而形成小平面,如图3.2.5(a)所示。故当奇异面中心处台阶运动速度为零时,小平面达到极限尺寸。据此我们可以导出小平面的极限尺寸与生长条件的关系。当晶体处于稳态生长时,小平面已达最大尺寸,即小平面中心处台阶运动速率为零,亦即其过冷度为零,而界面其余部分的过冷度为ΔT_0,若小平面中心处法向温度梯度为G,则

$$c = \frac{\Delta T_0}{G} \tag{3.2.11}$$

通过几何关系$b^2 = c(2r - c)$,可求出当$r \gg c$时,有

$$b^2 = 2\Delta T_0 \frac{r}{G} \tag{3.2.12}$$

因而得出了小平面尺寸b关于界面过冷度ΔT_0、界面曲率半径r和小平面中心处法向温度梯度G的关系式。式(3.2.12)虽然在形式上与凸形界面上推导出来的式(3.2.7)相同,但必须指出,推导此式的物理机制不同,因而式中ΔT的物理意义不同。式(3.2.7)中的ΔT_0是生长速率等于提拉速率时粗糙界面关于奇异面的相对过冷度,而式(3.2.12)中的ΔT_0是生长速率为提拉速率时粗糙界面的过冷度。粗略地估计YAG晶体上的小平面尺寸,其结果与观测值大体一致。

3.2.2　非小平面生长形貌

在铸件中最常见的初相形态是树枝状的非小平面枝晶,以金属或合金树枝晶体或者合金胞状枝晶的形式存在。枝晶生长方向(见表3.2.2)和一次枝晶生长速率随液态过冷的变化等特征早已经为人所知,枝晶臂及其分枝的形成方式也取得了重大的研究进展。使用纯丁二腈(一种融合熵低的透明材料)进行的精心控制的生长实验,代表了对绝热枝晶生长最全面的实验研究。形态和动力学数据表明,枝晶尖生长为稳态生长,枝晶臂生长为非稳态生长。两者都是由界面稳定性因素控制的,但是它们的生长可以分别被看作是独立的过程。图3.2.6显示了在恒定过冷温度下,纯金属的枝晶尖端前的熔体的热分布状态。枝晶表面

上每一点的温度是局部结晶温度 T_i，它取决于局部界面曲率和原子附着到固体上所必需的过冷 ΔT_k。在界面处产生的潜热必须不断地传导到熔体中，而过冷度 ΔT_d 就是这种热扩散的驱动力。

表 3.2.2　枝晶生长方向

晶体结构	树突的方向
fcc	$[100]$
bcc	$[100]$
hcp	$[10\bar{1}0]$
bctet	$[110]$

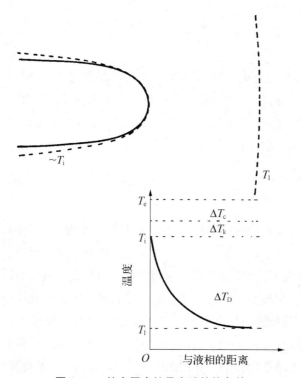

图 3.2.6　纯金属中枝晶尖端的热条件

　　Fisher 的早期分析列举了在寻找可接受的解决方案时遇到的一些问题。他假设枝晶尖端是半球形的，由于径向传导到熔体的热量损失，尖端向前移动而不改变形状。稳态条件下的热损失率为

$$H = 2\pi r K(T_i - T_l) \qquad (3.2.13)$$

式中，K 为液体的热扩散率。枝晶尖端的推进速度为单位时间内结晶的体积除以横截面积 πr^2，因此有

$$v = \frac{H}{\Delta H_f \rho \pi r^2} = \frac{2K}{\Delta H_f \rho r}(T_i - T_l) \qquad (3.2.14)$$

采用的尖端半径为固-液平衡所需要的半径为

$$r = \frac{2\gamma T_e}{\Delta H_f (T_e - T_i)} \qquad (3.2.15)$$

因此得

$$v = \frac{K}{\rho \gamma T_e}(T_e - T_i)(T_i - T_l) \qquad (3.2.16)$$

式(3.2.16)并没有提供唯一的解，在理论结晶温度 T_e 与液相温度 T_l 之间的任何温度都可以得到一个解，相应的 r 和 v 也随之变化。这里主要的局限是没有考虑时间的因素，与共晶结晶一样，认为最可能的解是生长速率为最大时的解。加此附加条件后，式(3.2.16)修改为

$$v = \frac{K}{\rho \gamma T_e} \Delta T^2 \qquad (3.2.17)$$

但是，Fisher 假设的枝晶尖端的几何形状并不是保持不变的，因为通过均匀散热而向外生长的半球不能在不增加其半径的情况下向前移动。保持枝晶尖端的几何形状不变的假设有圆形截面抛物面和椭圆形截面抛物面[7]。这两个理论描述了一个等温树枝晶。理论与实验的差异通过在稳态枝晶模型中引入毛细作用来缩小，进而希望通过熔体的某些特性来确定自然生长速率。毛细作用的引入，正如在改进的 Ivantsov 和 Temkin[8] 理论中一样，消除了当尖端半径趋于零时树突生长越来越快的影响。如图 3.2.7 所示，将生长速率限制在一个上界值，每个理论仍然都假设生长速率最大。最近，Nash 和 Glicksman[9] 发展了一种非线性分析方法，它不限制枝晶尖的几何形状，将毛细作用和通量条件应用于界面上的每一点。表 3.2.3 中的理论预测了

$$v_{max} = \beta A \, (\Delta T)^n \qquad (3.2.18)$$

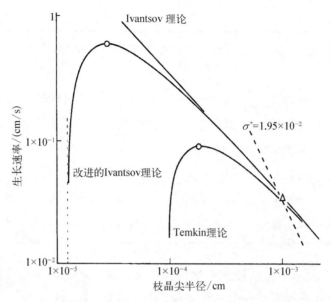

图 3.2.7　过冷度为 1.2 ℃时测量的枝晶尖半径与各理论预测的枝晶尖半径的对比（空心圆是改进的 Ivantsov 理论和 Temkin 理论预测的最大生长速率）

以及

$$\Delta\theta = P\,e^{P}E_{1}(P) + \Delta\theta_{\mathrm{C}} \qquad (3.2.19)$$

式中，A 为材料相关的参数；β 和 n 分别为系数和指数常数，且分别适用于各模型；$\Delta\theta$ 是一个无量纲过冷度 $\dfrac{\Delta T C_{\mathrm{p}}}{\Delta H_{\mathrm{f}}}$；$E_{1}(P)$ 为指数积分函数 $\int_{p}^{x}\left(\dfrac{\mathrm{e}^{-u}}{u}\right)\mathrm{d}u$；$P$ 是枝晶尖的佩克莱数；$\Delta\theta_{\mathrm{C}}$ 是关于毛细作用的项。一些理论预测了相对正确的 n 值。然而，这些理论预测的增长速度都不够准确。

表 3.2.3　枝晶生长稳态理论[6-13]

理论和参考	枝晶形状	GibbsThomson 边界条件	热通量 平衡	动力学附着 边界条件	注　释
Fisher	带半球形顶端的圆柱体	只考虑顶端	通过宏观理论估计	不考虑	$v\infty\Delta T^{2}$
Ivantsov	抛物线	不考虑	所有的点	不考虑	等温
Horvay-Cahn	椭圆抛物面	不考虑	所有的点	不考虑	等温

续　表

理论和参考	枝晶形状	GibbsThomson 边界条件	热通量 平衡	动力学附着 边界条件	注　释
Holtzmann	抛物线	所有的点	枝晶尖	所有的点	
Sekerka	抛物线	枝晶尖	所有的点	不考虑	改进的 Ivantsov
Tarshis-Kotler	抛物线	所有的点	枝晶尖	所有的点	
Temkin	抛物线	所有的点	枝晶尖	所有的点	
Trivedi	抛物线	所有的点	枝晶尖	所有的点	改进的 Temkin
Nash-Glicksman	不受约束	所有的点	所有的点	不考虑	非线性理论

图 3.2.8 显示丁二腈枝晶尖端为抛物面。枝晶尖端的点似乎对应于一个几乎等温的针,其形状不受毛细作用的影响。由于尖端必须是稳定的,界面稳定性对稳态生长过程有直接的限制。以前认为,在描述枝晶分枝时,界面的不稳定性提供了一个二次修正针状枝晶优化,以达到最大生长速率。这一结论可能并非完全出乎意料,因为 Kotier 和 Tiller 对 Temkin 优化的针状枝晶的整个表面进行了稳定性分析,发现包括枝晶尖在内的整个表面都是不稳定的。由于有了这些观察结果,人们提出了几种不同程度的稳定性分析。所有的分析都预测了热枝晶的稳定判据常数 σ^* 约为 0.02,且

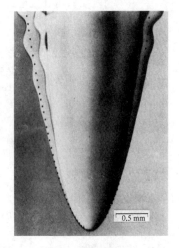

图 3.2.8　不断生长的丁二腈枝晶的尖端显示出与普通抛物线曲线(黑点)相匹配

$$\sigma^* = \frac{2K}{vr} \qquad (3.2.20)$$

以及

$$d_0 = \frac{T_e \gamma C_P}{\Delta H_f} \qquad (3.2.21)$$

图 3.2.7 显示,在过冷度为 1.2 ℃时,丁二腈的稳定判据常数为 0.019 5。其

中一个更详细的稳定性分析是由 Langer 和 Muller-Krumbhaar 开展的,他们考虑了整个枝晶表面,分析开始于推导一个线性微分方程,该方程描述了枝晶表面远离不受干扰的抛物面的运动。随时间变化的扩散场采用准稳态近似,忽略固体中的热扩散。在极限 $P \rightarrow 0$ 时,系统运动方程中唯一的系统相关参数是稳定参数。当 $\sigma = 0$ 时,方程没有精确解,需要通过特征值分析得到数值解。当枝晶表面位移与时间呈指数关系时,得到的本征态表明,枝晶尖端的不稳定模态全部消失,此时

$$\sigma^* = 0.025 \pm 0.007 \tag{3.2.22}$$

分析预测,在这种条件下生长的枝晶尖端是针状枝晶上唯一稳定的尖端。不稳定持续存在于树突表面的所有其他位置,最终导致侧枝的形成。侧枝是枝晶生长的内在不稳定性的结果,因此不会受到尖端生长波动的影响。Langer 和 Muller-Krumbhaar 分析给出的侧枝晶进化序列如图 3.2.9 所示。它预测扰动波的波长约是枝晶尖端半径的两倍,并与 ΔT 成反比。然而,他们考虑了各向同性材料发生在各向同性枝晶尖端的扰动波应在枝晶干周围产生横向轴对称分枝环,但并没有指出分枝环是如何分解成极振荡而赋予枝晶以晶体特征的。事实上,体心立方丁二腈枝晶并不以这种方式生长,沿枝晶轴发生分枝振荡之前,枝晶横截面呈现各向异性。在四个纵向{100}平面上,畸变以凸出的形式出现在尖端后面的几个半径。这种畸变是由界面自由能的各向异性或生长动力学造成

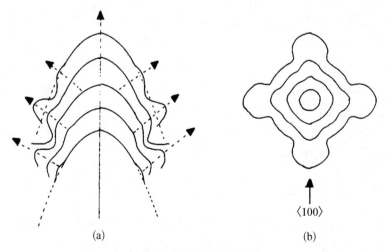

$\langle 100 \rangle$

(a) (b)

图 3.2.9　侧枝晶进化序列

(a) Langer 和 Muller-Krumbhaar 提出的侧枝进化模型示意图;(b) 丁二腈枝晶的
连续轴向截面,显示枝晶侧枝的生长和围绕生长轴的旋转对称

的,而 Langer 和 Muller-Krumbhaar 的分析忽略了
这一点。扰动形成一系列振荡的边缘突起,以及枝
晶干表面相关的界面不稳定,最终发展成二次枝
晶。图3.2.10 显示,最初的几个凸起是均匀分布
的,其间距大约是尖端半径的 3 倍。这比 Langer
和 Muller-Krumbhaar 分析所预测的间隔要大,可
能是因为微扰发生在分枝的边缘,而不是直接来自
枝晶干。因此,最初几个分枝的演化是由扰动波的
非线性发展控制的。分枝间距是一个独特的量,由
临界扰动波长决定,而这取决于过冷度。分枝的后
续发展是由于扰动波的增加。分枝生长的方向与
扰动波的传播速度有关,而扰动波的传播速度是由
一种复杂的色散关系控制的,这种色散关系还没有
得到具体的分析。在结晶过程中,丁二腈通过动态
粗化(包括竞争性侧枝生长)控制远离尖端的二次
枝间距。

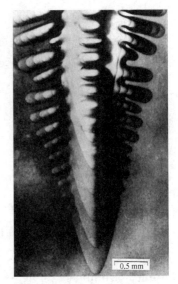

图 3.2.10 从[100]方向观
察丁二腈枝晶
生长的时移照
片的叠加

　　这些研究为树枝状结构的凝固形成机制提供了重要的信息。然而,它们受
控的凝固条件在铸件和铸锭中是不常见的。在实践中,我们可能会关注合金以
胞状或柱状的形式生长,例如,在焊接池的某些位置,液体中的正温度梯度是非
常大的。在用于锻造转子的大型钢锭中,在树枝状排列中,热流、流体流动和溶
质传输之间的相互作用使凝固过程更加复杂,并产生了一些特殊但不希望出
现的结构特征。结构性质(如枝晶长度、枝晶臂间距、枝晶尖端生长温度和枝
晶间偏析)依赖于凝固条件是近年来凝固技术迅速发展的原因。Brody 和
Flemings[10]提出了树枝状排列的简单模型,然后说明了一些关于树枝状生长的
更详细信息是如何纳入简单模型的。最后,这些模型将用于分析大型钢锭的凝
固,并确定生产原位复合材料所需的凝固条件。

3.2.3　树枝晶的 Brody-Flemings 模型

　　该模型忽略了枝晶尖端的生长过程,专注于发生在尖端后的糊状区的生长
过程。它考虑的是一个非常简单的没有侧枝的枝晶干,因此也可以用来描述柱
状或胞状枝晶的生长。如图 3.2.11 所示,x 轴方向为枝晶长度,y 轴方向为枝晶
宽度。元素体积分数从 x_1 的 0 增加到 x_s 的 1。当枝晶尖端沿 x 方向移动,刚好

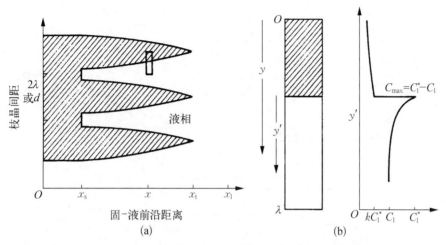

图 3.2.11　**Brody-Flemings 模型枝晶生长示意图**

（a）液-固糊状区域的树突示意图；（b）体积元在 x 位置的放大图显示溶质的分布

到达体积元时,体积元内的液-固界面在 $y=0$ 处。它沿 y 方向移动一段距离 λ,直到枝晶根部到达体积元。现做如下假设:

（1）在生长过程中,从固体中排出的溶质全部留在枝晶间,即不存在宏观偏析。

（2）枝晶间液体的组成在体积元中保持均匀。

（3）毛细现象和固态扩散被忽略(后者后来被修改)。

则该模型可以推导出关于树枝状枝晶生长的以下信息。

3.2.3.1　枝晶尖端生长温度

在一个简单的共晶体系中,考虑合金的平均溶质含量为 C_0（见图 3.2.12）,并使用平均液体成分的假设,C_1 为局部温度的平衡液相成分,则可得

$$C_1 - C_0 = \frac{1}{m}(T - T_1) \tag{3.2.23}$$

式中,m 为液相线斜率,微分得

$$\frac{\partial C_1}{\delta x} = \frac{1}{m}\frac{\delta T}{\delta x} = \frac{G}{m} \quad (x < x_1) \tag{3.2.24}$$

溶质沿着这个纵向浓度梯度扩散[见图 3.2.12(c)],为了稳定生长,枝晶尖端必须没有溶质富集。因此有

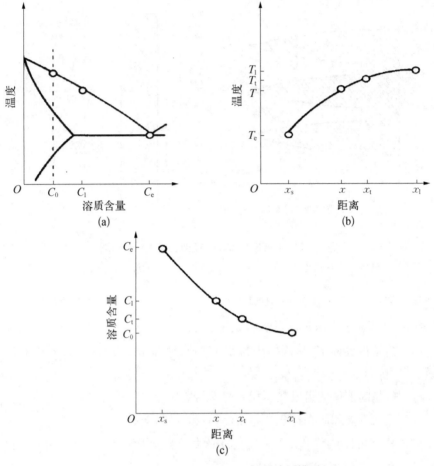

图 3.2.12　Brody-Flemings 枝晶阵列模型

(a) 相图；(b) 单向凝固时的温度分布；(c) 单向凝固时的溶质分布

$$v(C_1 - C_0) = \frac{G}{m} \quad (x < x_1) \qquad (3.2.25)$$

结合式(3.2.24)和式(3.2.25)，得出

$$C_1 = (1 - a)C_0 \qquad (3.2.26)$$

式中

$$a = -\frac{DG}{mvC_0} \qquad (3.2.27)$$

根据式(3.2.23)，预测枝晶尖端温度 T_t 随生长速率和温度梯度的变化而变化：

$$T_t = m(C_t - C_0) - T_1 \qquad (3.2.28)$$

因此

$$T_1 - T_t = \Delta T_t = \frac{DG}{v} \qquad (3.2.29)$$

3.2.3.2　枝晶间距

Brody-Flemings 模型的一个基本假设如下：当枝晶之间的间隔足够小时，可以忽略枝晶间区域的成分过冷。在此条件下，液体中溶质在体积元中的分布为

$$D \frac{\delta^2 C_1}{\delta t (y')^2} = \frac{\partial C_1}{\delta t} = 常数 \qquad (3.2.30)$$

式中, y' 为体积元与液-固界面的间距[见图 3.2.11(b)]。然而

$$\frac{\delta C_1}{\delta t} = \frac{\delta C_1}{\delta x} \frac{\delta x}{\delta t} \qquad (3.2.31)$$

并使用式(3.2.24)给出

$$\frac{\delta C_1}{\delta t} = \frac{Gv}{m} \qquad (3.2.32)$$

将式(3.2.32)代入式(3.2.30)，与边界条件 $\delta C_1/\delta y = 0$ 在 $y' = \lambda$ 处积分得到

$$\left(\frac{\delta C_1}{\delta y'} \right)_{y'=0} = -\frac{Gv\lambda}{mD} \qquad (3.2.33)$$

在任何时候，体积元中液体的最大浓度差由 ΔC_{max} 给出。这可以通过积分式(3.2.33)来计算：

$$\Delta C_{max} = -\frac{Gv\lambda^2}{2mD} \qquad (3.2.34)$$

y 方向的体积元中的温度梯度可以忽略不计，因此，液体中最大过冷总量为

$$\Delta T = m \Delta C_{max} = \frac{Gv\lambda^2}{2D} \qquad (3.2.35)$$

胞状结构的研究已经证实了成分过冷很小并满足式(3.2.35)。

3.2.3.3 枝晶偏析

枝晶组织最显著的特征之一是显微偏析的程度。这可能导致非平衡第二相的形成(枝晶间偏析)或者单相合金中溶质不均匀分布。Sahm 和 Schubert 研究发现 N_v(剩余元素的价电子数)控制镍基高温合金 IN738LC 无 σ 相的形成。但在 850 ℃时,枝晶间偏析会导致合金中形成 σ 相,并显著降低合金的蠕变-断裂韧性。同样,成分调整良好的 13% Cr 钢会由于偏析而产生残余奥氏体和 δ 铁素体,除非随后的热机械处理消除偏析,否则耐冲击性能会下降。低铬钢在固态相变后的偏析表现为带状组织,对力学性能有不利影响。LM25 合金的力学性能较差,枝晶粗大,并很难通过固溶处理消除枝晶间偏析。

枝晶凝固过程中的局部溶质再分布可以通过图 3.2.14 中体积元中溶质的总体质量平衡来计算。体积元的溶质在液体中的变化量为

$$\frac{\delta C_1}{\delta t} = \frac{\delta}{\delta x} \left[D g_1 \frac{\partial C_1}{\partial x} \right] \tag{3.2.36}$$

这也是界面排出的溶质数量和溶质通过扩散进入液体的净流量的差异。因此,固相中没有扩散:

$$\frac{\delta C_1}{\delta t} = (C_1 - C_s) \frac{\partial g_1}{\delta t} + g_1 \frac{\delta C_1}{\delta t} \tag{3.2.37}$$

式中,C_s 为界面处固体中的溶质浓度;g_1 为液体在体积元中的体积分数。因此

$$(C_1 - C_s) \frac{\partial g_1}{\delta t} + g_1 \frac{\delta C_1}{\delta t} = \frac{\delta}{\delta x} \left[D g_1 \frac{\partial C_1}{\delta x} \right] \tag{3.2.38}$$

对于稳态凝固,有

$$\frac{\delta C_1}{\delta x} = \frac{v}{D} a C_0 \tag{3.2.39}$$

$$\frac{\delta g_1}{\delta x} = -\frac{1}{v} \frac{\partial g_1}{\delta t} \tag{3.2.40}$$

相应地,式(3.2.38)将会变为

$$C_1(1-k) \frac{\delta g_1}{\delta t} + g_1 \frac{\delta C_1}{\delta t} = -a C_0 \frac{\delta g_1}{\delta t} \tag{3.2.41}$$

或者

$$\frac{\delta g_1}{g_1} = \frac{\delta C_1}{C_1(1-k) + aC_0} \tag{3.2.42}$$

整合后,得

$$C_s = kC_0 \left[\frac{a}{k-1} + \left(1 - \frac{ak}{k-1} \right)(1-g)^{k-1} \right] \tag{3.2.43}$$

式中,g 是体积元中的固体比。

这种分析不依赖于排列的几何形状。选择一个合适的体积元,不仅可以达到局部平均成分,又可以作为一个微分单元。二维胞状、规则胞状和胞状-树突状阵列的体积元如图 3.2.13 所示,黑色区域表示共晶。通过式(3.2.42)对 Al-4.5%Cu 合金的微观偏析预测,可以得到不同的 a 值。极限 $a=0$ 和 $a = -(1-k)/k$ 对应于简单和平衡凝固的条件。对于 $a>0$ 时的简单凝固,枝晶间形成约 9% 的非平衡共晶。已多次观察到共晶在胞状晶间和树枝状区域。枝晶凝固通常发生在温度梯度与生长速率比足够低时,使 a 可以忽略,则有

$$C_s = kC_0 (1-g)^{k-1} \tag{3.2.44}$$

显微探针分析是一种方便的表征枝晶间偏析程度的技术,它可以用非平衡态的量来表示第二相或最大至最小溶质含量的偏析比。Bower 等的测量结果显示,在简单凝固条件下,Al-4.5%Cu 合金中发现的非平衡共晶明显少于式(3.2.42)预测的结果。研究还发现,在枝晶干上形成的第一个固体中含有0.77%的 Cu,但当凝固达到 1%~5% 时,该浓度逐渐增加。冷却速率对枝晶间偏析的程度没有影响。

Flemings 和 Brody 将树枝晶间偏析过高归因于凝固过程中的固态扩散和室温冷却。前者可以通过在式(3.2.38)中增加一项来解释溶质在液固界面的反扩散。假设固相扩散不足以改变界面处溶质梯度,则式(3.2.44)修正为

$$C_s = kC_0 \left(1 - \frac{g}{1+\alpha k} \right)^{k-1} \tag{3.2.45}$$

或者,如果按抛物线增长,则有

$$C_s = kC_0 \left[1 - (1-2\alpha k)g \right]^{(k-1)(1-2\alpha k)} \tag{3.2.46}$$

式中,α 是表示固态扩散程度的参数(只有 αk 大于 0.1 时才有意义)。α 的值可

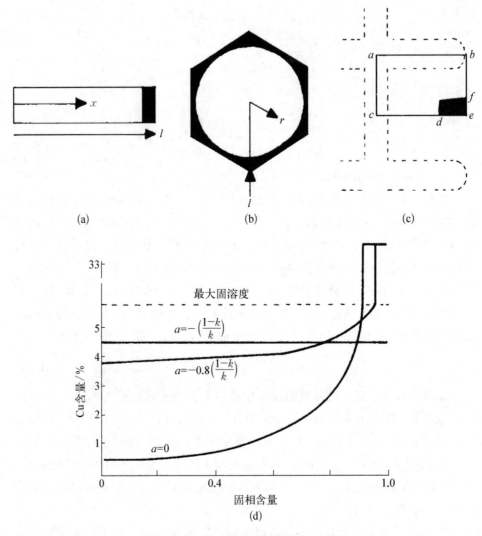

图 3.2.13 不同生长形貌体积元示意图

(a) 二维胞状体积元, $g = x/l$; (b) 六角形胞状体积元, $g = r/l$; (c) 枝晶排列体积元, $g = $（面积 $abfdc$）/（面积 $abec$）; (d) 由式(3.2.42)得到的 Al - 4.5%Cu 中的微观偏析

由下式给出:

$$\alpha = \frac{4D_s t_f}{d^2} \tag{3.2.47}$$

式中, t_f 是局部凝固时间; d 是一次枝晶间距。实验表明,枝晶间距随 t_f 的变化而变化:

$$d = A t_{\mathrm{f}}^{n} \quad 0.3 < n < 0.5 \tag{3.2.48}$$

在 $\alpha = \dfrac{4 D_{\mathrm{s}} t_{\mathrm{f}}}{d^{2}} = A' D_{\mathrm{s}} t_{\mathrm{f}}^{(1-2n)}$，$n = 0.5$ 时，对于低合金钢，固相扩散程度与凝固时间无关，其偏析率与冷却速率无关。当凝固时间小于 0.5 时，Al - Cu 合金的固态扩散程度增大，但随着凝固时间的增加，扩散程度变小。控制凝固后扩散的无量纲参数为

$$\alpha = \frac{4}{d^{2}} \int_{T_{\mathrm{r}}}^{T_{\mathrm{s}}} D_{\mathrm{s}} t \, \mathrm{d}t \tag{3.2.49}$$

式中，T_{s} 和 T_{r} 分别为非平衡固相线温度和室温。当式(3.2.45)用来计算 Al - Cu 合金中预期的非平衡共晶的数量时，发现有必要使用修正的枝晶间距 d，使预测的结果与测量的显微偏析结果达到一致。如此大的修正系数表示凝固过程中枝晶间距增加了几个数量级。虽然成分过冷控制了初始枝晶间距，但它的糊状区太小，从而难以推动枝晶的明显粗化。

图 3.2.14 所示为三种等温粗化机制。模型Ⅰ认为一个枝晶臂的半径比其他的小。因此，小臂的熔点小于其他枝晶臂，它将倾向于在等温液体中消失。模型Ⅱ考虑的是树突臂，其根部比其余的略小，溶质输出将使根部逐渐熔化。模型Ⅲ认为粗化是通过在小枝晶臂的尖端溶解而发生的，该枝晶臂半径恒定，长度可变；溶质扩散使相邻的枝晶臂半径增加而自身的半径减少并逐渐收缩直到消失。透明有机合金的凝固过程为枝晶粗化提供了直接证据。通过对定向凝固试样的中断淬火，可以测量凝固过程和恒温条件下的粗化动力学。对于模型Ⅲ，通过淬灭残余液体来中断凝固，可以在树枝晶尖端后面不同距离的糊状区测量树枝晶间距和树枝晶的表面积与体积比 S_v。因此，这些测量是在液相线温度和凝固完成温度之间的不同温度或不同的局部凝固时间下进行的。粗化动力学可以从这些测量中计算出来。

在淬火剩余液体之前，通过选择不同的凝固时间，可以测量等温动力学。S_v 或枝晶间距可以在枝晶尖端后面的固定距离上测量，因此，在给定的温度下，允许进行不同时间的粗化。最初，实验表明，Al - 4.5％Cu 合金在凝固过程中的粗化过程与模型Ⅰ的等温粗化过程的速率大致相同。Kattamis 等[11]对凝固过程中的粗化进行了更详细的分析。他们把冷却曲线分成许多段，每一个阶段有一个瞬时过冷度 ΔT，对应一个保温持续时间 Δt。在等温阶段，假定生长和粗化过程如模型Ⅲ所示，结果使 S_v 减小。Δt 期间凝固的体积比使用式(3.2.44)计

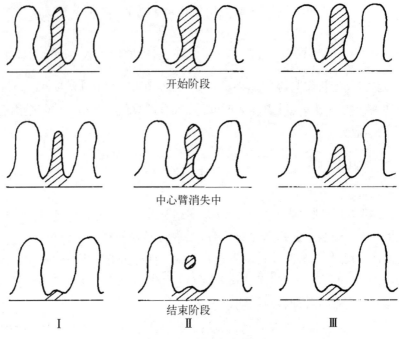

开始阶段

中心臂消失中

结束阶段

I　　　　　　　Ⅱ　　　　　　　Ⅲ

图 3.2.14　等温粗化模型

算,根据温度下降 ΔT,以及在每个 Δt 阶段结束时加入固体枝晶的量。用这种方法对 Al - Cu 和 Ni - Al - Ta 合金的间断凝固实验进行了分析,结果表明,等温动力学可以用模型Ⅲ定量描述,溶质含量对等温动力学有较大的影响。Al - Cu 合金的实验结果表明,凝固生长对 S_v 的降低的贡献大于粗化,但在缓慢冷却速率下,粗化的贡献增大。在 Ni - Al - Ta 合金中,固态扩散在降低枝晶间偏析方面起着重要作用,其偏析程度低于简单凝固时的预测。粗化不仅改变了枝晶臂的间距,而且降低了显微偏析,这是因为在凝固过程早期形成的溶质含量低的枝晶臂会发生溶解并再析出。粗化也可以改变枝晶的形态,一些研究表明,粗化是形成枝晶的重要驱动力。有学者在透明的丁二腈-樟脑合金中发现,在温度梯度的影响下,侧枝晶沿着枝晶干移动。这是当液体分离出两个相邻枝晶,一个界面的尾缘和另一个界面的前缘处于局部平衡时发生的,而且下游的局部温度稍低。为了保持局部平衡,在熔体和溶质通量之间必须有一个成分梯度,这导致下枝晶尾缘重熔,如图 3.2.15 所示。由于这一现象发生在所有的二次枝晶之间,其效果是产生一个向上的温度梯度,使二次枝晶臂向一次枝晶尖迁移。溶质含量低的固相发生熔化,溶质含量高的熔体发生凝固,在枝晶臂表面形成锯齿形,减少了枝晶间偏析的数量。当温度梯度较大时,温度梯度区间内熔化效果更好。

　　因此,枝晶间偏析的程度取决于凝固和冷却过程中的固态扩散、枝晶粗化和在温度梯度区间内的熔化过程中由生长固体中溶质的排出而产生的偏析的程度。随着凝固条件的改变,这些影响在不同体系中是不同的。这些枝晶阵列生长的特征如图 3.2.16 所示。

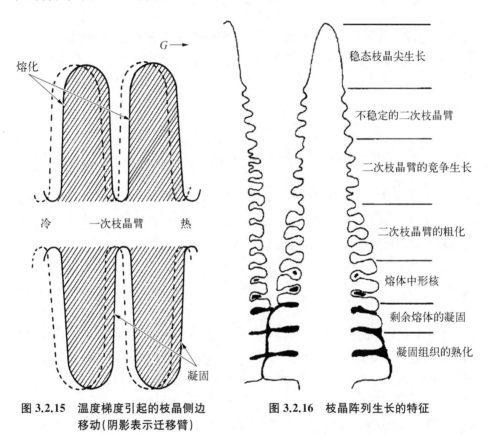

图 3.2.15　温度梯度引起的枝晶侧边　　　图 3.2.16　枝晶阵列生长的特征
　　　　　　移动(阴影表示迁移臂)

　　虽然冷却速率对低合金钢凝固过程中固相扩散的程度影响不大,但对均质化速率影响显著。这是因为冷却速率的增加减小了枝晶间的距离,即溶质在均质化过程中扩散的距离。枝晶臂的任何偏析分布都可以用最大波长等于枝晶间距 d 的余弦函数的傅里叶函数来描述。这个傅里叶函数为

$$C_{(x)} = C_0 + C_a \cos\left(\frac{2\pi x}{d}\right) \qquad (3.2.50)$$

式中, C_0 为平均成分; C_a 为振幅; d 为基本波长。

　　其他成分的波长较短,在显微探针分析测量的许多分布中,高次谐波具有重

要意义。在均匀化过程中,每个谐波将以给定的速率独立衰减,基数根据以下方程进行衰减:

$$C_{(x,\,t)} = C_0 + C_a \cos\left(\frac{2\pi x}{d}\right) \exp\left(-\frac{t}{\tau_d}\right) \tag{3.2.51}$$

式中,t 为均匀化时间,高次谐波松弛时间较短,衰减速度比余弦函数快。因此,溶质分布将衰减为一个波长为 d 的简单余弦函数,而决定均匀化动力学的主要因素是松弛时间。Flemings 引入一个参数 δ_i,即局部偏析指数,定义为

$$\delta_i = \frac{C_M - C_m}{C_M^0 - C_m^0} \tag{3.2.52}$$

式中,C_M 为元素 i 在 t 时刻的最大溶质浓度;C_m 为元素 i 在 t 时刻的最小溶质浓度;C_M^0 为元素 i 的最大初始溶质浓度;C_m^0 为元素 i 的最小初始溶质浓度。给定铸件均匀化所需的时间和温度可以用以下方程近似地确定:

$$\delta_i = \exp\left(-\frac{4\pi^2 D t}{d^2}\right) \tag{3.2.53}$$

对低合金钢的测量结果如图 3.2.17 所示,表明去除树枝晶间距较大的合金中的显微偏析是很困难的。例如,枝晶间距为 50 μm(只有冷硬铸件才有这种细小的间距),温度低于 1 200 ℃ 时,几乎不会发生均匀化。在大型铸件中枝晶间距为 400 μm 是不常见的,在 1 300 ℃ 以下的温度,局部偏析指数没有减小,可以预测在这种材料中存在带状组织。尽管许多钢经过热加工促进了均质化,但许多成品显示出如图 3.2.18 所示的带状组织。带状组织是凝固过程中枝晶间溶质偏析的表现。原枝晶干和枝晶间的溶质在随后的热加工过程中再排列,使奥氏体中形成含有低溶质含量和高溶质含量的交替带。在普通碳钢中,硼和砷的 k 值很小。这两种元素都提高了 A3 温度,因此在高于该温度的冷却过程中,铁素体首先在溶质富集区成核,从而增加了相邻未转变奥氏体带的碳含量。当这些区域发生转变时,珠光体含量大大增加并形成带状结构。低合金钢带状结构可以体现在上贝氏体的基体中的光刻蚀条纹,如上、下贝氏体,贝氏体和马氏体甚至珠光体和贝氏体或马氏体,并取决于合金含量和钢的热处理。组成条带的相取决于偏析元素对 A3 温度和合金淬透性的影响。假设凝固过程中溶质在枝晶之间呈正弦分布,非平衡共晶

β 相的溶解是由扩散控制的。可以通过下述方程求解。

$$\frac{g+K}{g_0+K} = \exp\left(-\frac{\pi^2 D_s t}{4l_0^2}\right)$$ (3.2.54)

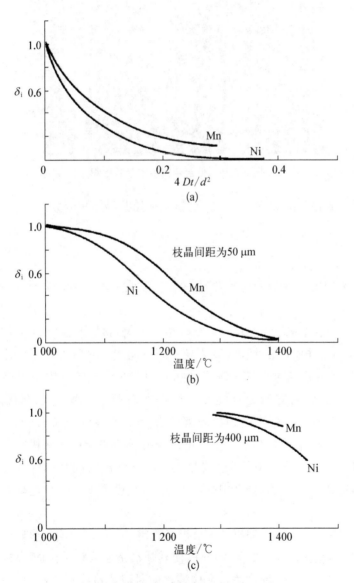

图 3.2.17　低合金钢的局部偏析指数 δ_i

（a）作为无量纲均匀化参数，$4Dt/d^2$；（b）作为温度的函数，枝晶间距为 50 μm，均化 1 h；（c）作为温度的函数，枝晶间距为 400 μm，均化 1 h

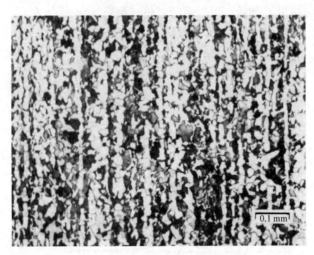

图 3.2.18 低合金钢中的带状组织

式中，g 为 t 时刻共晶体积分数；g_0 为铸态初始共晶体积分数。

$$K = \frac{C_m - C_0}{C_\beta} \tag{3.2.55}$$

式中，C_m 为初生相的最大溶质含量；C_0 为溶质平均含量；C_β 为第二相（β）的含量。

图 3.2.19 的结果表明，在 $d = 200\ \mu m$ 的砂型铸件中，需要 40 h 的固溶处理时间来消除第二相，固溶处理温度略高于固溶曲线。这就解释了为什么在任何可能的情况下都要通过冷却来减小枝晶间距。在优质铸件中使用更纯的材料（这允许使用更高的固溶处理温度），确保所有第二相都可以在规定的时间（10 h）内完成固溶。在能以调幅分解的合金中观察到异常行为。含 55% ～ 60%锌的 Al - Zn 合金在低于熔点时可以分解成相同结构的两相。在这种情况下，扩散非常缓慢。在 360 ℃时，共晶相的固溶弛豫时间从稀释合金中的 1×10^9 s 增加到 Al - 60%Zn 合金中的 1×10^{10} s，这就需要对合金进行更长时间的固溶处理。

预防而不是消除显微偏析是一个很好的建议。如果非均匀形核可以在给定的凝固时间内获得足够小的晶粒尺寸，使其基本完全扩散，凝固将在接近平衡凝固的条件下进行。另一种方法是在成核之前对液体过冷。商业用的铁、镍和铜合金并不难过冷。当过冷度增加到 175 ℃左右时，样品的晶粒尺寸减小。在 Fe - 25%Ni 合金中，晶粒组织由典型的枝晶形态逐渐转变为圆柱形，最后转变

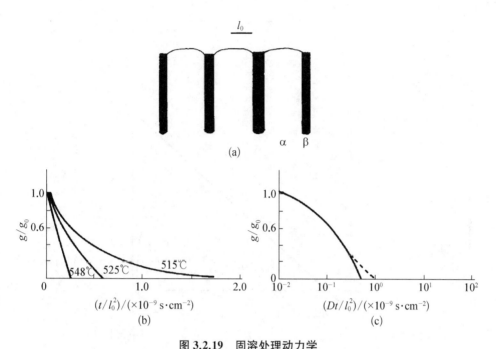

图 3.2.19　固溶处理动力学

(a) 固溶处理的动力学模型；(b) Al-4.5%Cu 固溶速率的计算结果；(c) Al-4.5%Cu 在 545 ℃ 的固溶曲线(实线是由理论预测,虚线表示测量动力学与理论的偏差)[12]

为球形。伴随这些转变的是 δ_{Ni} 的减小,δ_{Ni} 从过冷度为 0 ℃ 的 1.23 减小到过冷度为 300 ℃ 的 1.05。Fe-25%Ni 合金的过冷度小,枝晶间距为 450 μm 时,δ_{Ni} 为 1.23；300 ℃ 过冷后,凝固合金的枝晶间距为 37 μm,δ_{Ni} 为 1.05。为了将 δ_{Ni} 从 1.23 减小到 1.05,需要在 1 340 ℃ 固溶 135 h。为了消除显微偏析,这种合金在 1 340 ℃ 下需要进一步固溶 281 h,而过冷合金则只需要在 1 340 ℃ 下固溶 1 h。

另一种解决偏析问题的方法是使用雾化技术生产预合金粉末,然后使用热等静压或热挤压进行材料固结。粉末生产方法的目的是控制直径只有几微米的过冷液滴的成核,以产生等熔或绝热、无扩散的凝固,这可能会促进固体溶解性或无定形相的形成。它们在粉末制造中的应用如图 3.2.20 所示,图 3.2.20 定义了无量纲熔 ψ 随无量纲温度 θ 的变化。对于牛顿冷却条件,也就是忽略了液滴中微不足道的温差。在温度为 T,固体分数为 g 时,系统的熔为

$$H-H_{sm}=[\Delta H_f+C_p^l(T-T_e)](1-g)+C_p^s(T-T_e)g \quad (3.2.56)$$

式中,H_{sm} 和 ΔH_f 是在固态熔和平衡温度 T_e 下的熔化热；C_p^l 和 C_p^s 分别是液态和固态的比热容。以无量纲单位表示,则为

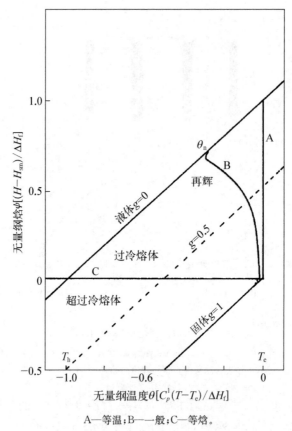

A—等温;B——一般;C—等焓。

图 3.2.20 焓-温度曲线以及三种凝固路径

$$\psi = (1+\theta)(1-g) \begin{bmatrix} C_p^s \\ C_p^l \end{bmatrix} g\theta \tag{3.2.57}$$

在液滴凝固过程中,在过冷区($\psi<1$)内,系统焓可以沿任意路径降低,从形核温度(θ_n)的液相线开始,到固相线上的任意点结束。路径 A 代表等温凝固过程中正常溶质偏析的情况。路径 B 表示一种中间情况,在这种情况下,液滴发生过冷($-1<\theta_n<0$),在凝固过程中发生热传导,这个过程可以分为两部分:

(1)快速凝固或再辉阶段,在这一阶段中,液滴吸收大部分释放的熔化热;在液滴温度上升到刚好低于 T_0 的临界值之前,不会发生偏析。

(2)第二个阶段几乎是等温凝固,在液滴过冷度得到很大程度的缓解后,由外部热流控制,并根据液-固界面的形貌而发生显微偏析。

路径 C 代表绝热凝固的另一个极限。如果形核过程被抑制,熵和熔化热大致相等且没有发生变化($\psi_n \leqslant 0$),液体发生深过冷,可以在不发生散热的情况下发生凝固。此时,唯一限制生长过程的是原子在固-液体界面的转移,既不存在溶质,也不存在温度梯度来诱导胞状晶或枝晶生长,也不会发生显微偏析。绝热凝固所需的原始过冷度由下式决定:

$$\Delta H_f \leqslant \int_{T_n}^{T_e} C_p^l \, dT \tag{3.2.58}$$

T_n 的最大值是在过冷温度达到深过冷温度 T_h 时出现。对于被抑制的形核,直到体积为 V 的熔体达到所要求的形核温度,晶核总数可由下式给出:

$$n = V \int_{T_e}^{T_n} \left[\frac{I(T)}{R} \right] dT \tag{3.2.59}$$

式中,R 是冷却速率;I 为形核速率;给出的晶核总数 n 应小于 1(如没有晶核形成)。I 在接近形核温度之前非常小,当它迅速增加时,它取决于 T^{-1} 和 ΔT^{-2}。因此有

$$n \propto \frac{I(T_n)(T_e - T_n)}{R} \tag{3.2.60}$$

并且,形核数量正比于 I/G,形核前所能达到的过冷度取决于 G/I。这种对 G 的依赖强调了凝固前而不是凝固过程中向周围环境传热的重要性。形核频率随着均匀形核的晶核体积的增加而增加,或者随着非均匀形核的表面积和潜在非均匀核的数量的增加而增加。这些因素及其对液滴结构和均匀性的影响如图 3.2.21 所示。

Hirth[13]已经用这些原理定义了在式(3.2.59)定义的晶核数变为 1 之前,晶核满足式(3.2.58)所需的冷却速率。他的结论表明,在当前原子化过程中可实现的冷却条件下,铁和钴合金的绝热凝固似乎可行,但镍、铜和铝合金的绝热凝固很困难。一旦形核发生,形成的液滴结构取决于界面的稳定性。简单的成分过冷准则和扰动分析都认为由偏析产生的溶质场是不稳定的。然而,更详细的扰动分析表明,毛细作用力与扰动和热场的增长相反,可用平均梯度来描述:

$$G_{sl} = 2 \left(\frac{K_s G_s + K_l G_l}{K_s + K_l} \right) \tag{3.2.61}$$

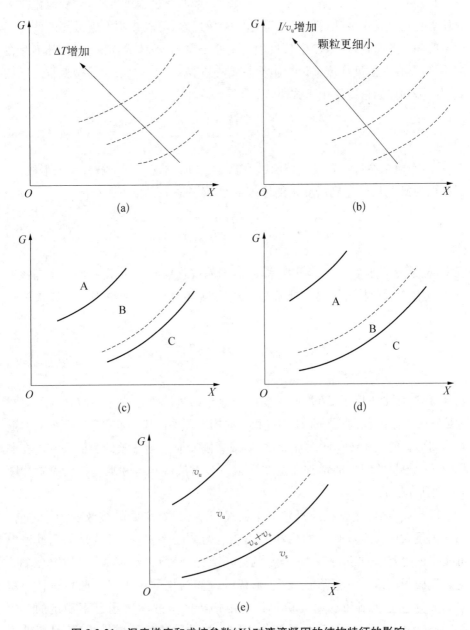

图 3.2.21 温度梯度和成核参数(X)对液滴凝固的结构特征的影响

(a) 对过冷的影响;(b) 对成核速率与生长速率之比的影响;(c) 对晶粒结构的影响(A—非晶态;B—微晶;C—柱状;等轴晶虚线定义了防止固相线温度以上再辉所需的条件);(d) 对微观偏析的影响(A—无偏析;B—核心无偏析,外层由偏析;C—偏析);(e) 对优势生长模式的影响(v_u为无偏析的生长;v_s为偏析生长)

式中,k_s 和 k_l 分别为固相和液相的导热系数;G_s 和 G_l 分别为固相和液相的温度梯度。

如果 G_{sl} 为正,则表示稳定。因此,如果平均梯度为正,当 G_l 为负时,稳定性是可能的。最近,对快速凝固过程中稳定性的研究已经确定了快速凝固的两个重要影响。第一个是绝对稳定性,因为在快速凝固时,只有短波长的扰动是重要的,而这些扰动是由表面能决定的。因此,假设凝固速度足够大,对于任何 G_l 值,界面都是稳定的。第二个影响来自界面相对局部平衡的偏离,这种偏离提高了界面稳定性,特别是当分布系数趋于统一时。

对预合金粉末的全面研究与它们作为铸造和锻造高温合金的替代材料的可能性有关。预合金粉末的应用潜力在于对合金进行改性的可能性,这种改性超出了通过更传统的铸造工艺生产的合金的可能范围。例如,在镍基 γ - γ' 型合金中可以消除共晶区,允许添加更多的 γ' 形成元素,通过热处理可以控制 Ni - Al - Mo 型合金中 bcc Mo 的出现,以产生有效的弥散相[14]。事实上,当 RSR185(一种快速凝固、固结的 Ni - Al - Mo 合金)晶粒粗化时,它与定向凝固的 MAR - M200+Hf 合金和最近开发的均质单晶合金 454 相比,在高温性能上表现出相当大的提高。其他已经发展到圆盘应用阶段的合金包括 Astroloy、Merle76 和 Rene95。氧化物弥散强化合金在高温下具有良好的蠕变强度,是高温合金中一种很有吸引力的材料,可用于燃气轮机的高温部件,如叶片和轮叶[15]。最近开发的高强度 ODS 合金包括 MA600E 和 MA755E,它们具有优良的高温拉伸和蠕变断裂性能,并具有良好的耐腐蚀性(见图 3.2.22)。良好的力学性能是由于减少了晶界滑移和氧化物在晶界的弥散。通过氧化物颗粒非常细小、均匀的分布使晶粒

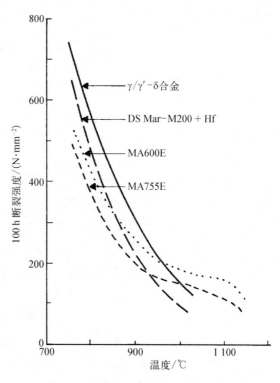

图 3.2.22　各种高温合金的 100 h 断裂强度

内部强度增加,这些颗粒在一定温度下保持热稳定性,在这种温度下,替代强化成分如 γ' 沉淀和碳化物溶解或粗化。快速凝固粉末路线为 ODS 高 γ' 合金提供了可能,该合金具有良好的中温强度。

3.2.3.4 凝固曲线

从冷却曲线[见图 3.2.23(a)],或位置与时间关系曲线[见图 3.2.23(b)],或温度与固体率分数曲线[见图 3.2.23(c)]的形式导出的凝固曲线可以理解和预测为图 3.2.23(b)中的曲线,从中可以确定任何位置的局部凝固时间 t_f,以及任何时间的枝晶阵列糊状区[见图 3.2.23(a)中的 $x_1 - x_s$]的长度。图 3.2.23(c)中的曲线源自式(3.2.44)或式(3.2.45)的重新排列,前提是固体中的扩散起主要作用。使用式(3.2.44)可得

$$C_s = kC_0 \ (1-g)^{k-1} \tag{3.2.62}$$

或

$$C_1 = C_0 g_1^{k-1} \tag{3.2.63}$$

然而,从图 3.2.23 中可得

$$\frac{T_e - T}{C_1} = \frac{T_e - T_1}{C_0} = m \tag{3.2.64}$$

以及

$$g_1 = \frac{T_e - T}{T_e - T_1} \tag{3.2.65}$$

这种表示法的优点在于,只需知道该位置的温度,就可以确定铸件中给定位置的固体分数。因此,温度数据可以用图 3.2.23(b)(c)的形式来提供凝固过程。图 3.2.23(c)中的非平衡曲线表明,凝固在共晶温度下结束。共晶是在很长的温度范围内凝固很少的情况下形成的,这时残余的液体可能以薄膜的形式出现在固体周围,并且固体中已经发生了相当大的收缩。这种形状的曲线预示着凝固的热裂和收缩通常很难补给。这种热裂的定性图像已经由 Clyne 和 Davies[16] 定量化。当枝晶阵列被液膜分离并在应力作用下容易断裂时,热裂敏感性定义为铸件停留在略高于固相线温度的温度区间内的时间 t_V 与在压力下断裂所需的时间 t_R 的比值,即高于该温度区间时,溶质和溶液供给可防止开裂。前者与 $0.01 < g < 0.1$ 相关,后者与 $0.1 < g < 0.6$ 相关。必须

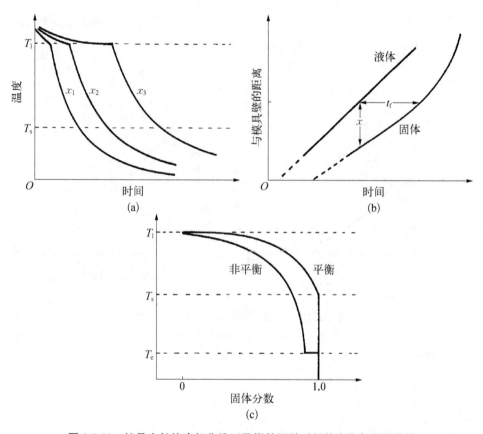

图 3.2.23 枝晶生长的冷却曲线以及糊状区随时间的变化与凝固曲线

(a) 铸件在距离模具壁 x_1、x_2 和 x_3 处定向凝固典型冷却曲线；(b) 液相线和固相线位置随时间的变化(x 是糊状区的长度,t_f 是局部时间)；(c) 平衡凝固和非平衡凝固(固体中无扩散)的凝固曲线

使用热流模型将熔体比例-温度曲线转换成熔体比例-时间关系。如果热量提取被认为受界面控制,则

$$\frac{dQ}{dt} = 常数 \tag{3.2.66}$$

式中

$$dQ = \rho \Delta H_f dg_1 + \rho C_1 dT \tag{3.2.67}$$

将式(3.2.65)和式(3.2.66)代入式(3.2.67)并积分,得到如图 3.2.24(a)所示的关系式,由此可以计算出 t_V 和 t_R。当对不同成分的合金重复这一过程时,得到了热裂敏感性系数-成分关系,如图 3.2.24(b)所示。对于 Al - Si 合金,预测结

果与实验结果有很好的一致性。在黄铜中的研究表明,热裂敏感性取决于枝晶形态、枝晶序列长度和低熔点夹杂物。

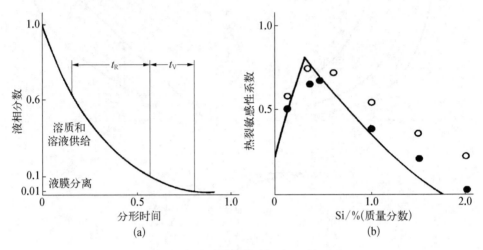

图 3.2.24　热裂敏感性的理论预测与实例

（a）根据液相分数-分形时间关系确定应力松弛时间和断裂所需时间;（b）预测的铝硅合金热裂敏感性与实验数据的比较

参考文献

［1］ 闵乃本.晶体生长的物理基础［M］.南京：南京大学出版社,2019.

［2］ Doremus R H, Roberts B W, Turmbull D. Growth and perfection of crystals［M］. New York：Wiley, 1958.

［3］ Gilman J J. The art and science of growing crystals［M］. London：Wiley, 1963.

［4］ Brice J C. Facet formation during crystal pulling［J］. Journal of Crystal Growth, 1970, 6 (2)：205 - 206.

［5］ Mühlbauer A, Sirtl E. Lamellar growth phenomena in〈111〉oriented dislocation-free float-zoned silicon single crystals［J］. Physica Status Solidi(a), 1974, 23(2)：555 - 565.

［6］ Ivantsov G P. Dendritic growth［J］. Dokl Akad Nauk USSR, 1947, 58：567.

［7］ Horvay G, Cahn J W. Dendritic and spheroidal growth［J］. Acta Metallurgica, 1961, 9 (7)：695 - 705.

［8］ Temkin D E, Sirota N N, Gorski F K, et al. Crystallization processes［M］. New York：Consultants Bureau, 1966.

［9］ Nash G E, Glicksman M E. Capillarity-limited steady-state dendritic growth—I. theoretical development［J］. Acta Metallurgica, 1974, 22(10)：1283 - 1290.

［10］ Brody H D, Flemings M C. Solute redistribution in dendritic solidification［D］. Boston：

Massachusetts Institute of Technology, 1965.

[11] Kattamis T Z, Flemings M C. Dendrite morphology microsegregation and homogenization of low-alloy steel [J]. Transactions of the Metallurgical Society of AIME, 1965, 233(5): 992.

[12] Singh S N, Flemings M C. Solution kinetics of a cast and wrought high strength aluminum alloy[J]. Transactions of the Metallurgical Society of AIME, 1969, 245(8): 1803 - 1809.

[13] Hirth J P. Nucleation, undercooling and homogeneous structures in rapidly solidified powders[J]. Metallurgical Transactions A, 1978, 9(3): 401 - 404.

[14] Rickinson B A, Kirk F A, Davies D R G. CSD: a novel process for particle metallurgy products[J]. Powder Metallurgy, 1981, 24(1): 1 - 6.

[15] Gessinger G H. Recent developments in powder metallurgy of superalloys[J]. Powder Metall. Int., 1981, 13(2): 93 - 101.

[16] Clyne T W, Davies G J. Solidification and casting of metals [J]. Metals Society, London, 1979: 275 - 278.

第4章 多相合金的结晶

4.1 共晶生长

凝固过程中形成的固相可以呈现不同的形态并具有很宽的尺度范围。树枝晶是大多数合金中的主要组织形态,而实际应用中也有不少是共晶(eutectic)合金[1-2]。共晶的形态特征是两个或多个相从液相中同时形成。由于共晶合金通常具有与纯金属相当的优良的铸造性能以及固态下表现出的良好的综合性能,铸造合金的成分往往更接近共晶成分。

4.1.1 共晶组织的分类

工业用的大多数共晶均由两相组成,由于它们的化学组成及凝固条件不同,可以形成各种各样的组织形态。近年来,人们一致认为可以把它们分成规则共晶(金属-金属共晶)和非规则共晶(金属-非金属共晶)两大类,前者属于非小平面-非小平面(nonfacet-nonfacet)共晶,后者属于非小平面-小平面(nonfacet-facet)共晶。在单向凝固的条件下,它们凝固中的固-液界面形态如图 4.1.1 所示。典型的共晶合金组织如图 4.1.2 所示。

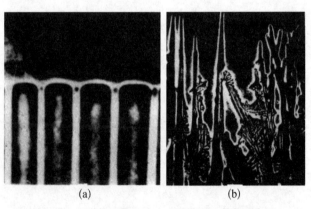

(a)   (b)

图 4.1.1　定向凝固条件下共晶的固-液界面形态

(a) 金属-金属共晶;(b) 金属-非金属共晶

　　规则共晶(非小平面-非小平面共晶)多由金属-金属相或金属-金属间化合物组成。规则共晶的形态分为层片状及棒状两种,其横断面分别如图 4.1.2(a)(b)所示,即图 4.1.3 中的 A 区和 B 区。通常,共晶中的某一相体积分数小于 $\dfrac{1}{\pi}$ 时,容易出现棒状结构,这是因为在相间距 λ 一定的条件下,棒状的相间界面的面积比层片状小,因此其界面能最低。这种情况在规则共晶中是很明显的。但是,当界面能的各向异性很强时,层片结构可以在体积分数很小的情况下存在,这类共晶的固-液界面在原子尺度上是粗糙界面,即固-液界面不是特定的晶面。决定它们长大的因素是热流的方向和两组元在液相中的扩散,两相长大过程互相依

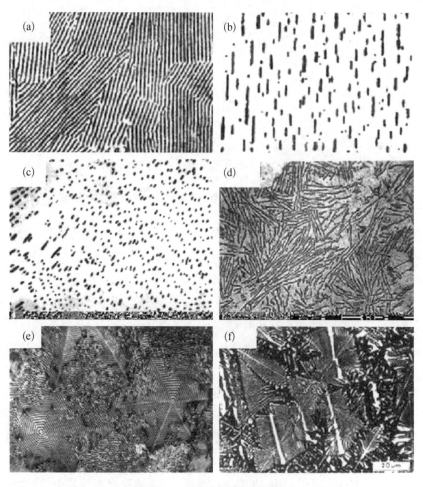

图 4.1.2　典型的共晶合金组织
(a) 层片状;(b) 棒状(纤维状);(c) 球状;(d) 针状;(e) 螺旋状;(f) 蜘蛛网状

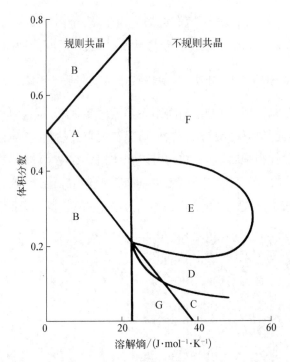

A—规则层片；B—规则棒状；C—不规则的分枝层片；
D—不规则的片状结构；E—复杂的不规则结构；F—准规则
结构；G—不规则的丝状结构。

图 4.1.3　共晶中小平面相体积分数与溶解熵值对共晶显微结构的影响

赖的关系使界面附近的溶质横向扩散。因此，每一相的长大受到另一相存在的影响。当共晶结晶时，两相并排地结晶出来并垂直于固-液界面长大，其固-液界面将近似地保持平直[见图 4.1.1(a)]，其等温面基本上也是平直的[3]。

　　非规则共晶(非小平面-小平面共晶)多由金属-非金属相组成，它们的组织形态虽然也可以简化为片状与丝状两大类[见图 4.1.2(c)(d)]，但是由于其小平面相晶体长大的各向异性(如界面能、热传导、最优生长方向等)很强，其固-液界面为特定的晶面。共晶长大过程中，虽然也靠附近液相中的原子横向扩散"合作"进行长大，但其固-液界面的形态是非平面(nonplanar)且极不规则的[见图 4.1.1(b)]，其等温面也不是平直的。由于小平面相长大机制的特点(如依靠晶体缺陷进行侧向扩展长大及强烈的方向性等)，其在共晶中的体积分数 φ_f 对共晶形貌有着很大的影响。图 4.1.3 为 Croker 绘制的共晶中小平面相体积分数与溶解熵值对共晶显微结构的影响。由图中可以看出，在溶解熵值大于 40 的非规则共晶中，当体积分数小于 0.1 时(见图 4.1.3 中的 C 区)，组织为不规则的分枝层片状结构，如图 4.1.4 所

示。但在扫描电镜下观察,小平面相并未破
断而是连续的分枝,这种分枝是为了克服非
小平面相在长大过程中由于速度较快对小平
面相长大的堵塞作用而形成的。当共晶中的
小平面相体积分数在 0.1~0.2 范围内时(见
图4.1.3中的D区),共晶组织为不规则的片状
结构,Al‐Si 及 Fe‐C(石墨)是这类组织中的
典型,如图 4.1.5 所示。在溶解熵值较小的 G
区,层、片状结构将会向丝状结构转变。不规
则的片状结构在扫描电镜下观察也是连续
的。其片间距要比层状结构的层片间距大,

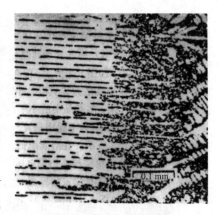

图 4.1.4 Pb‐Ag 合金破断层片
结构的淬火界面

并具有较大的界面过冷度。当共晶中的小平面相体积分数在 0.2~0.35 范围内时
(见图 4.1.3 中的 E 区),共晶组织为复杂的规则结构,如图 4.1.6 所示。从宏观上
看,这种结构由很多胞晶组成,在胞晶的内部,其显微结构为在一"脊椎"的周围规
则地排列着一些"板条"组织(见图4.1.7)。随着过冷度的增加,或者 G/V(G 为温度
梯度,V 为凝固速度)值的减少,"成分过冷"增加,组织将由鱼骨状胞晶变为三角形
胞晶,再变为立方体胞晶结构,如图 4.1.6(a)(b)(c)所示。这是由于这些三角形的
胞晶边界处可以更有效地吸收和容纳溶质原子。当共晶中的小平面相体积分数大
于 0.4 时(图 4.1.3 中的 F 区),共晶组织为准规则结构,Fe‐Fe_3C 属于此类,如图
4.1.8所示。它们是由非小平面相的板片状或少量的棒状组成,而基体则为小平面相,
只是小平面相(如 Fe‐Fe_3C 中的 Fe_3C)不能按小平面方式长大,而是按非小平面方

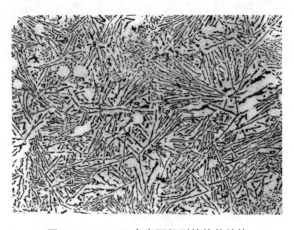

图 4.1.5 Al‐Si 合金不规则的片状结构

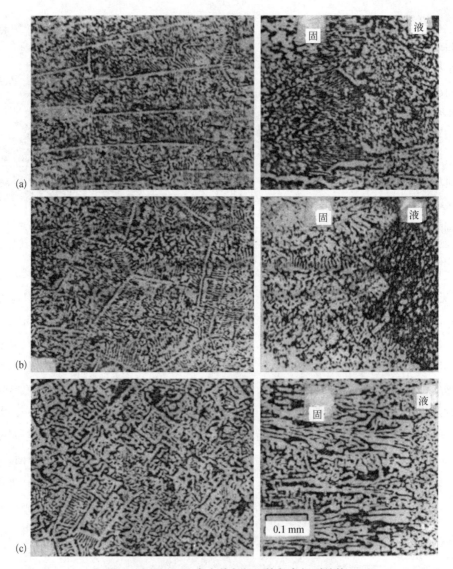

图 4.1.6　Pb‑Bi 合金单向凝固的复杂规则结构

式长大。在板片与棒状混合存在的组织中,通常板片的扩展方向与热流方向一致,而棒状结构则与板片相垂直。当液相中的温度梯度减小或者长大速度增加时,棒状结构的比例将会增加。第三组元的存在将会使侧向的棒状结构增加,并促使胞状组织形成,小平面相将按非小平面(即原子尺度上的粗糙界面)方式长大,其原因在于小平面相按小平面方式长大只能发生在其界面为凸面,并且其固‑液界面与小平面相的长大平面(facet plane)相切的凝固条件下,如图 4.1.9(a)的右侧所示。

图 4.1.7　Al‐Ge 合金复杂规则结构的
胞晶内微观排列

图 4.1.8　Fe‐Fe₃C 的准规则结构

（白色为 Fe₃C，黑色为奥氏体）

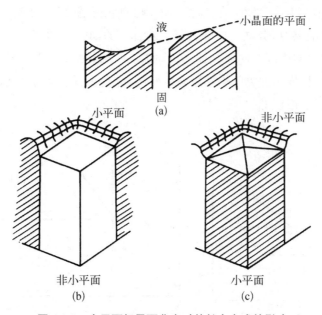

图 4.1.9　小平面相界面曲率对其长大方式的影响

相反，在其界面为凹面的情况下，由于凹面任一点周围邻近固相的新原子层都可
以向该点提供生长台阶，所以，此时侧面扩展的小平面长大方式就难以进行，如
图 4.1.9(a) 的左侧所示。当小平面相的体积分数较大时（如 Fe‐Fe₃C 共晶中的

Fe_3C),小平面相将成为共晶组织中连成一片的基体,而非小平面分布在其中,在两相交界处,小平面形成凹面[见图 4.1.9(b)]。小平面相的基体在凹面处不能按小平面方式长大,因此,共晶结晶只能按非小平面-非小平面方式进行。当小平面相的数量很少时,在小平面相与非小平面相交界处,小平面相形成凸面[见图 4.1.9(c)],仍按小平面方式长大。

4.1.2 非平衡状态下的共晶共生区

从相图可知,在平衡条件下,共晶反应只发生在一个固定成分的合金中,任何偏离这一成分的合金凝固后都不能获得 100%的共晶组织。从热力学观点看,在非平衡凝固条件下,对于具有共晶型的合金,当快冷到两条液相线的延长线所包括的范围内时,即使是非共晶成分的合金,也可能获得 100%的伪共晶组织,如图 4.1.10 所示。图中的阴影部分即共晶共生区,共生区划定了共晶稳定生长的温度和成分范围,超过这个范围,将变为亚共晶或过共晶组织[4]。但必须指出的是,并非所有的共晶共生区都是如图 4.1.10 所示的对称型。以共晶成分为中心的对称型共生区只发生在共晶中两相熔点相近的金属-金属共晶系中。对于金属-非金属共晶,其共生区通常是非对称型的,其相图上的共晶点靠近金属组元一方,共晶共生区偏向非金属一方,如图 4.1.11 所示。Al-Si 及 Fe-C 合金的共晶共生区属于此类。由图中可以看出,这类共晶成分的合金,在快冷条件下是得不到共晶组织的。

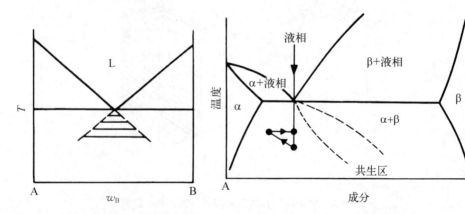

图 4.1.10 从热力学观点考虑的共晶共生区   图 4.1.11 金属-非金属共晶共生区

共晶共生区的形状绝非如图 4.1.10 及图 4.1.11 所示那样简单,它的多样性取决于液相的温度梯度、初生相以及共晶的长大速度与温度的关系。

图 4.1.12 中的阴影部分为 $G>$ 0 时的铁砧形对称型金属-金属共晶共生区。可以看出,当晶体长大速度较小时(阴影区的上部),即单向凝固的情况,可以获得平直界面的共晶组织,其获得共晶组织的成分范围很宽。随着长大速度的增加,即图中阴影区的下部,共晶组织将变为胞状、树枝状,最后成为粒状。图中虚线及其延长线所夹的范围为 $G=0$ 时 的 情 况,它与图 4.1.10 所示的范围是一样的,在此范围内所形成的共晶只能是等轴晶。

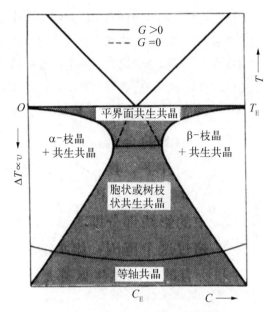

图 4.1.12　金属-金属共晶共生区

为确定共晶共生区,必须首先确定初生相及 α-β 共晶各自的晶体长大速度与温度的关系,这些关系如下所示。在任一给定的长大速度条件下,熔点最高的组成相总是优先生长:

$$\Delta T_{非小晶面相} = \frac{GD}{v} + K_1 v^{0.5} \tag{4.1.1}$$

$$\Delta T_{小晶面相} = \frac{GD}{v} + K_2 v^w \tag{4.1.2}$$

对于铸铁,$W=0.35$,$K_2=9.32$,则可得

$$\Delta T_{非-非共晶} = K_3 v^{0.5} \tag{4.1.3}$$

$$\Delta T_{非-小共晶} = 156 G^{-0.41} v^{0.5} \tag{4.1.4}$$

式中,G 为温度梯度;v 为生长速率;D 为溶质扩散系数;K_1、K_2、K_3、W 为与合金性质有关的常数。

图 4.1.13(a)(b)分别为金属-金属共晶共生区和金属-非金属共晶共生区以及在某一合金成分为 C_0 时各组成相的长大速度与温度的关系。可以看出,右侧两图中三条曲线相互之间的交点将决定给定成分共晶共生区的温度范围。如果将按上

述方法获得的不同成分的共生区温度范围连接起来,就会得到该合金系共晶共生区的全貌。从图 4.1.13 中两个不同类型的共生区可以看出,它们的差别在于在大的过冷度下,金属-非金属共晶的生长被抑制,取代它的是单相的金属相在富非金属组元的合金中形成。其原因可以理解为,共晶中的小晶面相长大时的各向异性,以及在过冷度较大的情况下,在特定晶向上的长大及分枝难以进行。

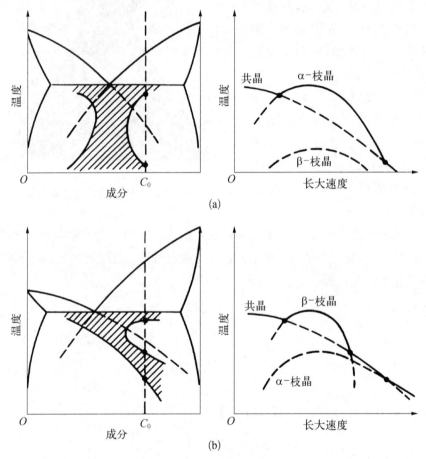

图 4.1.13 两类共晶共生区及长大速度与温度之间的关系

(a) 规则共晶;(b) 非规则共晶

4.1.3 金属-金属共晶

金属-金属型共晶主要包括层状和棒状两种形态,其生长条件和生长有所不同,下面主要介绍这两种共晶生长的条件以及过程。

4.1.3.1 层状共晶的生长

1) 形核与长大

多数的金属-金属共晶,其长大速度在四周各个方向上是均一的,因此,它具有球形长大的前沿;而在共晶组织内部,两相之间却是层片状的。这就是说,在非定向凝固的情况下,共晶体是以球形方式长大的,而球形的结构是由两相的层片组成,并且向外散射的。球的中心有一个核心,它是两相中的一相,起着共晶结晶核心的作用[2]。如 $CuAl_2$- Al 共晶中,Al 就是它的核心,而 $CuAl_2$ 包围在 Al 相四周,成为"光环"结构,如图 4.1.14 所示。随着 β 相的长大,在 β 相附近的液相中不断有 α 相析出,于是就形成了 α 相和 β 相的交替组织。共晶中两相交替成长,并不意味着每一片都要单独形核,其长大过程是靠搭桥的方式使同类相的层片进行增殖(见图 4.1.15)。这样就可以由一个晶核长出一个完整的共晶团。这种共晶团也可以称为共晶晶粒或共晶领域,从图 4.1.16 中可以明显地看出几个不同的共晶晶粒。

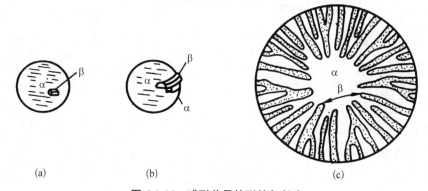

(a)　　　　　(b)　　　　　(c)

图 4.1.14　球形共晶的形核与长大

(a) β 相合金;(b) α 相合金;(c) 交替生长

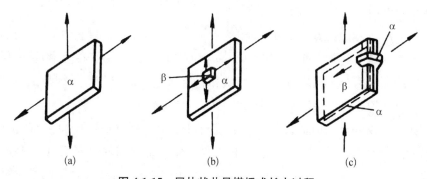

(a)　　　　　(b)　　　　　(c)

图 4.1.15　层片状共晶搭桥式长大过程

(a) α 相核心;(b) β 相形核;(c) 搭桥长大

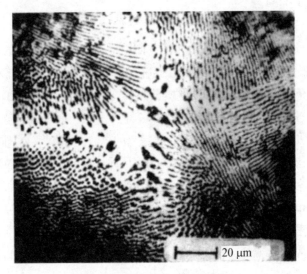

图 4.1.16 Pb-Cd 共晶晶粒

2) 共晶的稳定态长大及固-液界面曲率

由于金属-金属共晶的固-液界面是非光滑的,所以其界面的向前生长不取决于晶体的性质,而取决于热流的方向。两相并排的长大方向垂直于固-液界面,如图 4.1.17 所示。Jackson 等[5]认为,由于两相的层片间距 λ 很小,在长大过程中,横向扩散是主要的。从图

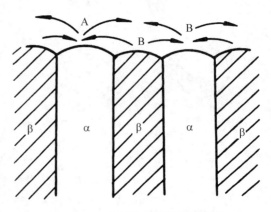

图 4.1.17 共晶长大时的原子扩散

4.1.17 可知,α 相前沿是富 B 的,β 相前沿是富 A 的,在长大过程中,A 原子从 β 相前沿横向扩散到 α 相前沿;B 原子从 α 相前沿横向扩散到 β 相前沿,这就保证了同时结晶出两个不同成分的相,而液相仍维持原来的成分 C_E,结晶出来的两个固相的平均成分也是原来的共晶合金成分 C_E。

必须指出的是,在固-液界面前沿很小的距离(相当于层片间距)范围内,液相的成分是极不均匀的,它也绝不是像上面所说的那样都是等于共晶的合金成分 C_E。我们知道,α 相中央的前沿液相由于距离 β 相较远,所以排出来的 B 原子不可能像 α 相与 β 相交界处前沿那样快地扩散,因此,在这里就富集

了较多的 B 原子。而愈靠近 α 相边缘，B 原子富集得就愈少，在 α 相与 β 相交界处，几乎没有富集，这里液体的成分为 C_E。同样，在 β 相中央前沿的液相中，势必也要富集很多的 A 原子，愈靠近其边缘，富集的 A 原子愈少。这样就在共晶的固-液界面前沿的液相中形成了 A、B 两组元的不同富集区。

图 4.1.18 所示为共晶生长时固-液界面前沿成分的变化及其对共晶片状界面曲率半径的影响。由于在固-液界面前沿溶质浓度不同，势必会出现以共晶平衡温度 T_E 为基准的不同的过冷度。以 α 相前沿为例，在其中央区的前沿液相中富集了最大的浓度 C_L^*，从图 4.1.18(a) 中可以看出，C_L^* 与 α 相平衡液相线 $T_{L\infty}$ 的交点至共晶温度 T_E 的垂直距离 ΔT_D 即为浓度差 $C_E - C_L^*$ 所造成的过冷度，可以用下式表示：

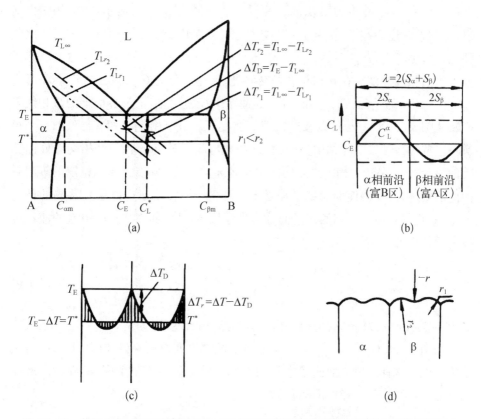

图 4.1.18　共晶生长时固-液界面前沿成分的变化及其对共晶片状界面曲率半径的影响

(a) 相图；(b) 在固-液界面前沿层片范围内的液相成分分布；(c) 液相在平衡凝固温度（液相线）方向由于成分不同而沿层片范围内的差别，为使固-液界面等温，必须调整曲率半径以补偿这种差别；(d) 两固相在相界面处的曲率半径比层片中央的小

$$\Delta T_{\mathrm{D}} = T_{\mathrm{E}} - T_{\mathrm{L}\infty} = m_{\mathrm{L}}(C_{\mathrm{E}} - C_{\mathrm{L}}^{*}) \tag{4.1.5}$$

式中，m_{L} 为液相线斜率；$T_{\mathrm{L}\infty}$ 为具有无限大曲率半径的固-液界面上的平衡液相线温度。

从式(4.1.5)可知，在 α 相与 β 相交界处，由于这里的成分仍为 C_{E}，所以由于浓度差所造成的过冷度 $\Delta T_{\mathrm{D}} = 0$。这样，正如图 4.1.18(c)所示，在 α 相层片范围内，ΔT_{D} 的分布将是抛物线型的，该曲线与图 4.1.18(b)所示的 α 相前沿液相成分 C_{L}^{α} 的分布曲线相似，即 α 相中央区前沿液相溶质浓度最大，而与之相对应的过冷度 ΔT_{D} 也最大。

当共晶在一定的过冷度 ΔT 下结晶时，$\Delta T - \Delta T_{\mathrm{D}}$ 之值沿整个界面的分布是不一样的。将图 4.1.18(a)与(c)进行对照观察，可以看出，若共晶在 T^{*} 温度下进行结晶，其过冷度为 $\Delta T = T_{\mathrm{E}} - T^{*}$。如图 4.1.18(a)所示，在 α 相中央前沿，液相的浓度为 C_{L}^{*}，其与 T^{*} 的交点至 T_{E} 的距离为 ΔT，而 $\Delta T - \Delta T_{\mathrm{D}}$ 之值即 ΔT_{r2}，$\Delta T_{r2} = T_{\mathrm{L}\infty} - \Delta T_{\mathrm{L}r2}$。不难理解，$\Delta T_{\mathrm{L}r2}$ 为曲率半径为 r_2 的固-液界面上的液相线温度。在 α 相与 β 相交界处，液相成分为 C_{E}，该处 $\Delta T = 0$，所以 $\Delta T_{r1} = \Delta T = T_{\mathrm{L}\infty} - \Delta T_{\mathrm{L}r1}$，而 ΔT_{r1} 为曲率半径为 r_1 的固-液界面上的液相线温度。从图 4.1.18(a)(c)可以看出，$\Delta T_{r1} > \Delta T_{r2}$，即 α 相与 β 相交界处曲率半径所对应的过冷度大于 α 相中央处的过冷度，与此相对应，α 相与 β 相交界处固相的曲率半径 r_1 小于 α 相中央处的曲率半径 r_2，这就意味着为了以稳定的等温界面向前推进，层片表面的曲率半径是不一样的[6]。在所研究的层片共晶的情况下，设 α 相与其前沿液相的接触部分为半圆柱体，则由曲率半径所引起的液相过冷度的改变 ΔT_r 为

$$\Delta T_r = \frac{\sigma T_{\mathrm{E}}}{\Delta H_{\mathrm{m}} \rho S^r} \tag{4.1.6}$$

式中，σ 为界面张力；ΔH_{m} 为凝固潜热；ρ 为液相密度；S^r 为熵。

如图 4.1.18(d)所示，ΔT_r 在 α 相与 β 相交界处最大，在 α 相中间处最小，甚至为负值。这种晶体表面曲率半径的差别自动地调整了整个固-液界面沿液体的过冷度，使之完全一致，即 ΔT 为一常数：

$$\Delta T = \Delta T_{\mathrm{D}} + \Delta T_r = T_{\mathrm{E}} - T^{*} \tag{4.1.7}$$

共晶层片的固-液界面的曲率半径变化如图 4.1.18(d)所示，但是前面所计算的曲率半径 r 严格来说是不准确的，因为它考虑的只是 α 相及其平衡的液相

这一孤立系统。实际上在进行共晶结晶时，在 α 相与 β 相交界处（见图 4.1.19），是 α 相、β 相和液相三者处于平衡状态。

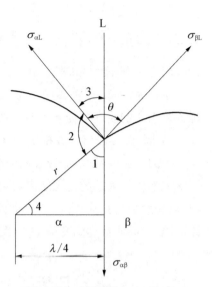

图 4.1.19 α 相与 β 相交界处界面张力平衡情况

在平衡条件下，有

$$\sigma_{\alpha L}\cos\theta_{\alpha} + \sigma_{\beta L}\cos\theta_{\beta} = \sigma_{\alpha\beta}\alpha \quad (4.1.8)$$

在 $\sigma_{\alpha L} = \sigma_{\beta L}$ 的前提下，$\theta_{\alpha} = \theta_{\beta}$，则图中 $\angle 3 = \dfrac{\theta}{2}$。由于 $\angle 1 + \angle 2 + \angle 3 = 180°$，故 $\angle 1 + \angle 3 = 90°$（因为 $\angle 2 = 90°$）。又因为 $\angle 1 + \angle 4 = 90°$，故 $\angle 1 = \angle 4 = \dfrac{\theta}{2}$。因此，在平衡条件下，有

$$2\sigma_{\alpha L}\cos\frac{\theta}{2} = \sigma_{\alpha\beta} \qquad (4.1.9)$$

$$\cos\frac{\theta}{2} = \frac{\sigma_{\alpha\beta}}{2\sigma_{\alpha L}} \qquad (4.1.10)$$

从图 4.1.19 中可知

$$\frac{\lambda}{4} = r\cos\angle 4 = r\cos\frac{\theta}{2} \qquad (4.1.11)$$

即

$$\cos\frac{\theta}{2} = \frac{\lambda}{4r} \qquad (4.1.12)$$

故

$$\frac{\sigma_{\alpha\beta}}{2\sigma_{\alpha L}} = \frac{\lambda}{4r} \qquad (4.1.13)$$

即

$$\frac{\sigma_{\alpha L}}{r} = \frac{2\sigma_{\alpha\beta}}{\lambda} \qquad (4.1.14)$$

式中，$\lambda = 2(S_{\alpha} + S_{\beta})$。由图 4.1.18(b)可知，$S_{\alpha}$ 为 α 相层片厚度的一半，S_{β} 为 β

相层片厚度的一半,若 $S_\alpha = S_\beta$,则 $\lambda = 4S_\alpha$,即 $S_\alpha = \dfrac{\lambda}{4}$。$\lambda$ 之所以如此选取,是因为其值为一个正弦的波长。式(4.1.14)表达了 α 相与 β 相界面处 α 相的曲率半径与层片厚度 λ、固-液界面张力 $\sigma_{\alpha L}$ 及 α 相与 β 相界面张力 $\sigma_{\alpha\beta}$ 之间的关系。这样计算出来的曲率半径 r 才能较真实地反映界面形状及 ΔT_r 的大小。

3) 固-液界面前沿液相成分分布

前面提到的共晶固-液界面前沿成分的不均匀分布[见图 4.1.18(b)]仅局限于深入液体不太远的范围之内,其数量级仅相当于层片厚度的范围,超过这个距离,液相成分仍是均一的 C_E。即使在此距离范围之内,成分波动的幅度也随着距离固-液界面愈远而变得愈小,图 4.1.20 可以清楚地说明这个问题。

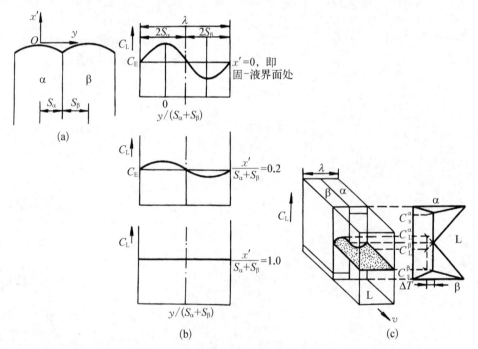

图 4.1.20 共晶固-液界面前沿在层片厚度距离范围内的成分分布[2]

(a) 共晶界面前沿坐标;(b) 距共晶界面前沿不同距离处的液体成分分布;(c) 图(b)的立体示意图

为了定量地描述共晶固-液界面前沿液体中的成分分布,将溶质在固-液边界层中达到稳定态时的分布用二维空间表示为

$$D_L \nabla^2 C_L + R\,\frac{\partial C_L}{\partial x'} = 0 \qquad (4.1.15)$$

式中，x' 为距固-液界面的距离；C_L 为在 x'、y 处的液相成分；y 为以 α 相中心为原点，横切 α-β 相长大方向的距离；D_L 为溶质在液相中的扩散系数；R 为共晶固-液界面向液相中推进的速度。式（4.1.15）与单相结晶稳定态时溶质的分布一样，只是在共晶结晶中，在图 4.1.20(a)中 y 方向上各点的成分是不一样的。为了解微分方程式（4.1.15），可以使固-液界面近于平面，并假设整体合金成分为共晶成分 C_E，即其边界条件之一是在 $x'=\infty$ 处，$C_L=C_E$。另外，如图 4.1.20(b)所示

$$y=0, \qquad \frac{\partial C_L}{\partial y}=0 \qquad\qquad (4.1.16)$$

$$y=S_\alpha+S_\beta, \qquad \frac{\partial C_L}{\partial y}=0 \qquad\qquad (4.1.17)$$

式中，$y=0$ 是指 α 相的层片中央；$y=S_\alpha+S_\beta$ 是指 β 相的层片中央。进一步假设共晶结晶时过冷度很小，此时，$C_L^*=C_E$，而且在共晶温度时形成的固相 α 及 β 的成分分别为平衡相图中的成分，即图 4.1.18(a)中的 $C_{\alpha m}$ 及 $C_{\beta m}$。根据固-液界面处物质守恒原则，在达到稳定态时，由于结晶而排出的溶质量 $R(C_E-C_{\alpha m})$ 应该等于从界面处向液体内部扩散出去的量 $D_L\dfrac{\partial C_L}{\partial}$，即

$$\left.\frac{\partial C_L}{\partial x'}\right|_{x'=0}=-\frac{R}{D_L}(C_E-C_{\alpha m}), \quad 0<y<S_\alpha \qquad (4.1.18)$$

$$\left.\frac{\partial C_L}{\partial x'}\right|_{x'=0}=-\frac{R}{D_L}(C_E-C_{\beta m}), \quad S_\alpha<y<S_\beta \qquad (4.1.19)$$

利用上述边界条件，求解微分方程式（4.1.15）。该式可写为

$$\frac{\partial^2 C_L}{\partial x'^2}+\frac{\partial^2 C_L}{\partial y^2}+\frac{R}{D_L}\frac{\partial C_L}{\partial x'}=0 \qquad (4.1.20)$$

该方程式属于两个变量的常系数齐次二阶偏微分方程：

$$A\frac{\partial^2 u}{\partial x^2}+B\frac{\partial^2 u}{\partial x\partial y}+C\frac{\partial^2 u}{\partial y^2}+D\frac{\partial u}{\partial x}+E\frac{\partial u}{\partial y}+Fu=0 \quad (4.1.21)$$

式中，因 $B^2-4AC<0$（因为 $B=0$），所以方程为椭圆形方程（当 $B^2-4AC=0$ 时，为抛物线方程；当 $B^2-4AC>0$ 时，为双曲线方程），同时又是非标准的拉普

拉斯方程(标准的拉普拉斯方程是 $\nabla^2 C_L = 0$,即 $\dfrac{\partial^2 C_L}{\partial x'^2} + \dfrac{\partial^2 C_L}{\partial y^2} = 0$,它是一个描述稳定现象的方程,即描述与时间无关的现象的方程)。由于式(4.1.15)为线性方程,所以它的解应该是 $\nabla^2 C_L = 0$ 的解 $\overline{C_L}$ 与该式另一特解之和。这一特解即共晶成分,因为液相成分 C_L 在 $x' = \infty$ 处为 C_E,所以 C_E 是 C_L 的一个特解。为此,式(4.1.15)的通解为

$$C_L = \overline{C_L} + C_E \tag{4.1.22}$$

剩下的问题是求 $\nabla^2 C_L = 0$ 的解。由

$$\nabla^2 C_L = \frac{\partial^2 \overline{C_L}}{\partial x'^2} + \frac{\partial^2 \overline{C_L}}{\partial y^2} = 0 \tag{4.1.23}$$

由于 $\overline{C_L}$ 同时与 x' 及 y 有关,因此,它是 x' 和 y 的函数,故设

$$\overline{C_L} = X(x')Y(y) \tag{4.1.24}$$

则

$$\frac{\partial^2 \overline{C_L}}{\partial x'^2} = X''(x')Y(y) \tag{4.1.25}$$

$$\frac{\partial^2 \overline{C_L}}{\partial y^2} = X(x')Y''(y) \tag{4.1.26}$$

将式(4.1.25)和式(4.1.26)代入式(4.1.23),得

$$X''(x')Y(y) + X(x')Y''(y) = 0 \tag{4.1.27}$$

方程两边同除以 $X(x')Y(y)$,得

$$\frac{X''(x')}{X(x')} + \frac{Y''(y)}{Y(y)} = 0 \tag{4.1.28}$$

或

$$\frac{X''(x')}{X(x')} = -\frac{Y''(y)}{Y(y)} \tag{4.1.29}$$

令 λ 为常数,上式可分解为

$$X''(x') - \lambda X(x') = 0 \tag{4.1.30}$$

$$Y''(y) + \lambda Y(y) = 0 \tag{4.1.31}$$

式(4.1.31)是一个二阶常系数齐次方程,该方程的一般表达式为

$$Y'' + pY' + qY = 0 \tag{4.1.32}$$

其特征表达式为

$$r^2 + pr + q = 0 \tag{4.1.33}$$

式中,$r = Y'$。式(4.1.33)有两个根,即

$$r_1, r_2 = \frac{-p \pm \sqrt{p^2 - 4q}}{2} \tag{4.1.34}$$

由式(4.1.31)可知,$p = 0$,$q - \lambda$,故 $p^2 - 4q < 0$。因此,两个复根分别为

$$r_1 = \frac{-p + \sqrt{p^2 - 4q}}{2} = \frac{\sqrt{-4\lambda}}{2} = i\sqrt{\lambda} \tag{4.1.35}$$

$$r_2 = \frac{-p - \sqrt{p^2 - 4q}}{2} = \frac{-\sqrt{-4\lambda}}{2} = -i\sqrt{\lambda} \tag{4.1.36}$$

这样,$Y(y)$ 的通解为

$$Y(y) = e^{\alpha y} A_1 \cos \beta y + A_2 \sin \beta y \tag{4.1.37}$$

式中,$\alpha = -\dfrac{p}{2}$;$\beta = \dfrac{\sqrt{4q - p^2}}{2}$。将 $p = 0$,$q = \lambda$ 代入,则得 $\alpha = 0$,$\beta = \sqrt{\lambda}$。代入式(4.1.37),得

$$Y(y) = A_1 \cos \sqrt{\lambda}\, y + A_2 \sin \sqrt{\lambda}\, y \tag{4.1.38}$$

前面给出的边界条件之一是

$$y = 0, \quad \frac{\partial C_L}{\partial y} = Y'(y) = 0 \tag{4.1.39}$$

$$y = S_\alpha + S_\beta, \quad Y'(y) = 0 \tag{4.1.40}$$

为此,对式(4.1.38)求导,得

$$Y'(y) = -\sqrt{\lambda} A_1 \sin \sqrt{\lambda}\, y + \sqrt{\lambda} A_2 \cos \sqrt{\lambda}\, y \tag{4.1.41}$$

将 $y=0$，$Y'(y)=0$ 代入式(4.1.41)得

$$0=-\sqrt{\lambda}A_1\sin\sqrt{\lambda}\cdot 0+\sqrt{\lambda}A_2\cos\sqrt{\lambda}\cdot 0 \qquad (4.1.42)$$

即 $A_2=0$，代入式(4.1.41)得

$$Y'(y)=-\sqrt{\lambda}A_1\sin\sqrt{\lambda}\,y \qquad (4.1.43)$$

将 $y=S_\alpha+S_\beta$，$Y'(y)=0$ 代入式(4.1.43)，得

$$0=-\sqrt{\lambda}A_1\sin\sqrt{\lambda}\,(S_\alpha+S_\beta) \qquad (4.1.44)$$

因为 $A_2=0$，若 $A_1=0$，则式(4.1.37)无解，显然 $A_1\neq 0$，为此只能是 $\sqrt{\lambda}\,(S_\alpha+S_\beta)=0$。故

$$\sqrt{\lambda}\,(S_\alpha+S_\beta)=n\pi \quad n=1,2,3,\cdots \qquad (4.1.45)$$

$$\lambda=\left(\frac{n\pi}{S_\alpha+S_\beta}\right)^2 \qquad (4.1.46)$$

将式(4.1.46)代入式(4.1.38)，得

$$Y(y)=A_1\cos\sqrt{\lambda}\,y=A_1\cos\left(\frac{n\pi}{S_\alpha+S_\beta}\right)y \quad n=1,2,3,\cdots \qquad (4.1.47)$$

$Y(y)$ 求出之后，下一步就要求 $X'(x)$。式(4.1.31)的特征方程为

$$r^2-\lambda=0 \qquad (4.1.48)$$

所以，$r=\pm\sqrt{\lambda}$，即 $r_1=\sqrt{\lambda}$，$r_2=-\sqrt{\lambda}$，此乃两个实根，故其方程的通解为

$$X(x')=C_1 e^{r_1 x'}+C_2 e^{r_2 x'} \qquad (4.1.49)$$

将 r_1、r_2 代入式(4.1.49)得

$$X(x')=C_1 e^{\sqrt{\lambda}x'}+C_2 e^{-\sqrt{\lambda}x'} \qquad (4.1.50)$$

将式(4.1.46)代入式(4.1.50)，得

$$X(x')=C_1 e^{\frac{n\pi}{S_\alpha+S_\beta}x'}+C_2 e^{-\frac{n\pi}{S_\alpha+S_\beta}x'} \qquad (4.1.51)$$

下面确定 C_1 和 C_2，前面提到的边界条件之一如下：$x'=\infty$ 时，$C_L=C_E$，即 $X(x')=C_E$。但从式(4.1.51)可知，当 $x'=\infty$ 时，其右边第一项趋于

无穷大,这显然与上述边界条件不符,因此,只能是系数 $C_1 = 0$。 这样,式 (4.1.51) 可写成

$$X(x') = C_2 e^{-\frac{n\pi}{S_\alpha + S_\beta}x'} \tag{4.1.52}$$

将式 (4.1.51) 和式 (4.1.52) 代入式 (4.1.24),得

$$\overline{C_L} = \sum_{n=1}^{\infty} B\cos\left(\frac{n\pi}{S_\alpha + S_\beta}\right) y e^{-\frac{n\pi}{S_\alpha + S_\beta}x'} \tag{4.1.53}$$

由于式 (4.1.23) 为线性,因此,其解的任何线性组合(叠加)仍是它的解。由图 4.1.20(b) 可知,$\lambda = 2(S_\alpha + S_\beta)$,故 $S_\alpha + S_\beta = \dfrac{\lambda}{2}$。 代入式 (4.1.53),得

$$\overline{C_L} = \sum_{n=1}^{\infty} B\cos\left(\frac{2n\pi}{\lambda}\right) y e^{-\frac{2n\pi}{\lambda}x'} \tag{4.1.54}$$

将式 (4.1.54) 代入式 (4.1.22),即得溶质浓度的表达式:

$$C_L = \overline{C_L} + C_E = \sum_{n=1}^{\infty} B\cos\left(\frac{2n\pi}{\lambda}\right) y e^{-\frac{2n\pi}{\lambda}x'} + C_E \tag{4.1.55}$$

或

$$C_L - C_E = \sum_{n=1}^{\infty} B\cos\left(\frac{2n\pi}{\lambda}\right) y e^{-\frac{2n\pi}{\lambda}x'} \tag{4.1.56}$$

下一步的问题是确定系数 B 的大小。前面已提到以下两种边界条件,即

$$\frac{\partial C_L}{\partial x'}\bigg|_{x'=0} = -\frac{R}{D_L}(C_E - C_{\alpha m}), \quad 0 < y < S_\alpha \tag{4.1.57}$$

$$\frac{\partial C_L}{\partial x'}\bigg|_{x'=0} = -\frac{R}{D_L}(C_E - C_{\beta m}), \quad S_\alpha < y < S_\beta \tag{4.1.58}$$

为此,我们对式 (4.1.56) 进行微分,得

$$\frac{\partial C_L}{\partial x'} = \sum_{n=1}^{\infty} B\cos\left(\frac{2n\pi}{\lambda}\right) y e^{-\frac{2n\pi}{\lambda}x'}\left(-\frac{2n\pi}{\lambda}\right) \tag{4.1.59}$$

令 $B_n = B\left(-\dfrac{2n\pi}{\lambda}\right)$,并将 $x' = 0$ 代入式 (4.1.59),得

$$\frac{\partial C_{\mathrm{L}}}{\partial x'}\bigg|_{x'=0} = \sum_{n=1}^{\infty} B_n \cos\left(\frac{2n\pi}{\lambda}\right) y \tag{4.1.60}$$

令

$$\varphi(y) = \sum_{n=1}^{\infty} B_n \cos\left(\frac{2n\pi}{\lambda}\right) y \tag{4.1.61}$$

式(4.1.61)为傅里叶级数,其展开式为

$$\varphi(y) = A_0 + \sum_{n=1}^{\infty} a_n \cos ny + \sum_{n=1}^{\infty} b_n \sin ny \tag{4.1.62}$$

为此,式(4.1.61)是一个只有 $\cos ny$ 一项的偶函数,式中,系数 a_n 的表达式为

$$a_n = \frac{2}{\pi} \int_0^\pi \varphi(y) \cos\left(\frac{2n\pi}{\lambda}\right) y \mathrm{d}y \quad n=1,\ 2,\ 3,\ \cdots \tag{4.1.63}$$

在所研究的范围内,上式的积分区间是 $[0, S_\alpha + S_\beta]$,$S_\alpha + S_\beta = \dfrac{\lambda}{2}$,以 2π 作为一个周期来讲,这里 λ 为一个周期。另外,上式中的 a_n 相当于式(4.1.61)中的 B_n,所以上式应为

$$B_n = \frac{2}{\frac{\lambda}{2}} \int_0^{S_\alpha + S_\beta} \varphi(y) \cos\left(\frac{2n\pi}{\lambda}\right) y \mathrm{d}y$$

$$= \frac{4}{\lambda} \int_0^{S_\alpha} \varphi(y) \cos\left(\frac{2n\pi}{\lambda}\right) y \mathrm{d}y + \frac{4}{\lambda} \int_{S_\alpha}^{S_\alpha + S_\beta} \varphi(y) \cos\left(\frac{2n\pi}{\lambda}\right) y \mathrm{d}y$$

$$\tag{4.1.64}$$

将式(4.1.57)代入式(4.1.64)右边第一项中的 $\varphi(y)$,而将式(4.1.58)代入式(4.1.64)右边第二项中的 $\varphi(y)$,并进行积分,得到

$$B_n = \frac{4}{\lambda} \int_0^{S_\alpha} -\frac{R}{D_{\mathrm{L}}} (C_{\mathrm{E}} - C_{\alpha\mathrm{m}}) \cos\left(\frac{2n\pi}{\lambda}\right) y \mathrm{d}y + \frac{4}{\lambda} \int_{S_\alpha}^{S_\alpha + S_\beta} -$$

$$\frac{R}{D_{\mathrm{L}}} (C_{\mathrm{E}} - C_{\beta\mathrm{m}}) \cos\left(\frac{2n\pi}{\lambda}\right) y \mathrm{d}y$$

$$= \frac{4}{\lambda} \left[-\frac{R}{D_{\mathrm{L}}} (C_{\mathrm{E}} - C_{\alpha\mathrm{m}}) \right] \frac{\lambda}{2n\pi} \sin\left(\frac{2n\pi}{\lambda}\right) y \bigg|_0^{S_\alpha} +$$

$$\frac{4}{\lambda}\left[-\frac{R}{D_{\mathrm{L}}}(C_{\mathrm{E}}-C_{\beta\mathrm{m}})\right]\frac{\lambda}{2n\pi}\sin\left(\frac{2n\pi}{\lambda}\right)y\bigg|_{S_{\alpha}}^{S_{\alpha}+S_{\beta}}$$

$$=\frac{2}{n\pi}\left[-\frac{R}{D_{\mathrm{L}}}(C_{\mathrm{E}}-C_{\alpha\mathrm{m}})\right]\sin\left(\frac{2n\pi}{\lambda}\right)S_{\alpha}+$$

$$\frac{2}{n\pi}\left[-\frac{R}{D_{\mathrm{L}}}(C_{\mathrm{E}}-C_{\beta\mathrm{m}})\right]\left[\sin\left(\frac{2n\pi}{\lambda}\right)(S_{\alpha}+S_{\beta})-\sin\left(\frac{2n\pi}{\lambda}\right)S_{\alpha}\right]$$

$$=\frac{2R}{n\pi D_{\mathrm{L}}}(-C_{\mathrm{E}}+C_{\alpha\mathrm{m}}+C_{\mathrm{E}}-C_{\beta\mathrm{m}})\sin\left(\frac{2n\pi}{\lambda}\right)S_{\alpha}$$

$$=\frac{2R}{n\pi D_{\mathrm{L}}}(C_{\alpha\mathrm{m}}-C_{\beta\mathrm{m}})\sin\left(\frac{2n\pi}{\lambda}\right)S_{\alpha}\tag{4.1.65}$$

由 $B_{n}=B\left(-\dfrac{2n\pi}{\lambda}\right)$，故 $B=-\dfrac{B_{n}}{\dfrac{2n\pi}{\lambda}}$。将 B_{n} 代入，得

$$B=\frac{\lambda R}{(n\pi)^{2}D_{\mathrm{L}}}(C_{\beta\mathrm{m}}-C_{\alpha\mathrm{m}})\sin\left(\frac{2n\pi}{\lambda}\right)S_{\alpha}\tag{4.1.66}$$

将式(4.1.66)代入式(4.1.56)，即得共晶固-液界面前沿的液相成分分布表达式：

$$C_{\mathrm{L}}-C_{\mathrm{E}}=\sum_{n=1}^{\infty}\frac{\lambda R}{(n\pi)^{2}D_{\mathrm{L}}}(C_{\beta\mathrm{m}}-C_{\alpha\mathrm{m}})\sin\left(\frac{2n\pi}{\lambda}\right)S_{\alpha}\cos\left(\frac{2n\pi}{\lambda}\right)y\mathrm{e}^{-\frac{2n\pi}{\lambda}x'}$$

$$n=1,\ 2,\ 3,\ \cdots\tag{4.1.67}$$

设 $S_{\alpha}=\dfrac{\lambda}{4}$，上式可变为

$$C_{\mathrm{L}}-C_{\mathrm{E}}=\sum_{n=1}^{\infty}\frac{\lambda R}{(n\pi)^{2}D_{\mathrm{L}}}(C_{\beta\mathrm{m}}-C_{\alpha\mathrm{m}})\mathrm{e}^{-\frac{2n\pi}{\lambda}x'}\cos\left(\frac{2n\pi}{\lambda}\right)y\tag{4.1.68}$$

式(4.1.68)为在 y 方向上的正弦波，其振幅 A 为

$$A=\frac{\lambda R}{(n\pi)^{2}D_{\mathrm{L}}}(C_{\beta\mathrm{m}}-C_{\alpha\mathrm{m}})\mathrm{e}^{-\frac{2n\pi}{\lambda}x'}\tag{4.1.69}$$

$x'=0$ 时，振幅最大。x' 越大，即距固-液界面越远时，振幅越小。当 $x'=S_{\alpha}+$

$S_\beta = \lambda/2$ 时,振幅 A 为

$$A = \frac{\lambda R}{\pi^2 D_L} e^{-\frac{2\pi}{\lambda} \frac{\lambda}{2}} (C_{\beta m} - C_{\alpha m}) \approx 10^{-4} (C_{\beta m} - C_{\alpha m}) \approx 0 \qquad (4.1.70)$$

通常在定向凝固时,$R = 10^{-2}$ cm/s,$D_L = 5 \times 10^{-5}$ cm²/s,$\lambda = 10^{-4}$ cm。

上述溶质含量的变化完全与图 4.1.20(b)一致。另外,在固-液界面前沿,溶质富集的程度与 $C_{\beta m} - C_{\alpha m}$ 成正比,这是由于该值愈大,C_E 与 $C_{\alpha m}$ 之差或 C_E 与 $C_{\beta m}$ 之差愈大,因此,在共晶结晶时排挤出来的溶质愈多,界面前沿富集的溶质也就愈多。同样,长大速度 R 愈大时,溶质来不及扩散,将在界面前沿富集较多的溶质。在 R 相同的情况下,层片间距 λ 愈大时,溶质横向扩散的距离愈远,因此其在界面前沿富集的也就愈多[7]。

4) 共晶层片间距

如前所述,共晶成分的合金在凝固时的过冷度可用下式表示:

$$\Delta T = \Delta T_D + \Delta T_r = \frac{\sigma_{L\alpha} T_E}{\Delta H_m \rho_S r} + (T_E - T_{L\infty})$$

$$= B_1 \left(\frac{1}{r}\right) + m_L (C_E - C_L^*) \qquad (4.1.71)$$

式中,B_1 为常数,$B_1 = \dfrac{\sigma_{L\alpha} T_E}{\Delta H_m \rho_S}$;$C_L^*$ 为固-液界面上与固相平衡的液相成分。

由式(4.1.50)可得

$$\frac{1}{r} = \frac{2\sigma_{\alpha\beta}}{\sigma_{\alpha L}} \frac{1}{\lambda} = k \frac{1}{\lambda} \qquad (4.1.72)$$

式中,k 为常数。

从共晶固-液界面前沿的液相成分表达式可知,若对 α 相或 β 相中央的固-液界面处进行考查,设 $x' = 0$,$y = 0$ 或 $y = S_\alpha + S_\beta$,并令 $n = 1$,则

$$C_L^* - C_E = \frac{\lambda R}{\pi^2 D_L} (C_{\beta m} - C_{\alpha m}) \qquad (4.1.73)$$

或

$$C_E - C_L^* = \frac{\lambda R}{\pi^2 D_L} (C_{\alpha m} - C_{\beta m}) \qquad (4.1.74)$$

将式(4.1.72)、式(4.1.74)代入式(4.1.71)，得

$$\Delta T = B_1 k \frac{1}{\lambda} + m_L \frac{\lambda R}{\pi^2 D_L}(C_{\alpha m} - C_{\beta m})$$

$$= B_1 k \frac{1}{\lambda} + AR\lambda = \frac{B}{\lambda} + AR\lambda \tag{4.1.75}$$

式中，$A = \dfrac{m_L}{\pi^2 D_L}(C_{\alpha m} - C_{\beta m})$；$B = B_1 k$。

式(4.1.75)表示 ΔT、λ、R 三者之间的关系。从图 4.1.21 中可知，在长大速度 R 一定的情况下，除 m 点外，同样的过冷度会有两个层片间距。这在实际情况中是不可能的，因为与一个长大速度 R 对应的只有一个层片间距。层片间距过小时，由于相间面积增加，界面能增大。层片间距过大时，层片中央前沿的液体由于扩散距离较远，富集了大量的溶质原子，从而迫使这里的固-液界面曲率半径出现负值，形成凹袋，并逐渐向界面的反向延伸，直到在这里产生另一相为止，如图 4.1.22 所示。这样就自动调整了层片间距。总之，一个长大速度，只有一个最小过冷度与之对应。图 4.1.21 中的 m 点即为某一长大速度所需要的最小过冷度以及与之对应的一定大小的层片间距。在 R 一定的情况下，对式(4.1.75)进行微分，得

$$\frac{\mathrm{d}(\Delta T)}{\mathrm{d}\lambda} = AR - B \frac{1}{\lambda^2} \tag{4.1.76}$$

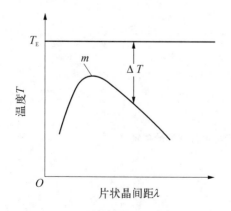

图 4.1.21　长大速度与生长速率一定的情况下界面温度变化与片状晶间距的关系

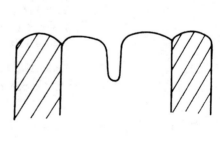

图 4.1.22　层片间距过大引起的凹带

令 $\dfrac{\mathrm{d}(\Delta T)}{\mathrm{d}\lambda}=0$，可求出最小过冷度时的 λ 值，由

$$AR - B\,\frac{1}{\lambda^2} = 0 \tag{4.1.77}$$

可得

$$\lambda^2 = \frac{B}{A}\,\frac{1}{R} \tag{4.1.78}$$

或

$$\lambda \propto R^{-\frac{1}{2}} \tag{4.1.79}$$

式(4.1.78)表示层片间距 λ 与长大速度 R 之间的关系,即层片间距与长大速度的平方根成反比。图 4.1.23 表明了这种关系。因此,在一定条件下,测量共晶的层片间距,可以起到衡量长大速度的作用[8]。

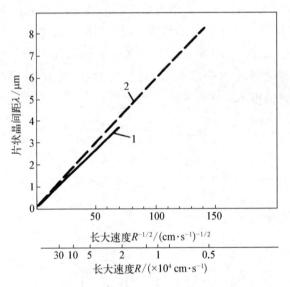

1—Chadwick[8]的结果；2—Davies 等[9]的结果。

图 4.1.23   长大速度与层片间距的关系

另外,由式(4.1.78)得

$$\lambda = \sqrt{\frac{B}{AR}} \tag{4.1.80}$$

将 λ 代入式(4.1.75),得

$$\Delta T = AR\sqrt{\frac{B}{AR}} + \frac{B}{\sqrt{\frac{B}{AR}}} = 2\sqrt{ABR} \tag{4.1.81}$$

或

$$\Delta T^2 = 4ABR \tag{4.1.82}$$

故

$$\Delta T = KR^{\frac{1}{2}} \tag{4.1.83}$$

式(4.1.83)表示长大速度与最小过冷度的关系(见图 4.1.24),即最小过冷度与长大速度的平方根成正比。

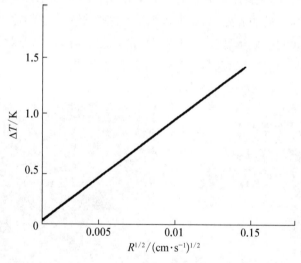

图 4.1.24　Sn‑Pb 共晶长大速度与过冷度的关系

5) 不纯物的影响

在纯的共晶合金的稳定态长大中,每个相的成长将排挤出另外一个组元,并在固‑液界面前沿形成溶质富集区。该富集区的厚度较窄,仅是层片厚度的数量级,它们对于横向扩散造成一定的浓度梯度,这对共晶两相的同时长大是必要的,它可以保证共晶的稳定界面是平面界面,而且并不形成"成分过冷"区。但是,如果有第三组元的存在,而且它在共晶两相中的 k_0 小于 1,则在共晶长大时两相均将第三组元排至液相中,并在界面前沿形成溶质富集区,其富集的厚度较宽。如果液相中的温度梯度较小,则在界面附近将出现"成分过冷"区。此时,平面的共晶界面将变为类似于单相合金凝固时的胞状结构。共晶中的胞状结构通常称为集群结构(colony structure)。图4.1.25 为这种集群结构的示意图。层状共晶的层片都垂直于固-液界面,因此,当界面为平面时,层片间都近于平行;而当界面为凸出的胞状时,层片间就不再平行而成为放射状。图 4.1.26 所示为不纯的

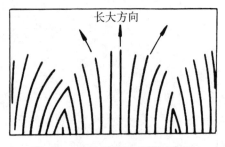

图 4.1.25 共晶集群结构示意图

A1 - A1$_2$Cu 共晶集群结构的显微组织,从图中可以看出,从一个集群到另一个集群,层片的方向要有所改变,但是由于集群来源于一个共晶晶粒,因此,在集群结构内,层片的方向是保持一定的。另外,在不纯的共晶组织中经常发现,在集群结构(胞状共晶)的边界处,显微形貌由层状结构变为棒状结构。

当第三组元的溶质浓度较大,或在大的凝固速度情况下,胞状共晶将发展为树枝状共晶,图 4.1.27 为这种共晶组织的显微照片。

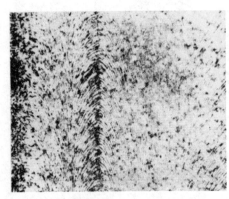

图 4.1.26 不纯的 Al - Al$_2$Cu 共晶
集群结构的纵剖面

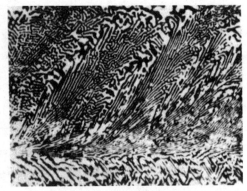

图 4.1.27 树枝状共晶组织

6) 单向凝固共晶的结晶学特征

在单向凝固过程中,共晶各相有着一定的最优结晶取向,并且各相之间存在着一定的结晶学关系。这是由于共晶各相之间的界面能与界面上各相原子的晶体学排列有关,晶体学排列愈相近,界面能愈低。

4.1.3.2 棒状共晶生长

在金属-金属共晶组织中,除层片结构外,还有棒状结构。究竟是哪种结构

出现,取决于共晶中 α 相与 β 相的体积比以及存在的第三组元两个因素。

1) 共晶中两相体积分数的影响

在 α、β 两固相间界面张力相同的情况下,如果共晶中一相的体积含量相对于另一相低时,倾向于形成棒状共晶;当两相体积含量相接近时,倾向于形成片状共晶。更确切地说,如果一相的体积分数小于 $1/\pi$,则该相将以棒状结构出现;如果体积分数为 $1/\pi \sim 1/2$,则两相均以片状结构出现。造成这种情况的原因主要是结构的表面积大小(或者说表面能的大小)。当体积分数小于 $1/\pi$ 时,棒状(设其断面为圆形)结构的表面积小于片状结构的表面积;当体积分数为 $1/\pi \sim 1/2$ 时,片状结构的表面积小于棒状结构的表面积。

Flemings[3]对 Pb – Sn 合金进行单相凝固,发现随着 Pb 量的减少,即远离共晶成分(共晶成分为 $x_{Pb} = 26.1\%$),共晶将由层片状逐渐转变为棒状(见图 4.1.28)。这就说明共晶中两相体积分数显著地影响着共晶的组织结构。

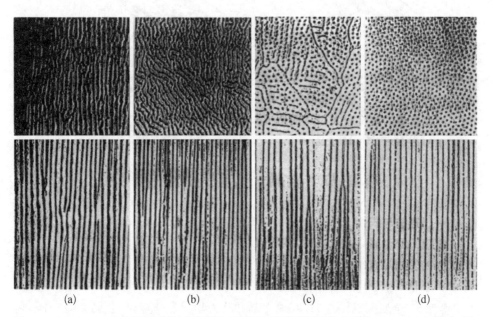

| (a) | (b) | (c) | (d) |

图 4.1.28　Pb – Sn 合金原始成分对共晶单向凝固组织的影响(长大速度 $R \approx 1 \times 10^{-4}$ cm/s)

(a) $x_{Pb} = 24.8\%$; (b) $x_{Pb} = 18.0\%$; (c) $x_{Pb} = 15.0\%$; (d) $x_{Pb} = 12.6\%$ (上方为横断面,下方为纵断面)

但必须指出,片状共晶中两相间的位向关系要比棒状共晶中两相间的位向关系更强。因此,片状共晶中,相间界面更可能是低界面能的晶面。在这种情况下,虽然一相的体积分数小于 $1/\pi$,也会出现片状共晶而不是棒状共晶。棒状共晶的断面更确切地说不是圆形而是多边形,此时,共晶两相之间虽然同样具有位向关系,但不能保证多边形中的每个边都是低界面能的晶面。因此,到目前为止,还未发现过一相的体积分数大于 $1/\pi$ 时,出现棒状共晶的情况。

2) 第三组元对共晶结构的影响

当第三组元在共晶两相中的分配系数相差较大时,其在某一相的固-液界面前沿的富集将阻碍该相的继续长大;而另一相的固-液界面前沿由于第三组元富集较少,其长大速度较快。这样,由于搭桥作用,落后的一相将被长大较快的一相分隔成筛网状组织(见图 4.1.29),随着落后生长相的继续发展,即成棒状组织。通常可以看到共晶晶粒内部为层片状,而在共晶晶粒交界处为棒状,其原因如下:在共晶晶粒之间,第三组元富集的浓度较大,从而造成其在共晶两相中分配系数的差别,导致在某一固相前沿出现了"成分过冷"。

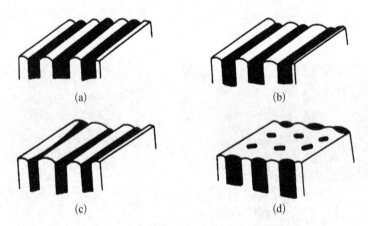

图 4.1.29 层状共晶转变为棒状共晶示意图
(a) 层状共晶;(b)(d) 溶质分布失配;(c) 棒状生长

4.1.4 金属-非金属共晶

1) 形核与长大

金属-非金属共晶结晶时,其热力学和动力学原理与金属-金属共晶一样,它们之间的差别是在结晶形貌上,这是由于非金属有着与金属不同的长大机制。金属的固-液界面从原子的尺度来看是粗糙的,界面的向前推进是连续的,而且是没有方向性的。而非金属的固-液界面从原子的尺度看是光滑的,其固-液界面为一特定晶面,因此,其长大是有方向性的,即在某一方向上长大速度很快,而在另外的方向上长大速度很慢。因此,金属-非金属共晶的固-液界面的结晶形貌不是平直的,而是参差不齐、多角形的。

　　金属-非金属共晶的形核与金属-金属共晶相似,即在共晶温度以下,领先相独立地在液相中长大,之后第二相依附于领先相形核,一旦两固相同时存在时,共晶的两相即按共同"合作"的方式同时长大。在通常的铸造条件下,它们与金属-金属共晶一样,一个共晶晶粒的外形是一个球体,这种共晶球体亦称为共晶团胞。在共晶团胞的内部,两相不是层片或棒状结构,而是互相连接在一起的排列非常混乱的分枝,如图 4.1.30 所示。在铸铁中,由于磷的偏析,可以采用特殊试剂将共晶团胞显示出来,从而可以数清团胞的数目。这样,共晶团胞就可以作为测量铁水中形成的有效核心数目的指标。另外,由于金属-非金属共晶两固相的熔点一般相差较大,所以其共晶共生区偏向高熔点的一方也更突出,如果高熔点相为领先相,在其形成之后,第二相像光环一样将它包围起来,一直到进入共生区后,两相才开始"合作长大"。因此,在这类共晶中,经常能够发现光环(或称晕圈)组织。

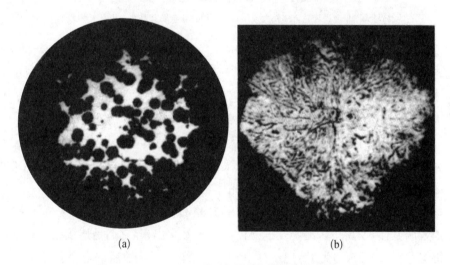

(a)　　　　　　　　　　(b)

图 4.1.30　Fe‑C(石墨)的球状共晶体及其内部结构

(a) 淬火态铸铁在共晶转变时奥氏体/石墨的球状共晶团聚集体断面图;(b) 图(a)所示的单个球体显微断面图

　　金属-非金属共晶结晶时,由于非金属只能在某些方向长大,所以非金属晶体就会出现互相背离或互相面对长大的状况。当两个邻近的非金属晶体互相面对长大时,界面处将出现非金属原子的缺乏,从而使一个或两个晶体停止长大。相反,当非金属晶体互相背离长大时,它们之间的金属相前沿将有非金属原子的富集。在这种情况下,在非金属原子富集区是重新形成非金属晶核,然后继续长大呢,还是原有的非金属晶体发生分枝,长向非金属原子的富集区呢? 这里存在着金属-非金属共晶的两种长大模型,如图 4.1.31 所示。

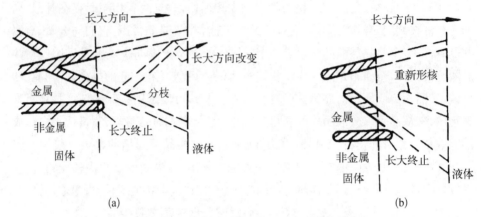

图 4.1.31　金属-非金属共晶长大的两种模型

(a) 金属-非金属共晶合作长大模型;(b) 金属-非金属共晶重新形核长大模型

第一种长大模型称为合作长大。按这种长大模型,当一个非金属晶体由于缺乏非金属原子供应而停止长大时,它可以通过孪生或形成亚晶界(小角度晶界)将长大方向改变到非金属原子富集区,这样就产生了非金属晶体的分枝。当长大按照这种模型进行时,非金属相内部是相连的。

第二种长大模型称为重新形核长大。按照这种模型,两个非金属晶体相对长大会聚时,将导致一个或两个晶体长大的停止,而新的晶核将在非金属原子富集区重新形成,在这种情况下,非金属晶体是不相连的。

研究发现,将 Al－Si 或 Fe－C(石墨)共晶的金相试样用稀盐酸进行深腐蚀,去掉金属基体,使留下来的脆性硅晶体或石墨暴露出来,它们是连接在一起的网状组织。图 4.1.32(a)为 Fe－C(石墨)共晶试样经深腐蚀后的电子扫描显微照片。如果非金属晶体不相连,则除去金属基体后,留下来的非金属晶体将没有支撑,这样它们就会在腐蚀过程中脱落。

上述实验证明了金属-非金属共晶是按合作长大模型进行长大的,而合作长大模型的关键在于共晶中的非金属晶体在长大过程中是不断进行分枝以改变其长大方向的。

下面着重描述非金属晶体在共晶长大过程中是怎样进行分枝的。在共晶结晶过程中,金属晶体属于粗糙界面的连续长大,而非金属晶体属于光滑界面的侧面扩展长大。所以,金属晶体的长大速度应该大于非金属晶体的长大速度。这样,人

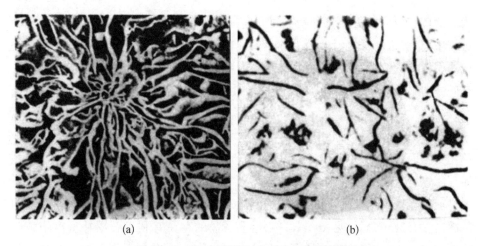

(a) (b)

图 4.1.32 Fe-C(石墨)共晶中的石墨晶体

(a) 电子扫描照片,显示出石墨晶体是相连的;(b) 一般的金相照片

们自然会认为,非金属的固-液界面将落后于金属,然而,在实际上并没有观察到这种情况。相反,在淬火的金属-非金属共晶组织中,非金属相总是领先于金属相。可想而知,如果金属相超越于非金属相,则非金属相将被金属相包围,共晶的继续长大只有依靠非金属相的重新形核。这样,非金属晶体将不是彼此相连的,显然这与深腐蚀的电子扫描照片不符合。那么,究竟为什么非金属相总是领先于金属相进行长大呢? 关键就在于非金属相在固-液界面上有改变其长大方向的机能。

X 射线分析表明,硅晶体只能在{111}晶面的⟨211⟩或⟨110⟩晶向上长大,因此其长大后的晶体为片状。取单向凝固的 Al-Si 合金的横断面,发现有孪晶的痕迹。图 4.1.33 显示了在横断面上的{111}孪晶槽沟,硅晶体的长大就是通过硅原子优先吸附在这些{111}槽沟上进行的。同时,这些{111}孪晶槽沟的存在,也

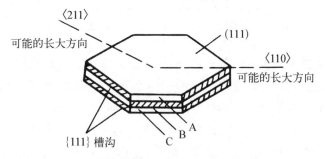

图 4.1.33 说明硅晶体长大方式的模型(A、B、C 层互
相孪生,长大是通过原子优先吸附在晶体
边缘的{111}槽沟上进行的)

为硅晶体在长大过程中改变其空间方向提供了方便条件。在 Al - Si 共晶凝固过程中,金属铝的长大经常赶上非金属硅,但由于两者在凝固过程中的收缩不同或原子错排,会在脆弱的非金属硅片中引起机械孪生,从而导致硅晶体的长大在空间方向上的改变。但在新的孪生晶体中,长大的晶体学方向仍然是⟨211⟩或⟨110⟩。

在 Fe - C(石墨)共晶中,石墨片与硅晶体一样不是单晶,而是由许多亚组织单元聚合而成,每一个亚组织单元是一个单晶。它们之间是通过孪晶界或亚晶界互相连接起来的,这些孪晶界和亚晶界与硅晶体一样,是在凝固过程中由于石墨与奥氏体在收缩上的不同或原子错排而产生的。X 射线研究发现,在石墨的基面内含有旋转孪晶(见图 4.1.34),这些孪晶的存在有利于石墨片垂直于棱面长大,同时也为石墨晶体在长大过程中改变其空间方向创造了条件。共晶石墨的分枝就是依靠这些孪晶形成的。当冷却速度增加时,奥氏体的长大速度超过石墨片的长大速度的现象更加频繁,这就使孪晶缺陷大量产生,使石墨更频繁地弯曲和分枝,以致形成过冷石墨组织。与共晶石墨的分枝弯曲不同,初生石墨是直的片状晶体,这是由于它在铁水中长大,不会受到奥氏体存在的限制。

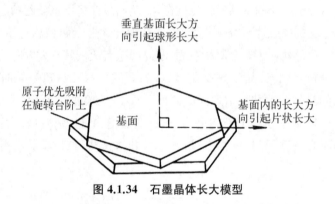

图 4.1.34　石墨晶体长大模型

由于非金属相长大方向的各向异性,其长大方向的改变只能依靠晶体界面上的缺陷进行分枝。分枝是在一定的过冷度下调整其层片间距的基本机制,因此,金属-非金属共晶层片间距的平均值要比金属-金属共晶的大。当相邻的两个层片互相背离长大时,由于溶质原子扩散距离的增加,固-液界面前沿将会有较大的溶质富集。其结果如下:首先使金属相的层片中心形成凹袋[见图4.1.22及图 4.1.35(b)(c)];溶质在金属相固-液界面前沿的不断富集,将使溶质引起的过冷度 ΔT_c 增加,使其生长温度降低,此时,层片间距达到最大值 λ_b[见图

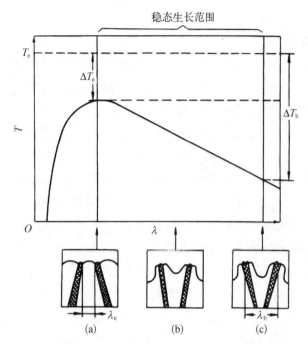

图 4.1.35　非规则共晶层片间距 λ 与过冷度的关系

4.1.35(c) 所示的位置]。与此同时,在非金属相的层片中心也形成凹袋,使非金属相的层片在固-液界面处一分为二,从而出现了分枝的萌芽。当新的分枝形成之后,它将与另一层片相对生长(见图4.1.36)。其结果是由于溶质原子扩散距离的缩短,固-液界面前沿的溶质富集减弱,ΔT_c 变小,生长温度提高,当达到极限值时,层片间距达到最小值[见图 4.1.35(a)所示的位置]。对于两个相对生长的层片,在不改变长大方向的情况下继续生长时,两者的曲率半径可能不同。曲率半径小的,其 ΔT_r 值大,生长温度降低,使生长停止。此时,另一个层片将继续

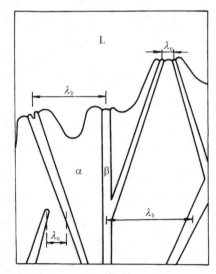

图 4.1.36　非规则共晶的分枝生长

长大,从而使层片间距变大。总之,稳定的共晶生长,其层片间距在 λ_b 与 λ_e 之间变动。特别是分枝困难的共晶,其层片间距的平均值 $\dfrac{1}{2}(\lambda_e + \lambda_b)$ 是较大的,并

且具有较大的过冷度和对温度梯度变化的敏感性。

2) 第三组元的影响

向 Al - Si 共晶中加入 Na,可以使硅晶体更加细化,使共晶点向右方下移,这主要是由于 Na 吸附在{111}孪晶面槽沟中,抑制了硅晶体的长大,使 Al 晶体逐渐长大,从而促使孪晶缺陷数目增加。因此,在加 Na 之后,其效果与增加冷速一样。另外,有人曾发现向过共晶 Al - Si 合金中加入大量 Na 时,可以使硅晶体球化。通常初生硅晶体只含有少数的{111}孪晶界,但在{111}孪生面的长大方向有两个,即⟨211⟩或⟨110⟩方向。因此,只要有少量的孪晶存在于硅晶体中,就会产生非常多的分枝组织。所以,当 Na 量足够高时,由于孪晶缺陷数目增加,初生硅晶体分枝密集,变成近于球状的组织。

石墨晶体的长大可以依靠如图 4.1.34 所示的旋转台阶(也称旋转孪晶),或者依靠如图 4.1.37 所示的(0001)基面上出现的螺位错。前者使石墨长成片状,后者使石墨长成球状。石墨究竟按哪种方式长大,将取决于过冷度和第三组元的作用。

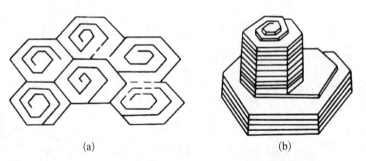

(a)   (b)

图 4.1.37　球化元素促使(0001)晶向的螺旋式长大

(a) 螺位错长大俯视图;(b) 螺位错长大侧视图

清华大学李春立等[10] 用扫描电镜发现了片状石墨中的平行纹理结构(见图 4.1.38),说明片状石墨沿⟨10$\bar{1}$0⟩方向生长;蠕虫状石墨的生长前端具有螺位错的生长特征(见图 4.1.39);而球状石墨内部年轮状结构清晰可见(见图4.1.40),说明球状石墨是沿⟨0001⟩方向按螺位错台阶方式长大的。

图 4.1.38　片状石墨的平行纹理结构

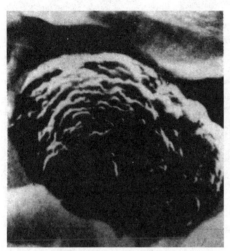
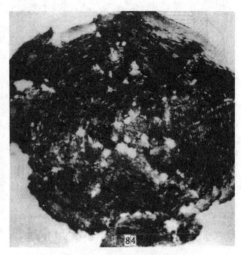

图 4.1.39　蠕虫状石墨,显示出石墨生长　　图 4.1.40　球状石墨,石墨基面沿圆周排列,
　　前端基面位向,沿 C 轴长大　　　　　　　辐射向外生长,沿 C 轴长大

　　石墨的(0001)基面上原子排列的致密度比其棱面($10\bar{1}0$)的大,所以,基面上产生螺位错要比棱面上产生旋转台阶困难。大的过冷度可以使石墨晶体内部产生大的应力,有利于基面上螺位错的形成,从而有利于石墨形成球状。图4.1.41 为 Ni‑C 共晶中石墨随过冷度增加由片状变成球状的照片。第三组元 O、S 使石墨成为片状,而 Mg、Ce 使石墨成为球状,其影响机理至今仍然是争论中的问题。一种观点认为,Mg、Ce 使石墨球化的作用主要表现在它们能够与 S、O 化合,从而清除了使石墨成球的障碍。他们的根据是未加 Mg、Ce 之前在石墨周围可以检查到 S、O 的吸附;而加 Mg、Ce 之后石墨周围没有了 S、O 的吸附,同时也没有 Mg、Ce 的吸附。另一种观点认为,单纯从脱 O 去 S 的作用来解释 Mg、Ce 使石墨成球的说法是不充分的,因为 Ce 的脱 O 去 S 作用比 Mg 强,但它却没有 Mg 促使石墨成球的作用强。Mg、Ce 在清除 S、O 之后,多余的量将会对球状石墨的形成发挥它本身的积极作用,他们的根据是 Mg、Ce 等增加了铁水的过冷度,而且发现石墨内有 Mg、Ce 化合物的存在。

　　Mg、Ce 对非金属相生长形貌的改变,不仅仅表现在石墨上。北京科技大学高瑞珍等[11]的研究表明,在 Fe‑C‑P 合金中,不加 Ce 的磷共晶是连续的网状分布;当 Ce 的质量分数为 0.129% 时,磷共晶成断续条状分布;当 Ce 的质量分数为 0.347% 时,磷共晶已成为颗粒状。图 4.1.42 所示为磷共晶形貌随 Ce 量增加

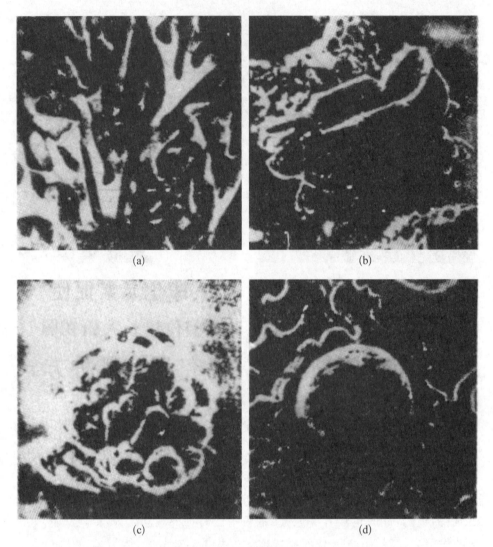

(a)

(b)

(c)

(d)

图 4.1.41　Ni‑C 共晶中石墨形状随过冷度增加由片状变为球状

而变化的情况。特别值得提出的是北京科技大学徐恒钧近年来的工作。他发现白口铸铁中钒的碳化物在未加 Ce 之前是有棱角的块状或长条状，当 Ce 加入量达到 0.15%（质量分数）时，完全变成非常圆整的球状。图 4.1.43 所示是加 Ce 与不加 Ce 时钒碳化物形貌的变化情况。更大量的工作证实了 Ce 可以使钢中的硫化物夹杂变为球形，这对于改善轧制钢材的力学性能是至关重要的。总之，第三组元对非金属相形貌的影响在某些合金系统中是非常明显的，但是其影响机理至今还不是很清楚，在热力学和动力学方面还有待人们深入探索。

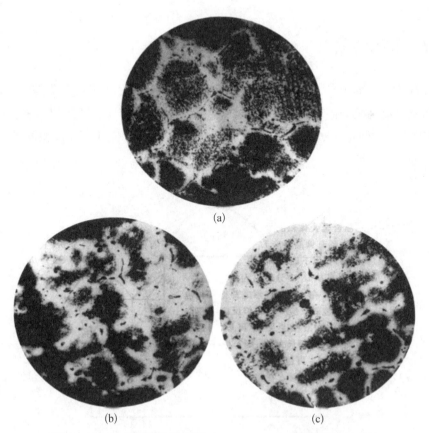

图 4.1.42 Ce 的质量分数不同时,Fe‑C‑P 合金中磷共晶的形貌

(a) 网状(0);(b) 断续条状(0.129%);(c) 颗粒状(0.347%)

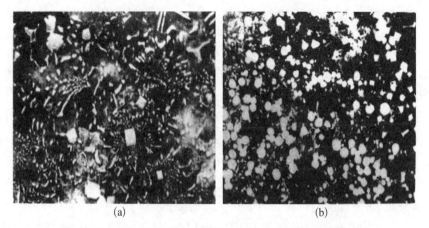

图 4.1.43 白口铁中加 Ce 与不加 Ce 时,钒碳化物形貌的变化

(a) 未加 Ce;(b) 加 Ce

4.2 偏晶结晶

液态合金凝固时,液相转变为一个固相和另一个液相的反应称为偏晶反应,这样的合金体系凝固下来就是偏晶合金。图 4.2.1 为具有偏晶反应 $L_1 \rightarrow \alpha + L_2$ 的相图。具有偏晶成分的合金 m 冷却到偏晶反应温度 T_m 以下时,即发生上述偏晶反应。

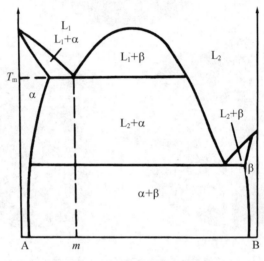

图 4.2.1 偏晶平衡相图

4.2.1 偏晶合金大体积的结晶

偏晶反应中,L_2 在 α 相四周形成并把 α 相包围起来,这就像包晶反应一样,但反应过程取决于 L_2 与 α 相的润湿程度及 L_1 与 L_2 的密度差。如果 L_2 是阻碍 α 相长大的,则 α 相要在 L_1 中重新形核。然后 L_2 再包围它,如此进行,直至反应终止。继续冷却时,在偏晶反应温度与图 4.2.1 中所示的共晶温度之间,L_2 将在原有 α 相晶体上继续沉积出 α 相晶体,直到最后剩余的液体 L_2 凝固成(α+β)相共晶。如果 α 相与 L_2 不润湿或 L_1 与 L_2 密度差别较大,则会发生分层现象。如 Cu-Pb 合金,偏晶反应产物 L_2 中 Pb 较多,以致 L_2 分布在下层,α 相与 L_1 分布在上层,因此,这种合金的特点是容易产生大的偏析。

在人们所知道的任何偏晶相图中,反应产生的固相 α 的量总是大于反应产生液相 L_2 的量,这意味着偏晶中的固相要连成一个整体,而液相 L_2 则

是不连续地分布在 α 相基体之中,这样,其最终组织实则与亚共晶没有什么
区别。

4.2.2　偏晶合金的单向凝固

偏晶反应与共晶反应相似,在一定的条件下,当其以稳定态定向凝固时,
分解产物呈规则的几何分布[12]。当其以一定的凝固速度进行时,在底部由于
液相温度低于偏晶反应温度 T_m,所以 α 相首先在这里沉积,而靠近固-液界面
的液相,由于溶质的排出而使组元 B 富集,这样就会使 L_2 形核出来。L_2 是在
固-液界面上形核还是在原来母液 L_1 中形核,取决于界面能 $\sigma_{\alpha L_1}$、$\sigma_{\alpha L_2}$、$\sigma_{L_1 L_2}$ 三
者之间的关系。而偏晶合金的最终显微形貌将取决于以上三个界面能、L_1 与
L_2 的密度差以及固-液界面的推进速度。图 4.2.2 所示为液相 L_2 的形核与界
面张力的关系。

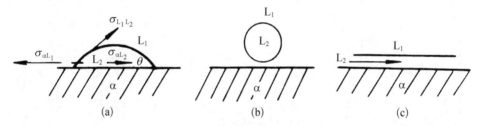

图 4.2.2　L_2 的形核与界面张力的关系

(a) 部分润湿;(b) 不润湿;(c) 完全润湿

以下讨论界面张力之间的三种不同情况。

1) 当 $\sigma_{\alpha L_1} = \sigma_{\alpha L_2} + \sigma_{L_1 L_2} \cos\theta$ 时

如图 4.2.2(a)所示,随着由下向上单向凝固的进行,α 相和 L_2 并排地长大,α
相生长时将 B 原子排出,L_2 生长时吸收 B 原子,这就与共晶的结晶情况一样。
当达到共晶温度时,L_2 转变为共晶组织,只是共晶组织中的 α 相与偏晶反应产生
的 α 相合并在一起。凝固后的最终组织为在 α 相的基底上分布着棒状或纤维状
的 β 相。

2) 当 $\sigma_{\alpha L_2} > \sigma_{\alpha L_1} + \sigma_{L_1 L_2}$ 时

如图 4.2.2(b)所示,液相 L_2 不能在 α 固相上形核,只能孤立地在液相 L_1 中
形核。在这种情况下,L_2 是上浮还是下沉,将由斯托克斯公式来决定。

如果液滴 L_2 的上浮速度大于固-液界面的推进速度 R,则它将上浮至液
相 L_1 的顶部。在这种情况下,α 相将根据温度梯度的推移,沿铸型的垂直方

向向上推进,而 L_2 将全部集中到试样的顶端,其结果是试样的下部全部为 α 相,上部全部为 β 相。利用这种办法可以制取 α 相的单晶,其优点是不发生偏析和成分过冷。半导体化合物 HgTe 单晶就是利用这一原理由偏晶系 Hg - Te 制取的。

如果固-液界面的推进速度大于液滴的上升速度,则液滴 L_2 将被 α 相包围,而排出的 B 原子继续供给 L_2,从而使 L_2 在长大方向拉长,使生长进入稳定态,如图 4.2.3 所示。在低于偏晶反应温度之后的冷却中,从 L_2 液相中将析出一些 α 相,新生的 α 相从圆柱形 L_2 的四周沉积到原有的 α 相上,这样 L_2 将会变细。温度继续降低,L_2 将按共晶或包晶反应转变。最后的组织将在 α 相的基体中分布着棒状或纤维状的 β 相晶体。β 相纤维之间的距离正如共晶组织中层片间距一样,取决于长大速度,即

$$\lambda \propto R^{-n}, \quad n = 0.5 \tag{4.2.1}$$

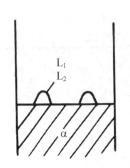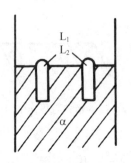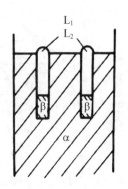

图 4.2.3 偏晶合金的单向凝固

图 4.2.4 所示为 Cu - Pb 偏晶合金单向凝固的显微组织。这种组织与棒状共晶几乎没有不同。以 Cu - Pb 合金为例,其中偏晶反应为 $L_1 \rightarrow Cu + L_2$,Pb 的密度比 Cu 的密度大,所以 L_2 液体是下沉的。由于 Cu 与 L_2 之间完全不润湿,因此,L_2 以液滴形式沉在 Cu 的表面,在界面向前推进的过程中,L_2 也继续长大,最终组织取决于 Cu 向前推进的速度(即凝固速度)及 L_2 液滴的长大速度。若凝固速度比较大,则 L_2 液滴没有聚集成大液滴就被 Cu 包围,两者并排前进而获得细小的纤维组织。若凝固速度比较小,则获得比较粗大的液滴,最后形成粗大的棒状组织。

3) 当 $\sigma_{\alpha L_1} > \sigma_{\alpha L_2} + \sigma_{L_1 L_2}$ 时

此时 $\theta = 0$,α 相和 L_2 完全润湿,如图 4.2.2(c)所示。这时,在 α 相上完全覆

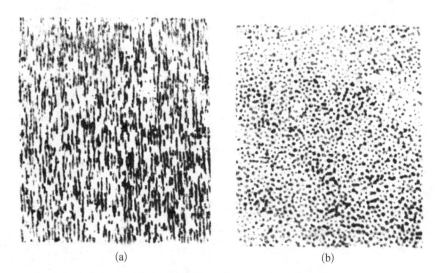

图 4.2.4　Cu‐Pb 偏晶合金单向凝固显微组织

(a) 纵剖面；(b) 横剖面

盖一层 L_2，使稳定态长大成为不可能，α 相只能断续地在 L_1‐L_2 界面上形成，其最终组织将是 α 相与 β 相交替的分层组织。

4.3　包晶结晶

在金属结晶的过程中，晶粒的生长是由内而外生长，同时表面还有另外一相金属与其互溶，形成包晶合金。包晶合金的特点如下：① 液相中完全互溶，固相中部分互溶或完全不互溶；② 有一对固、液相线的分配系数小于 1，另一对固、液相线的分配系数大于 1。

4.3.1　平衡结晶

典型的包晶平衡相图如图 4.3.1 所示。以图中的 C_0 成分为例，在温度为 T_1 时析出 α 相，温度为 T_P（包晶反应温度）时发生包晶反应 $\alpha_P + L_P \rightarrow \beta_P$。在包晶反应过程中，α 相要不断分解，直至完全消失；与此同时，β 相的形核要长大。β 相的形核可以 α 相为基底，也可从液相中直接形成。平衡凝固要求溶质组元在两个固相及一个液相中进行充分扩散，但实际上穿过固、液两相区时冷却速度很快，经常发生非平衡结晶。

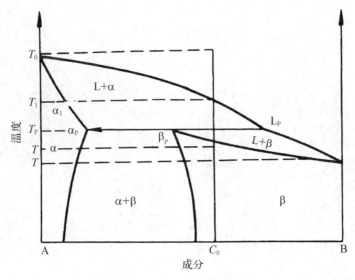

图 4.3.1　包晶平衡相图

4.3.2　非平衡结晶

在非平衡结晶时,由于溶质在固相中的扩散不能充分进行,包晶反应之前结晶出来的 α 相内部的成分是不均匀的,即树枝晶的心部溶质浓度低,而树枝晶的边缘溶质浓度高,当温度达到 T_P 时,在 α 相的表面发生包晶反应。从形核功的角度看,β 相在 α 相表面上非均质的形核要比在液相内部均质的形核更为有利。因此,在包晶反应过程中,α 相很快被 β 相包围。此时,液相与 α 相脱离接触,包晶反应只能依靠溶质组元从液相一侧穿过 β 相向 α 相一侧进行扩散才能继续下去,因此将在很大程度上受到抑制。当温度低于 T_P 后,β 相继续从液相中结晶。图 4.3.2 为非平衡凝固条件下包晶反应的示意图。图 4.3.3(b)为 Sn – Cu(x_{Cu}＝35％)合金非平衡凝固

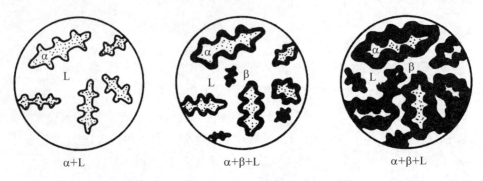

α+L　　　　　　　α+β+L　　　　　　　α+β+L

图 4.3.2　非平衡凝固条件下包晶反应示意图

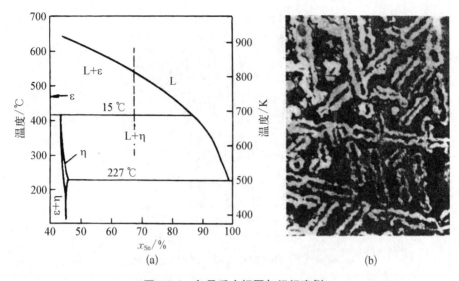

(a)   (b)

图 4.3.3 包晶反应相图与组织实例

(a) Sn-Cu平衡相图；(b) Sn-Cu($x_{Cu}=35\%$)合金显微组织照片

后包晶反应的显微组织，图中 ε 相的初晶被 η 相包围（白色），基底为共晶组织。

多数具有包晶反应的合金，其溶质组元在固相中的扩散系数很小，因此，在非平衡凝固条件下，包晶反应进行得不完全。图 4.3.4(b)为 Pb-Bi($w_{Bi}=20\%$)合金在非平衡凝固条件下的溶质分布，而图(c)为其所形成的组织示意图，由此不难看出，由于溶质组元在固相中扩散得不充分，本来应是单相组织，却变成了多相组织。当然，一些固相扩散系数大的溶质组元，如钢中的 C，包晶反应可以充分地

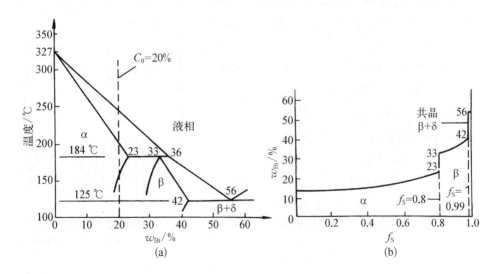

(a)   (b)

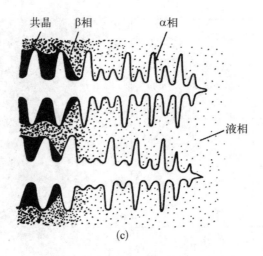

(c)

图 4.3.4 Pb‑Bi 合金单向凝固组织形成

(a) 具有包晶及共晶的平衡相图；(b) Pb‑Bi($w_{Bi}=20\%$)合金非平衡凝固时的溶质分布；(c) Pb‑Bi($w_{Bi}=20\%$)合金单向凝固组织示意图

进行,具有包晶反应的碳钢,初生 α 相可以在冷却到奥氏体区后完全消失。

图 4.3.4(a)中 $w_{Bi}=23\%\sim33\%$ 的 Pb‑Bi 合金在单向凝固条件下,如果 G/R 值足够高,可以获得 α+β 复合材料,说明包晶相 β 可从液相中直接沉积而增厚。这是由于随着凝固的进行,液相逐渐被溶质 Bi 所富集,从而为 β 相的增厚长大提供条件。在平直的等温面温度低于 T_P 时,剩余的液相将全部转变为 β 相。图 4.3.5 为具有包晶反应的合金单向凝固中固、液界面示意图。利用包晶反应促使晶粒细化是非常有效的,如向 Al 合金液中加入少量 Ti,可以形成 $TiAl_3$,当 Ti 的质量分数超过 0.15% 时,将发生包晶反应:$TiAl_3 + L \rightarrow \alpha$。

包晶反应产物 α 为 Al 合金的主体相,它作为一个包层,包围着非均质核 $TiAl_3$。由于包层对于溶质组元扩散的屏障作用,包晶反应不易继续进行下去,也就是包晶反应产物 α 相不易继续长大,因而只能获得细小的 α 晶粒组织。这种利用包晶反应而起到非均质形核的孕育作用之所以特别有效,其原因在于包晶反应提供了无污染的非均质晶核的界面。

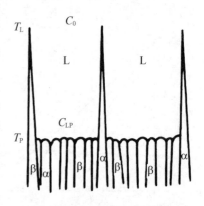

图 4.3.5 具有包晶反应的合金单向凝固中固、液界面示意图

参考文献

［1］胡汉起.金属凝固原理[M].北京：机械工业出版社,2007.

［2］Elliott R. Eutectic solidification processing：crystalline and glassy alloys[M]. London：Butterworths，1983.

［3］Flemings M C. Solidification processing[J]. Metallurgical and Materials Transactions B，1974，5(10)：2121-2134.

［4］Kurz W，Fisher D J. Fundamentals of solidification [M]. Zurich：Trans Tech Publications，1984.

［5］Jackson K A，Hunt J D. Lamellar and rod eutectic growth[M]//Pelcé P. Dynamics of Curved Fronts. New York：Academic Press，1988：363-376.

［6］Chadwick G A. Metallography of phase transformations[M]. London：Butterworths，1972.

［7］Kurz W，Fisher D J. Dendrite growth in eutectic alloys：the coupled zone [J]. International Metals Reviews，1979，24(1)：177-204.

［8］Chadwick G A. Monotectic solidification[J]. British Journal of Applied Physics，1965，16(8)：1095.

［9］Davies V L，Bakken K. High temperature low cycle fatigue of an extruded aluminum-silicon-magnesium-nickel alloy[R]. Kjeller：Institutt for Atomenergi，1965.

［10］李春立,柳百成,吴德海.铸铁石墨图谱：光学与扫描电子显微镜照片[M].北京：机械工业出版社,1983.

［11］高瑞珍,陈晓光,刘树模.稀土元素铈对钢的凝固和枝晶偏析的影响[J].工程科学学报,1983,5(1)：53-63.

［12］Chalmers B. Principles of solidification[M]. Boston：Springer，1970：161-170.

第5章 定向凝固与单晶制备

材料的组织形态决定了其在特定条件下的使用性能。为获得理想的材料组织,控制结晶过程已成为提高传统材料性能和开发新材料的重要途径。定向凝固技术理论研究始于 1953 年,由 Charlmers 及其同事提出,自诞生以来得到了迅速发展,目前已广泛应用于获得具有特殊取向的组织和性能优异的材料。定向凝固技术的出现为凝固理论的研究和发展提供了重要的实验基础,因为金属凝固过程中两个最重要的参数——温度梯度和凝固速率,可在定向凝固过程中实现独立控制。此外,定向凝固组织非常规则,便于准确测量其形态和尺度特征。

20 世纪 60 年代,美国普拉特·惠特尼集团公司 Versnyder 等发现,普通铸造多晶高温合金中与应力轴垂直的晶界是高温应力下产生裂纹的主"源",将晶界定向排列并使之平行于应力主轴方向后,则高温下作用在晶界上的应力最小,从而可延缓裂纹形成并延长高温持续寿命。随后,定向凝固技术成功地应用于镍基高温合金航空发动机涡轮叶片的制备上,并进一步发展出镍基高温合金定向单晶叶片,进一步提升了材料的高温性能,延长了材料的服役寿命。对于磁性材料,采用定向凝固技术可实现柱状晶排列方向与磁化方向一致,进而大大改善材料的磁性能。定向凝固技术还广泛应用于原位自生复合材料的生产制造,采用该方法制造的自生复合材料可消除复合材料制备过程中增强相与基体间界面的影响,从而大大提升复合材料的性能。

5.1 定向凝固工艺

定向凝固技术可以通过控制金属液凝固时的热传导方向,在已凝固金属与未凝固熔体中建立起特定方向的温度梯度,精细且独立地调节凝固过程中液-固界面前沿的温度梯度(G)和晶体生长速率(v)等参数。在合金凝固过程中,冷却速度 R($R = Gv$)影响微观组织形态和尺寸,冷却速度越大,合金的微观组织越细小。成分过冷度(G/v)影响微观组织形貌演变方式(平面、胞状、枝状),成分过冷度越大,固-液界面前沿溶质浓度起伏越大。

根据成分过冷理论,合金定向凝固能否得到平面凝固组织,主要取决于合金的性质和工艺参数的选择。前者包括溶质量、液相线斜率和溶质在液相中的扩散系数;后者包括温度梯度和凝固速率。如果合金成分已定,则靠工艺参数的选择来控制凝固组织,其中固-液界面液相一侧的温度梯度为主要控制因素。下面简单介绍定向凝固的几种工艺。

5.1.1　发热剂法

发热剂(exothermic powder, EP)法是定向凝固工艺中最原始的一种,该方法将零件铸型模壳放在一个水冷铜底座上,并在顶部加发热剂[1],在金属液和已凝固金属中形成一个自上而下的温度梯度,使铸件自上而下实现单向凝固(见图 5.1.1)。这种工艺具有操作简便、生产成本低的优点,但所能获得的温度区间较小且工艺重复性较差,使凝固组织粗大,铸件性能较差,不适用于大型、优质铸件的生产。

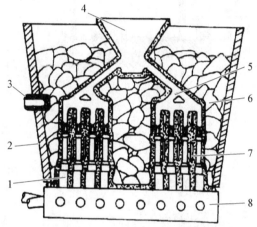

1—起始段;2—隔热层;3—光学测温架;4—浇口杯;5—浇道;6—发热剂;7—零件;8—水冷铜底座。

图 5.1.1　发热剂法装置图[1]

5.1.2　功率降低法

图 5.1.2 为定向凝固功率降低(power down, PD)法的装置示意图[2]。通过该方法进行定向凝固的主要过程如下:将底部开口的模壳置于铜质水冷底盘上,石墨感应发热器放在分为上、下两部分的感应圈内。将上、下两部分线圈通电后,在模壳所在区域内形成所要求的温度场,随后浇注过热的金属液,此时下部感应圈停电,通过调节上部感应圈的功率,在模壳所在区域形成一个具有轴向温度梯度的温度场,同时底部水冷盘将下端热量带走。图 5.1.3 所示为功率降低法定向凝固 Mar – M200 合金叶片铸造过程不同高度的温度分布[2]。

该方法可通过选择合适的加热器件形成较大的冷却速率,但在凝固过程中其温度梯度逐渐减小,能获得的柱状晶区较短,且柱状晶之间平行度较差甚至产生放射状凝固组织。由于功率降低法石墨感应线圈所能产生的温度场较小,故

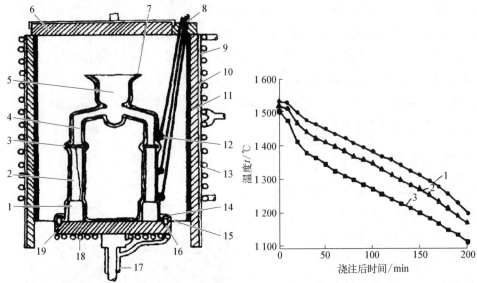

1—叶片根部;2—叶身;3—叶冠;4—浇道;
5—浇口杯;6—模盖;7—精铸模壳;8—热电偶;
9—轴套;10—碳毡;11—石墨感应器;12—Al₂O₃
管;13—感应线圈;14—Al₂O₃管泥封;15—模壳缘
盘;16—螺栓;17—轴;18—冷却水管;19—铜座。

图 5.1.2　功率降低法装置图[2]

1—叶片顶部;2—叶身中部;3—叶身底部。

图 5.1.3　功率降低法 Mar‑M200 合金叶片
铸造过程不同高度的温度分布[2]

采用该方法制取的铸件尺寸受限。此外,该工艺设备
复杂,能耗较高,不适用于高质量铸件的大规模生产。

5.1.3　高速凝固法

　　功率降低法的缺点在于其冷却速率随着离结晶
器底座的距离的增加而明显下降。为了改善热传导
条件,发展了高速凝固(high rate solidification, HRS)
法。其装置与功率降低法类似,但增加的拉锭模块可
使模壳按一定速度向下移动。图 5.1.4 为高速凝固法
装置示意图[3]。加热模壳后,注入过热的合金熔液,浇
注后保温一段时间,使金属液达到热稳定状态并在冷
却底座表面生成一层薄固态金属。为得到最好的效
果,在移动模壳时,凝固面应保持在挡板附近。然后
将模壳以预定速度经过感应器底部的辐射挡板从加
热器中移出,进而形成一定温度梯度,使金属液产生

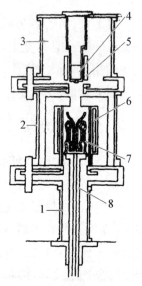

1—拉模室;2—模室;3—熔
室;4—坩埚和原材料;5—水冷
感应圈;6—石墨电阻加热器;
7—模壳;8—水冷底座和杆。

图 5.1.4　高速凝固法装
置示意图[3]

定向凝固。

在前凝固阶段,其热量的散失主要通过水冷底座的对流传热,离开结晶器某一距离后,转为以辐射传热为主,使凝固仍以较快速度进行。将两种传热用 h_{co}(对流传热)和 h_{ra}(辐射传热)两种等效热交换系数来表示,则散热热流密度为

$$q = (h_{co} + h_{ra})(T - T_0) \tag{5.1.1}$$

式中,h_{co} 为对流传热的等效热交换系数;h_{ra} 为辐射传热的等效热交换系数;T_0 为冷却底座温度。

凝固开始时,$h_{co} \gg h_{ra}$;当凝固进行至离冷却底座一定距离时,$h_{co} = h_{ra}$,此后可认为已建立起稳态凝固。

利用热平衡边界条件,则有

$$G_{TL} = \frac{1}{\lambda_L}(\lambda_S G_{TS} - \rho_S \Delta h R) \tag{5.1.2}$$

式中,λ_L、λ_S 分别为液相和固相的热导率;G_{TL}、G_{TS} 为液相和固相的温度梯度;Δh 为凝固潜热;R 为凝固速率。

可以看出,G_{TL} 对 R 和 G_{TS} 是很敏感的,而 G_{TS} 随铸锭半径的减小而减小,所以慢速凝固造成较高的界面处液相温度梯度。因此,在高速凝固法中,最大稳态凝固的温度梯度决定于辐射特性和铸锭的尺寸。

依据式(5.1.2),增大 G_{TL} 有如下途径:① 增大温度梯度,通过增大 G_{TS} 来增加固相的散热强度;② 采用热容量大的冷却剂,导出结晶潜热,以便增大 G_{TL}。

固然,提高液相温度也可增大 G_{TL},但液相温度不能无限度地提高,金属液温度过高时易与型壳材料发生严重界面反应,将大大降低铸件表面质量和尺寸稳定性,甚至导致金属液无法充型完整。此外,金属液温度过高将使部分低熔点成分挥发,容易导致合金成分发生偏差。

另一种办法是加辐射挡板,将高温区与低温区分开,从而加大界面附近的 G_{TL}。挡板能起到以下两个作用:

(1) 模壳移动时,辐射热的损失降至最小,使加热器内维持相对均匀的温度场。

(2) 使感应线圈到铸件凝固部分表面的辐射热保持最小,从而加强传热。

与功率降低法相比,高速凝固法有以下几个优点:

(1) 有较大的温度梯度,利于改善柱状晶质量和金属液补缩,在约300 mm高度内可全是柱状晶。

（2）由于局部凝固时间减少，糊状区变小，因此显微组织致密，减少偏析，从而改善了合金组织。

（3）提高凝固速率 2～3 倍，R 达到 300 mm/h。

需要注意的是，点状偏析是定向凝固材料中的主要缺陷之一，经常在铸件的外层出现。这种缺陷造成横向晶界和配合度不好的晶粒，空隙度大，偏析严重，易析出有害相。低的生长速率和小的温度梯度会促进点状偏析的形成。树枝间因局部熔液密度不一样，引起熔液对流，撞断枝晶轴，容易引起这种缺陷，如图 5.1.5 所示[4]。

5.1.4 液态金属冷却法

在提高热传导能力和增大固-液界面液相温度梯度方面，功率降低法和高速凝固法都受到一定条件的限制。液态金属冷却（liquid metal cooling，LMC）法以高导热系数、高沸点、低熔点、热容量大的液态金属代替水，作为模壳的冷却介质，模壳直接浸入液态金属冷却剂中，使散热大大增强，以致在感应器底部迅速产生热平衡，形成很高的 G_{TL}。液态金属冷却法装置如图 5.1.6 所示。冷却剂的温度，模壳传热性、厚度和形状，挡板位置，熔液温度等因素都会影响温度梯度。

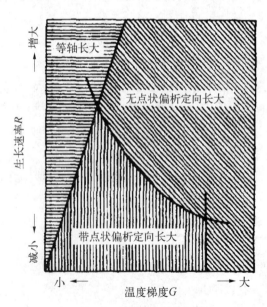

图 5.1.5 温度梯度和凝固速率
对点状偏析的影响[4]

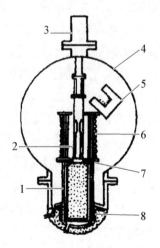

1—液态 Sn；2—模壳；3—浸入机构；4—真空室；5—坩埚；6—炉高温区；7—挡板；8—加热线圈。

图 5.1.6 液态金属冷却法装置图[5]

液态金属冷却剂的选择条件如下：

（1）蒸气压较低，可在真空中使用。

（2）熔点低，热容量大，热导率高。

（3）不溶解于合金中。

（4）成本低廉，易于获取。

常见的液态金属有 Sn、Ga－In 合金和 Ga－In－Sn 合金，后两者熔点低但价格高昂，Sn 由于价格低廉且冷却效果较好，适于工业批产使用。

液态金属冷却法工艺过程与高速凝固法相似，当金属熔液浇注入模壳后，按预定速度将模壳逐渐浸入液态金属液中，使液面保持在合金凝固面附近，保持在一定的温度范围内，使传热不因凝固的进行而变慢，也不受模壳形状的影响。液态金属液可以是静止的，也可以是流动的。无论是局部凝固时间，还是糊状区宽度，液态金属冷却法最小，功率降低法最大，高速凝固法介于两者之间。很明显，液态金属冷却法的 G_{TL} 和 R 都是最大的，从而冷却速率也是最大的，局部凝固时间和糊状区宽度最小（见图 5.1.7）。因此，用液态金属冷却法定向凝固的高温合金的显微组织比较理想。

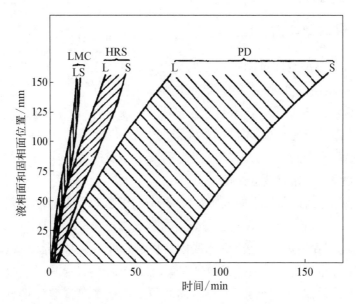

L—液相面；S—固相面；PD—功率降低法；HRS—高速凝固法；LMC—液态金属冷却法。

图 5.1.7　不同定向凝固法制备 Mar－M200 合金的固相面和液相面的位置[1]

5.1.5　流态床冷却法

Nakagawa 等[6] 首先用流态床冷却法（fluidized bed quenching method，FBQ）来获得很高的 G_{TL}，进行定向凝固。流态床冷却法装置如图 5.1.8 所示。对于制备直径约为 10 mm 的金属圆棒，高纯氩气压力约需 1.5 kgf①/cm²，流速需大于 4 000 cm³/min。考虑到冷却介质的密度、热导率和高温热稳定性，通常采用 ZrO_2 粉作为冷却介质。冷却介质温度维持在 100～120 ℃。在相同条件下，液态金属冷却法的温度梯度 G_{TL} 为 100～300 ℃/cm，而流态床冷却法的 G_{TL} 为 100～200 ℃/cm，两者的凝固速率和糊状区宽度均相同，凝固速率为 50～80 cm/h，糊状区宽度约为 1 cm。

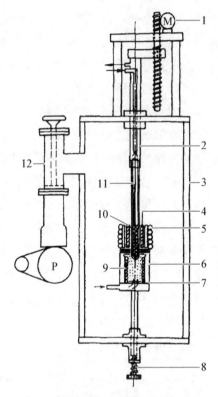

1—驱动装置；2—水冷杆；3—熔化室；4—感受器；5—感应炉；6—粉粒容器；7—过滤器；8—高度调节器；9—流态化颗粒；10—热电偶；11—试样；12—真空系统。

图 5.1.8　流态床冷却法装置图[5]

5.1.6　区域熔化液态金属冷却法

加热和冷却是定向凝固过程的两个基本环节，并对定向凝固过程的温度梯度产生决定性的影响。定向凝固技术从功率降低法发展到液态金属冷却法，温度梯度大幅度提高，这有赖于冷却方式的改进和优化。若要进一步提高定向凝固的温度梯度，改变加热方式是一条有效的途径。

分析液态金属冷却法定向凝固过程时不难发现，以下两个问题限制了温度梯度的提高：① 凝固界面并不处于最佳位置，当抽拉速率较低时，界面相对于挡板上移，使凝固界面远离挡板；② 未凝固液相中的最高温度面远离凝固界面，界面前沿温度分布平缓。如果改变加热方式，采用在距冷却金属液面极近的特定位置强制加热，将凝固界面位置下压，同时使液相中最高温区尽量靠近凝固界面，使界面前沿液相中的温度梯度大幅提高，可进一步提高温度梯度。如果采用

_____

① 　kgf 表示千克力，是工程单位制中的压强单位，1 kgf/cm² ≈ 98 000 Pa。

区域熔化法加热结合液态金属冷却,就形成了区域熔化液态金属冷却(zone melting and liquid metal cooling,ZMLMC)定向凝固法[7-8],这种方法的温度梯度 G_{TL} 最高可达 1 300 K/cm。

区域熔化液态金属冷却法(见图 5.1.9)的冷却部分与液态金属冷却法相同[9],加热部分可以是电子束或高频感应电场,两部分相对固定且距离很小,使凝固界面不能上移,以集中对凝固界面前沿液相的加热,充分发挥过热度对温度梯度的贡献。可见,对于区域熔化液态金属冷却定向凝固过程,熔区宽度对温度梯度有重要影响:熔区越窄,在相同加热温度(过热度)时,温度梯度越高。

目前,定向凝固高温合金实际生产中的温度梯度一般不超过 150 K/cm,获得的定向凝固组织一次枝晶间距的典型值大于 200 μm 且侧向分枝发达。利用区域熔化液态金属冷却法可在较快的生长速率下进行定向凝固,进而抑制侧向分枝生长,细化一次枝晶间距,得到超细柱晶组织。由于这种

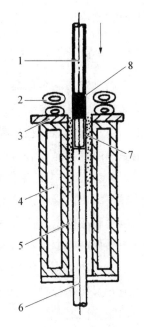

1—试样;2—感应圈;3—隔热板;4—冷却水;5—液态金属;6—拉锭机构;7—坩埚;8—熔区。

图 5.1.9　区域熔化液态金属冷却法装置图[9]

特殊的超细微观组织特征,合金性能明显提高,如以 K10 钴基合金为例,采用区域熔化液态金属冷却法可使其持久寿命提高 3 倍[7-8]。对定向结晶 DZ22 镍基高温合金和 NASAIR100 单晶镍基合金的研究表明,随着冷却速度的增加,持久性能和高温强度均明显提高[10]。

5.2　单晶制备

晶体制备的目的是制备成分准确,尽可能无杂质、无缺陷(包括晶体缺陷)的单晶。单晶是人们认识固体的基础,对单晶的研究还使人们发现了金属新的性质。铁、钛、铬都是软金属,而单晶晶须力学强度要比同物质的多晶高出很多倍。研究晶体结构、各向异性、超导性、核磁共振等都需要完整的单晶。在工业上,半导体技术的发展实际上很大程度取决于单晶生长研究的进展。锗单晶向硅单晶的发展大大提高了半导体器件的性能,这一发展正是由于人们掌握了反应性较强、熔点较高的硅晶的生长技术。大面积、高度完整性的硅单晶是解决大规模集

成电路在密度和失效率方面的关键。

5.2.1　单晶制备的特点

定向凝固是制备单晶最有效的方法。为了得到高质量的单晶,首先要在金属熔体中形成一个单晶核,可以引入籽晶或自发形核。此后,晶核和熔体界面上会不断生长出单晶。在单晶的生长过程中,要绝对避免由于固-液界面不稳定而长出胞晶或柱状晶,因而固-液界面前沿不允许出现温度过冷和成分过冷的情况。固-液界面前沿的熔体应处于过热状态,结晶过程的潜热只能通过生长着的晶体导出。单向凝固满足上述热传输的要求,只要恰当地控制固-液界面前沿熔体的温度和晶体生长速率,就可以得到高质量的单晶。

单晶从液相中生长出来,按其成分和晶体特征,可以分为三种。

1) 晶体与熔体的成分相同

纯元素和化合物属于这一种,由于是单元系,在生长过程中,晶体和熔体的成分均保持恒定,熔点不变。硅、锗、三氧化二铝等容易得到高质量的单晶,生长速率也较快。

2) 晶体与熔体的成分不同

为了改善半导体器件单晶材料的电学性质,如导电类型、电阻率、少数载流子寿命等,通常要在单晶中掺入一定浓度的杂质。掺入元素或化合物使这类材料实际上变为二元或多元系。这类材料要得到均匀成分的单晶就困难得多。在生长着的固-液界面上会出现溶质再分配。熔体中溶质的扩散和对流传输过程对晶体中杂质的分布有重要影响。另外,蒸发效应也将使熔体或晶体杂质含量偏离所需成分。

3) 有第二相或出现共晶的晶体

高温合金的铸造单晶组织不同于纯元素的单晶组织,如镍基高温合金单晶铸态组织,不仅含有大量基体 γ 相和沉淀析出的 γ' 强化相,还有共晶析出于枝晶干间。整个晶体由一个晶粒组成,晶粒内有若干柱状枝晶,枝晶是十字形花瓣状,枝晶干均匀,二次枝晶干相互平行,具有相同的取向。纵截面上是互相平行排列的一次枝晶干,这些枝晶干同属于一个晶体,不存在晶界。严格地说,这是一种"准单晶"组织,与晶体学上严格的单晶是不同的。由于是柱状单晶,在凝固过程中会产生偏析、显微疏松以及柱状晶间小角度取向差等,这些都会不同程度地损坏晶体的完整性,但是单晶内的缺陷比多晶粒柱状晶界对力学性能的影响要小得多。单晶材料经恰当的固溶处理之后,可以具有优良的力学性能。

5.2.2　单晶制备方法

为了获得优质的单晶材料,与定向结晶合金一样,要有高的温度梯度,它能改善和细化组织结构,减少偏析,减少显微疏松,减小晶体生长偏离度,提高瞬时拉伸断裂强度、持久寿命以及低频和高频疲劳强度。制备单晶时,除选晶器外,精密铸造模壁要薄,模壳材料中杂质要低,内壁表面应光滑。目前制备单晶使用较多的方法主要有坩埚/炉体移动法、晶体提拉法(Czochralski 法)和区熔法[11]。

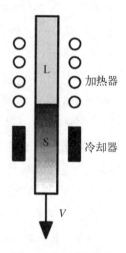

图 5.2.1　布里奇曼法原理图

1)坩埚/炉体移动法

这类方法的凝固过程都是由坩埚的一端开始,坩埚可以垂直放置在炉内,熔体自下而上或自上而下凝固。图5.2.1 所示的布里奇曼(Bridgman)法是典型的坩埚移动凝固法。将籽晶放在坩埚底部,当坩埚向下移动时,籽晶处开始结晶,随着固-液界面移动,单晶不断长大。这类方法的主要缺点是晶体与坩埚壁接触,容易产生应力或寄生成核,因此,在生产高完整性的单晶时很少采用。

2)晶体提拉法

晶体提拉法是一种常用的晶体生长方法,它能在较短时间里生长出大而无位错的晶体,其原理如图 5.2.2 所示。将欲生长的材料放在坩埚里熔化,然后将籽晶插入熔体中,在合适的温度下,籽晶既不熔化,也不长大,再缓慢向上提拉和转动晶杆。旋转一方面是为了获得好的晶体热对称性,另一方面也有搅拌熔体的作用。用这种方法生长高质量的晶体,要求提拉和旋转速度平稳,熔体温度控制精确。单晶的直径取决于熔体温度和提拉速度:减小功率和降低提拉速度,晶体直径增加;反之,则直径减小。提拉法的优点主要如下:在生长过程中,可以方便地观察晶体的生长状况;晶体在熔体的自由表面处生长,而不与坩埚接触,显著减少晶体的应力,并防止坩埚壁上的寄生成核;可以较快的速度生长,生长出具有低位错密度和高完整性的单晶,而且晶体直径可以控制。

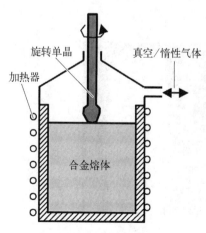

图 5.2.2　晶体提拉法原理图

3) 区熔法

区熔法分为水平区熔法和悬浮区熔法。水平区熔法主要用于材料的物理提纯,也用来生长单晶,其原理如图 5.2.3 所示。水平区熔法制备单晶是将材料置于水平舟内,通过加热器加热,首先在舟端放置的籽晶和多晶材料间产生熔区,然后以一定的速度移动熔区,使熔区从一端移至另一端,使多晶材料变为单晶。这种方法多用于制备锗晶体。这种方法的优点是减少了坩埚对熔体的污染,降低了加热功率。另外,区熔过程可以反复进行,从而提高晶体的纯度或使掺杂均匀化。

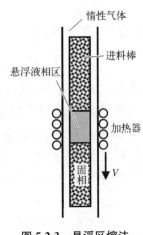

图 5.2.3 悬浮区熔法原理图

悬浮区熔法是一种垂直区熔法,其原理如图 5.2.3 所示。硅在熔融状态下有很强的化学活性,几乎没有不与它作用的容器,即使是高纯石英舟或坩埚,也会与熔融硅发生化学反应,使单晶的纯度受到限制。因此,目前不用水平区熔制取纯度更高的硅单晶。由于熔融硅有较大的表面张力和较小的密度,悬浮区熔法正是依靠表面张力支持着正在生长的单晶与多相棒之间的熔融区,所以悬浮区熔法是生长硅单晶的优良方法。这种方法不需要坩埚,免除了坩埚污染。此外,由于加热温度不受坩埚熔点限制,因此,可以用来生长熔点高的材料,如钨单晶等。

5.3　定向凝固金属与合金的组织与性能

镍基高温合金叶片不同工艺组织形貌如图 5.3.1 所示。

等轴晶　　　　柱状晶　　　　单晶

图 5.3.1　镍基高温合金叶片不同工艺组织形貌

对于定向凝固,纯金属定向凝固后通常为单一的柱状晶组织,而合金定向凝固后则为柱状树枝晶组织。定向凝固工艺参数不同时,柱状晶主干及其二次枝晶臂间距则明显不同。总体上看,随着与激冷底板距离的增加,一次枝晶臂变粗,二次枝晶发达,枝晶臂间距变大。在远离激冷底板的上部,如果冷却不当,会出现等轴晶。最终合金的组织形态主要受凝固过程中 G/V 的影响。

合金在凝固过程中,如果冷却速度小,枝晶干与枝晶间易形成溶质原子的偏析。偏析主要受冷却速度、合金成分、固-液界面性质的影响,减少或消除偏析很有效的方法为增大冷却速度。

金属或合金经定向凝固后,由于它由柱状晶组成,所以其性能是各向异性的。在柱状晶主干的方向上,高温下具有优异的性能,特别是持久性能。横向的力学性能与纵向相比均较低。由于晶界数量相对较少,所以其耐腐蚀性能及抗氧化性能均较高。镍基高温合金 Mar-M200 各力学性能如图 5.3.2 所示。

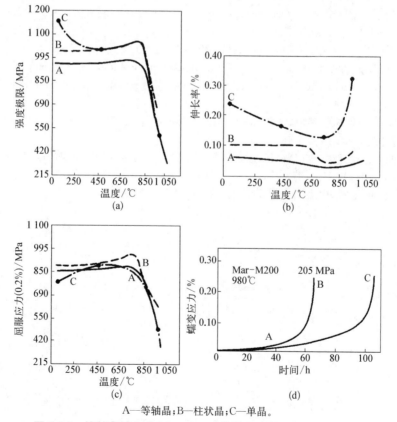

A—等轴晶;B—柱状晶;C—单晶。

图 5.3.2　镍基高温合金 Mar-M200 等轴晶、柱状晶、单晶的性能

(a)温度对强度的影响;(b)温度对伸长率的影响;(c)温度对屈服应力的影响;(d)蠕变应力与晶体类型

参考文献

[1] 周尧和,胡壮麒,介万奇.凝固技术[M].北京：机械工业出版社,1998.

[2] McLean M. Directionally solidified materials for high temperature service[R]. London： Metals Society, 1983：5.

[3] Versnyder F L, Barlow R B, Sink L W, et al. Directional solidification in the precision casting of gas-turbine parts[J]. Mod Cast, 1967, 52(6)：68 – 75.

[4] Higginbotham G J S. From research to cost-effective directional solidification and single-crystal production—an integrated approach[J]. Materials Science and Technology, 1986, 2(5)：442 – 460.

[5] Tien J K, Gamble R P. The suppression of dendritic growth in nickel-base superalloys during unidirectional solidification[J]. Materials Science and Engineering, 1971, 8(3)： 152 – 160.

[6] Nakagawa Y G, Murakami K, Ohtomo A, et al. Directional growth of eutectic composite by fluidized bed quenching[J]. Transactions of the Iron and Steel Institute of Japan, 1980, 20(9)：614 – 623.

[7] 史正兴.界面问题与超细定向柱晶材料研究[J].西北工业大学学报,1993(5)：3 – 7.

[8] Liu Z, Yang A, Li J, et al. Solidification characters of superfine directional columnar grains in cast nickel-base superalloy[J]. Chinese Journal of Materials Research, 1992, 6 (6)：481 – 486.

[9] 李建国,毛协民,傅恒志,等.Al – Cu 合金高梯度定向凝固过程中的形态转变[J].材料科学进展,1991, 5(6)：461 – 466.

[10] 刘忠元,李建国,史正兴,等.凝固速率对 DZ22 合金力学性能和组织的影响[J].材料工程,1995(6)：15 – 18.

[11] 胡汉起.金属凝固原理[M].北京：机械工业出版社,2000.

第6章 快速凝固与非平衡结晶

传统的凝固理论与技术的研究主要围绕铸锭和铸件的铸造过程。其冷却速率通常在 $1\times10^{-3}\sim1\times10^2$ K/s 的范围内。大型铸锭的冷却速率约为 1×10^{-2} K/s,中等铸件的冷却速率约为 1 K/s,特薄铸件的压铸过程的冷却速率可达到 1×10^2 K/s,更高的冷却速率则需要采用特殊的快速凝固技术才能获得。快速凝固的定义如下:由液相到固相的相变过程进行得非常快,从而获得普通铸件和铸锭无法获得的成分、相结构和显微结构的过程。

6.1 快速凝固技术的基本原理和分类

Duwez 等于 1959—1960 年首次采用溅射法获得快速凝固组织,开始了快速凝固研究的历史。此后,快速凝固技术与理论得到迅速发展,成为材料科学与工程研究的一个热点。在快速凝固条件下,凝固过程的各种传输现象可能被抑制,凝固偏离平衡,经典凝固理论中的许多平衡条件的假设不再适应。因此,快速凝固成为凝固过程研究的一个特殊领域[1]。

快速凝固技术可以分成急冷凝固技术和大过冷凝固技术两类。这两类技术的基本原理和主要特点介绍如下。

6.1.1 急冷凝固技术

急冷凝固技术的核心是提高凝固过程中熔体的冷速。从热传输的基本原理可以知道,一个相对于环境放热的系统,其冷速取决于该系统在单位时间内产生的热量和传出系统的热量。因此,对金属凝固而言,提高系统的冷速必须满足以下要求:① 减少单位时间内金属凝固时产生的熔化潜热;② 提高凝固过程中的传热速度。根据这两个基本要求,并针对常规铸造凝固时熔体在体积很大的铸模中同时凝固、热量不易迅速传出和固态淬火时主要通过对流传热因而冷速不高等问题,急冷凝固技术的基本原理是设法减小同一时刻凝固的熔体体积并减小熔体体积与其散热表面积之比,并设法减小熔体与热传导性能很好的冷却介质的界面热阻以及主要通过传导的方式散热。

按照上述基本原理,在急冷凝固技术的各种方法中,具体设备一般包括熔化母合金的熔化装置和传出熔体热量的冷却装置。与常规铸造工艺比较,熔化装置相当于冶炼炉,冷却装置相当于铸模,但是采用急冷凝固技术的设备还必须包括常规铸造设备所没有的、特殊的分离装置。分离装置的主要作用是在时间或空间上"分割"熔体,从而避免大量熔化潜热的集中释放以及改善熔体与冷却介质的热接触状况。分离装置是急冷凝固设备中的核心,它对所能达到的凝固冷速起到关键的作用。在不同的急冷凝固方法中,分离装置可以与冷却装置、熔化装置组合在一起(例如离心雾化法、熔体旋转法等),也可以仅与冷却装置组合在一起(例如熔体提取法等)。

在急冷凝固技术中,根据熔体分离和冷却方式的不同,又可以分成模冷技术、雾化技术、表面熔化与沉积技术三类。模冷技术的主要特点是首先把熔体分离成连续或不连续的、截面尺寸很小的熔体流,然后使熔体流与旋转或固定的、导热良好的冷模[或称基底(substrate)]迅速接触而冷却凝固。雾化技术的主要特点是使熔体在离心力、机械力或高速流体冲击力等外力作用下分散成尺寸极小的雾状熔滴,并使熔滴在与流体或冷模接触中迅速冷却、凝固。表面熔化与沉积技术的主要特点则是用高密度能束扫描工件表面,使其表层熔化,或者把熔滴喷射到工件或基底的表面,然后通过熔体或熔滴向工件或基底内部迅速传热而冷却、凝固。表 6.1.1 列出了这三类急冷凝固技术包括的各种主要方法、相应产品的几何形状、典型尺寸、冷速以及该方法的主要应用范围和主要优缺点等。

表 6.1.1 急冷凝固技术的分类与主要特点

分类	名称	产品形状	典型尺寸(除注明外,单位均为 μm)	典型冷速/(K/s)	主要应用	主要优缺点
模冷技术	"枪"法	薄片	厚 0.1~1.0	$\leqslant 1\times10^9$	中等活性或不易氧化的金属	冷速很高,但产品尺寸不够均匀
	双活塞法	薄片	直径 2.5 mm 厚 5~300	$1\times10^4 \sim 1\times10^6$	高度活性或极易氧化的金属	适用于实验研究,产品不连续
	熔体旋转法	连续薄带或线、薄片	厚 10~100 宽<10	$1\times10^5 \sim 1\times10^8$	中等活性或易氧化的金属	可以大批量生产,应用十分广泛

续　表

分类	名称	产品形状	典型尺寸(除注明外,单位均为 μm)	典型冷速/(K/s)	主要应用	主要优缺点
	平面流铸造法	宽连续薄带	厚 20~100 宽≤150	1×10^5~ 1×10^6	同上,特别是 Fe、Ni、Al 及其合金	可以大批量生产,应用十分广泛
	熔体拖拉法	连续薄带	厚 25~1 000	1×10^3~ 1×10^6	同上	产品厚度不易控制,冷速较低
	电子束急冷淬火法	拉长的薄片	厚 40~100	1×10^4~ 1×10^7	高度活性或极易氧化的金属	产品不易受污染
	熔体提取法	薄片或纤维	厚 20~100	1×10^5~ 1×10^6	高度活性或极易氧化的金属与中等活性或易氧化金属	可以大批量生产
雾化技术	快速凝固雾化法	球形粉末	直径 25~80	1×10^5	中等活性或易氧化的金属	可以大批量生产,应用广泛
	真空雾化法	球形粉末	直径 20~100	10~100	同上	粒末不易污染,冷速低
	旋转电极雾化法	球形粉末	直径 125~200	1×10^2	活性或极易氧化金属	污染小,但冷速低
	双轧棍雾化法	粉末、薄片	厚 100	1×10^5~ 1×10^6	中等活性或易氧化金属	可以大批量生产,冷速较高
	电-流体力学雾化法	粉末、薄片	直径 0.01~100	≤1×10^7	同上	冷速较高,但收得率低
	火花电蚀雾化法	球形或不规则粉末	直径 0.5~30	1×10^5~ 1×10^6	同上	粉末尺寸不易控制
表面熔化与沉积技术	表面熔化法	工件的表层	10~1 000	1×10^5~ 1×10^8	活性或极易氧化的金属	成本低,冷速高
	等离子喷涂沉积法	致密的沉积层	1 mm 左右	<1×10^7	高熔点金属	设备比较复杂
	表面喷涂沉积法	厚的沉积层	>1 mm	1×10^3~ 1×10^6	中等活性或易氧化的金属	生产效率高
其他技术	Taylor 制线法	圆截面细线	直径 20~100	1×10^3~ 1×10^5	一般金属	容易受污染

急冷凝固技术的基本原理还决定了急冷产品的形状通常在一维方向上尺寸很小,以便于凝固时熔体迅速传热冷却,如粉末、薄片、纤维、薄带、细线等形状。但是对于主要作为结构材料使用的急冷晶态合金,这些形状的急冷产品显然无法实际应用。因此,快速凝固技术实际上还需要进行固结成型,应用固结成型技术可以把各种尺寸较小的急冷产品直接成型为所需形状、尺寸的大块产品,或者先成型为大块件再加工成最终产品。

6.1.2　大过冷凝固技术

与急冷凝固技术相比,大过冷凝固技术的原理比较简单,就是要在熔体中形成尽可能接近均匀形核的凝固条件,从而获得大的凝固过冷度。通常,在熔体凝固过程中促进非均匀形核的形核媒质主要来自熔体内部和容器(如坩埚、铸模等)壁,因此,大过冷技术主要就是从这两个方面设法消除形核媒质。减少或消除熔体内部的形核媒质主要是通过把熔体弥散成熔滴。在目前的技术条件下,即使是很纯的熔体,也不可避免地含有一定数量可以作为形核媒质的杂质粒子,但是当熔滴体积很小、数量很多时,就有可能使每个熔滴含有的形核媒质数目非常少,从而产生接近均匀形核的条件。此外,减少或消除由容器壁引入的形核媒质主要是通过设法将熔体与容器壁隔离开,甚至在熔化与凝固过程中不使用容器。

6.2　快速凝固晶态合金

快速凝固合金从微观结构上可以分成晶态合金、非晶态合金和准晶态合金三大类。其中,快速凝固晶态合金作为结构材料在工程上已经得到广泛的应用,因而是最重要的一类快速凝固合金。本章主要介绍快速凝固晶态合金微观组织结构和性能的一般特点及其形成的机制和规律,以便从总体上了解快速凝固对晶态合金组织结构和性能的影响。

6.2.1　微观组织结构的主要特点

与常规铸态凝固的合金相比,快速凝固合金具有极高的凝固速度,因而合金在凝固中形成的微观组织结构发生了许多变化,下面将介绍其中的主要变化。

6.2.1.1　细化微观组织

快速凝固合金的微观组织一般随着与冷却介质距离的增加(对于模冷凝固

和表面熔化与沉积凝固的合金)或者与初始形核位置距离的增加(对于雾化凝固合金),依次为等轴晶、胞状晶或柱状晶与树枝晶。由于凝固形核前过冷度可达几十至几百摄氏度,而结晶形核速率比长大速率更强烈地依赖于过冷度,所以大大提高了凝固时的形核速率,而极短的凝固时间又使晶粒不可能充分长大,因此快速凝固合金的晶粒尺寸很小,而且十分均匀,一般平均晶粒尺寸为 $1\ \mu m$[2-3]。在用"枪"法制取的快速凝固样品中,晶粒直径达到 $0.01\ \mu m$[4]。而在常规铸态合金中,晶粒平均尺寸达毫米量级甚至更大。相比之下,快速凝固合金的晶粒尺寸要小得多。正因为如此,通常又把快速凝固的晶态合金称为微晶合金。还有人根据在凝固速度很高的合金中晶粒尺寸可以达到纳米(nm)量级而把快速凝固晶态合金进一步分成微(米)晶合金和纳(米)晶合金两大类。

图 6.2.1(a)是 IN‑100 镍基高温合金快速凝固薄带侧面(与辊面垂直)的扫描电镜照片,薄带中紧靠辗面的底面附近的白亮层是等轴晶区,随着与底面距离的增加和凝固冷速的减小,晶粒逐步变为胞状晶和树枝晶,但它们的尺寸都很小。图 6.2.1(b)是薄带中接近底面区域的透射电镜明场形貌照片,可以看出,这一区域的晶粒多为平直界面的等轴晶。

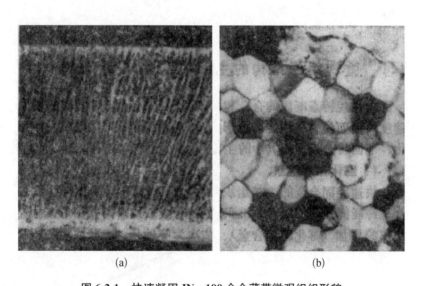

(a)　　　　　　　　(b)

图 6.2.1　快速凝固 IN‑100 合金薄带微观组织形貌

(a) 薄带侧面的扫描电镜形貌(1 500 倍);(b) 接近薄带底面区域的透射电镜形貌

快速凝固合金的晶粒大小主要与凝固冷速有关,晶粒尺寸一般随冷速增加而减小,它们之间有下列具体关系:

$$d = B (T)^{-m} \qquad (6.2.1)$$

式中，d 是晶粒平均直径，单位为 μm；B、m 是与合金成分有关的常数，例如，对于纯铝，$B = 1.75 \times 10^7$，$m = 0.9$。图 6.2.2 所示为在 Fe-6.3Si、316 钢和 Ni-Al 合金中根据实际测定的冷速 $\dot{T}$ 和晶粒平均直径 d 而作出的 $\dot{T}$-d 关系[5]。可以看出，与式(6.2.1)相符，$\lg \dot{T}$ 与 $\lg d$ 之间近似存在线性关系。此外，快速凝固晶态合金的晶粒尺寸还随着过冷度的增大而减小。例如，图 6.2.3 表示在 Fe-

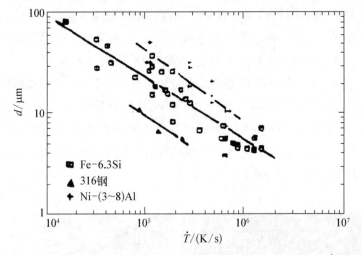

图 6.2.2　快速凝固 Fe-Si、Ni-Al 和 316 钢中晶粒平均直径 d 与冷速 $\dot{T}$ 的关系

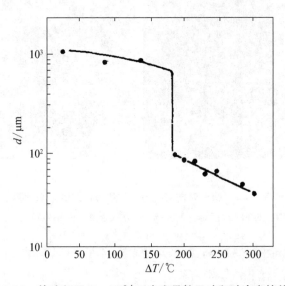

图 6.2.3　快速凝固 Fe-25%Ni 合金晶粒尺寸和过冷度的关系

25％Ni 大过冷凝固合金中晶粒尺寸 d 与过冷度 ΔT 之间的关系。这一关系还表明存在一个过冷度的"门槛值" ΔT_0：当 $\Delta T > \Delta T_0$ 时，晶粒尺寸随着过冷度的增加而显著地减小。快速凝固合金在晶粒尺寸明显减小的同时，相、有序畴等其他微观组织结构尺寸与常规铸态合金相比也相应地有较明显的减小。

6.2.1.2　成分均匀化

在快速凝固合金中，成分均匀化或偏析减小表现在两个方面。一方面是溶质元素不均匀分布或偏析的范围明显减小。通常用产生树枝晶偏析的二次枝晶臂间距作为成分偏析范围或偏析距离的标志，而快速凝固合金由于晶粒明显细化，所以偏析范围从一般铸造条件的几毫米到几十微米再减小到 $0.1\sim0.25\ \mu m$。图 6.2.4 定性地表示了在铝合金中偏析距离 λ 与冷速 $\dot T$ 之间的这一关系，从图中的点画线可以看出，偏析距离与 $1/\lg\dot T$ 近似成线性关系。

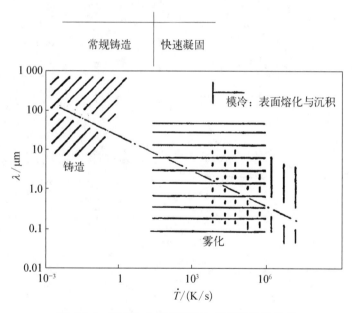

图 6.2.4　铝合金中偏析距离与凝固冷速的关系

另一方面，由于快速凝固后固-液界面前出现非平衡溶质分配或溶质捕获现象，所以合金的成分不均匀程度或偏析程度大大减小。我们在快速凝固和常规铸造凝固的 IN-100 镍基高温合金[除 Ni 外，主要成分及其质量分数分别为 Cr（10.0％）、Co（14.9％）、Mo（3.1％）、Al（5.8％）、Ti（5.7％）]中分别用透射电镜（EM400T）、附设的能谱仪（EDX）和扫描电镜（HITACHIS-450）附设的能谱仪测定了合金中主要溶质元素的平均成分分布，测定结果如图 6.2.5 所示。图中的成分数据是分别在晶粒中心、晶界、晶粒中心与晶界连线 1/2 处三点测定的,图中的纵坐标与横坐标的单位分别是%(质量分数)和 μm。图 6.2.5 表明,成分复杂、偏析严重的铸态高温合金经过快速凝固后,成分分布明显均匀化了。在凝固速度更高的激光表面熔化快速凝固合金($k<1$),溶质分配不均匀程度和成分偏析程度的减小更加明显。例如,掺入 In、Bi 等的 Si 晶体经过激光表面熔化后,溶质分配系数有很大提高[6]。当溶质为 Bi 时,平衡溶质分配系数 $k=7\times10^{-4}$,快速凝固后实际溶质分配系数 $k_n=0.4$;当溶质为 In 时,平衡溶质分配系数 $k=4\times10^{-4}$,快速凝固后 $k_n=0.15$。 所以快速凝固使溶质分配系数提高了 2~3 个数量级。由于凝固时溶质分配很少,同时凝固时间极短,所以成分偏析也相应地显著减小。此外,在电子束表面熔化的 Ag-Cu 等合金中也观察到类似现象,而且合金的平衡溶质分配系数 k 越小,快速凝固后溶质分配系数增加越多,偏析减小也越明显。

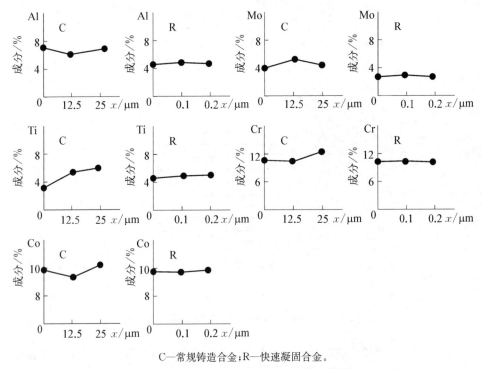

C—常规铸造合金;R—快速凝固合金。

图 6.2.5　常规铸造凝固和快速凝固 IN-100 合金成分偏析比较

6.2.1.3　增加缺陷密度

　　与铸态合金相比,快速凝固合金中的空位、位错等缺陷密度有较大增加。一方面,由于液态合金中空位形成能比固态合金的空位形成能小得多,例如固态

A1 中空位形成能为 0.76 eV[7]，而液态 Al 的空位形成能仅为 0.11 eV，所以液态合金中的空位浓度比固态合金高得多，快速凝固时大部分空位来不及析出而留在固态合金中。另一方面，由于凝固速度很高，晶体长大过程中容易形成空位，因而快速凝固合金一般有很高的空位浓度。例如，快速凝固 Pb 的空位浓度是固态淬火时空位浓度的 5 倍[8]。同时，由于合金在快速凝固过程中受到较大的热应力，空位聚集崩塌后会形成位错环，这些因素都使快速凝固合金中的位错密度，特别是位错环密度，比一般铸造合金增加很多。此外，快速凝固合金的层错密度也很高，尤其在 Cu、Ni、Ag、Au 与 Al、Zn、Cd、Sn 组成的二元合金中，层错密度更高一些。快速凝固合金中空位浓度和位错、层错密度的这些特点对合金的溶质扩散、相变以及性能都会产生重要影响。

6.2.1.4　形成新的亚稳相

合金在快速凝固后形成许多新的亚稳相是其微观组织结构的一个主要特点。亚稳相的形成与控制无论是对新型合金的研制、现有合金性能的改善，还是对物理冶金理论的研究都具有重要意义。

亚稳相和不稳定相都是非平衡相，但是，亚稳相又与不稳定相有所不同。亚稳相的定义如下：在相空间中，在一定的温度、压力、成分等状态条件下，吉布斯自由能 G 比稳定相或平衡相高的相。但是亚稳相不像不稳定相那样会在任意小的能量起伏作用下自发地转变成稳定相或其他亚稳相，而是必须在外界环境作用下经过热激活越过势垒才能转变成稳定相或其他亚稳相。所以亚稳相的特点在于它既偏离稳定相又偏离不稳定相，并能在一定的条件下较长时间保持不变。这种条件取决于亚稳相的稳定化转变势垒与外界作用的相对大小。统计热力学理论表明，一个多自由度的复杂体系只要不是处于绝对零度，其内部的微观粒子总是处于不断运动的状态，因而会使系统的局部状态出现对宏观平均态的微小偏离，即出现起伏或涨落。这种起伏一般只能使不稳定相发生变化，而亚稳相由于存在稳定化转变的势垒，尽管它的自由能比稳定相高，在热力学上存在降低自由能并向稳定相转变的驱动力，但是要使可能性转变为现实性，则必须借助外界的热激活作用克服稳定化转变的势垒。由于许多亚稳相的稳定化转变势垒 $\Delta G \gg kT$（T 是室温，k 是玻尔兹曼常数），所以如果没有外界作用，这些亚稳相可以在室温下长期保持不变，这为亚稳相的广泛应用提供了实际可能性。

事实上，在冶金和金属材料的理论研究以及生产实践中，亚稳相的形成、特性和控制的研究占有十分重要的地位，这是物理冶金和材料科学区别于其他凝聚态学科的主要特点之一。这一方面是因为利用稳定相Ⅰ—亚稳相—稳定相Ⅱ

的相变过程,在不用改变合金成分的条件下,可以使稳定相Ⅰ的微观组织形态得到很大改善,从而提高合金的性能,这要比设计、研制一种新成分的合金容易得多。例如,广泛应用的通过固态淬火和随后回火或时效使合金强韧化的工艺就是依据这一相变原理设计的。另一方面,金属材料中的许多亚稳相都具有稳定相所没有的优良微观组织结构和性能,只要在使用状态下不存在使亚稳相稳定化转变的热激活条件,就可以长期使用主要由亚稳相组成的材料。因此,研究亚稳相形成的规律与应用途径,寻找具有新的特性的亚稳相,已经成为研制新型合金材料的重要课题和有效途径。但是,固态淬火时,由于冷速很低,只能形成很少几种亚稳相。而快速凝固时,合金由于具有很大的凝固速度和过冷度,使平衡或接近平衡条件下凝固时主要受热力学支配的相变规律有可能出现较大变化,因而为亚稳相研究开辟了重要的途径。快速凝固合金中出现的亚稳相一般可以分成以下三种类型。

1) 平衡相图中,端际固溶体溶质固溶度亚稳扩展后形成的过饱和固溶体

在代位固溶体中,杜韦兹(Duwez)在创立快速凝固技术的同时,首先在符合休姆-罗瑟里定则(Hume-Rothery rule)的 Cu - Ag、Ag - Pt 等合金系中,抑制了共晶反应,得到了过饱和的完全固溶体。在不满足这一定律的 Ag - Ge 等合金系中,虽然一般方法无法提高其固溶体的固溶度,但是快速凝固可以使 Ag - Ge 合金中固溶体的溶质固溶度从平衡态的 9.6% 提高到 13%(原子百分比)。除了上述代位固溶体外,快速凝固后溶质在间隙固溶体中的固溶度也有明显的提高。例如,快速凝固 Fe - C 合金中的固溶度可以从 0.3% 提高到 16.2%(原子百分比);在快速凝固高合金钢中,B 的固溶度可以增加到平衡固溶度的 3 倍[9]。

除了在上述简单合金中溶质的平衡固溶度有很大扩展外,我们在成分复杂的快速凝固 IN - 100 镍基高温合金中,也发现 γ(Ni)代位固溶体中多种溶质元素的固溶度也与简单合金一样有明显提高,并完全抑制了铸态合金中的 $\gamma + \gamma'$ 共晶组织,而且固溶度随着凝固冷速的提高而增加。图 6.2.6 所示为快速凝固 IN - 100 合金 γ 固溶体的点阵常数 a 与熔体旋转装置中辊轮转速之间的关系。从图 6.2.6 可以看出,固溶体的点阵常数与辊轮转速之间近似成线性关系。由于固溶体的点阵常数和辊轮转速可以分别近似表示溶质的固溶度和凝固冷速的大小,所以图 6.2.6 说明了快速凝固合金中溶质固溶度与凝固冷速之间近似成线性关系。此外,在快速凝固 Al - Mn 合金中也发现了类似的关系[10]。上述结果都表明,快速凝固合金中的代位固溶体和间隙固溶体的溶质固溶度都有较大的亚稳扩展,而且一般冷速越高,扩展越大。

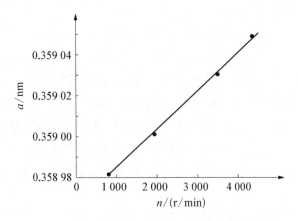

图 6.2.6　快速凝固 IN‑100 合金 γ 固溶体的点阵常数 a 与辊轮转速 n 之间的关系

2）相区沿成分轴或温度轴方向的亚稳扩展相

第二类亚稳相是平衡相图中除了上述端际固溶体的固溶度亚稳扩展以外，合金相区沿成分轴或温度轴方向亚稳扩展形成的。例如，在 Fe‑C 合金中，通常在高温下形成的 γ 相和高压下形成的 ε 相均可以在快速凝固后于室温和常压下存在。又例如，一些与平衡相图中包晶反应有关的平衡相在快速凝固时的形成温度可以从较低温度扩展到较高温度，或者扩展形成的成分范围抑制相邻稳定相的形成。图 6.2.7(a) 表示了 Fe‑Ni 合金平衡相图的富 Fe 端。如图中虚线所示，在 Fe‑30％Ni 合金和不锈钢（主要成分为 17.3％ Cr、8.7％ Ni、1.6％ Mn

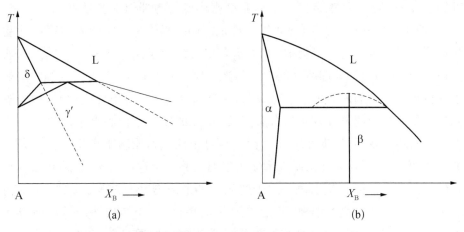

图 6.2.7　快速凝固合金相区亚稳扩展示意图（虚线为亚稳扩展后的相线）

(a) Fe‑Ni 合金富 Fe 端的平衡相图；(b) 包晶反应的局部平衡相图

以及 C、Fe 等)中,当凝固冷速达到一定值时,均发现体心立方(body-centered cubic, bcc)的 δ 相亚稳扩展到 γ 相区并抑制了稳定的面心立方(face-centered cubic, fcc)的 γ 相形成。在快速凝固 Sn - Cd 合金和 Pb - Bi 合金中也都发现作为平衡包晶反应产物的金属间化合物 β 相可以如图 6.2.7(b)中虚线所示在更高的温度和更大的成分范围中形成。我们在快速凝固镍基高温合金和 Ni - Al 合金中也发现了当合金成分位于包晶反应区而且冷速大于一定数值时,作为包晶反应产物的 γ' 相完全取代了稳定的初生相 β。同时,在成分与平衡相图中,在共晶反应与其他反应有关的快速凝固合金中也发现了许多与上述情况类似的亚稳相[11]。

3) 平衡相图中没有的亚稳相

在贵金属合金的中间相中有一类相结构与价电子浓度(VEC)之间存在一定对应关系、符合休姆-罗瑟里定则的电子相,但在常规铸造凝固条件下,Ag - Ge、Au - Sb 等合金中有些与一定电子浓度对应的电子相始终没有发现,而在快速凝固后的这类合金中,这些"丢失"了的相作为亚稳相出现了。例如,在快速凝固 Ag - Ge、Ag - Si 和 Au - Si 合金中就发现了 VEC=1.75、具有六角密积结构(hexagonal close-packed structure, HCP structure)的新的亚稳相。此外,在 Au - Si 合金中发现了由 500 多个原子组成一个晶胞的复杂亚稳相。在快速凝固 Al - Ge 合金中先后发现了四种新的亚稳相[12]。

热力学和统计物理理论表明,在相空间中决定平衡相形成的状态变量主要是温度、压力和合金成分,同样,亚稳相的形成也主要取决于合金成分等内部因素和外部环境约束条件。影响亚稳相形成的内部因素包括组元的种类、含量、原子结构和电子结构特性等。Hornbogen[13]认为快速凝固过程中亚稳相的形成及稳定性与稳定类似,取决于各组元的原子尺寸比和电子结构。研究还表明,亚稳过饱和固溶体的形成与溶质原子的 Wigner-Seitz 半径和固溶热之间也存在一定的对应关系。这说明,在凝固冷速等外部条件一定时,快速凝固过程中亚稳相的形成确实与合金成分、组元的原子结构和电子结构等性质有十分密切的联系,发现和掌握这种关系对于预测和控制亚稳相的形成是十分必要的。但是,这方面的研究大多限于对实验结果进行归纳、总结和结合现有的理论导出各种经验规律。由于亚稳相的形成与合金或组元的微观结构的关系实际上是非常复杂的,而合金相形成理论、电子结构理论等本身也还很不完善,所以,对产生这些经验规律的更深刻的原因目前还缺乏进一步的认识。

为了在快速凝固合金中预测与控制亚稳相的形成,研究亚稳相的形成与外部约束条件的关系显得更加重要。这方面的研究主要是探索温度、压力或其他条件的变化对亚稳相形成的影响。例如,有学者研究了在快速凝固过程中迅速增加压力对 Al‑Mn 等合金中形成亚稳相的影响[14]。但是,在实际的快速凝固过程中,通常主要研究过冷熔体温度或凝固冷速对亚稳相形成的影响,主要有两种不同的研究方法。第一种方法是对热力学函数和数据进行适当外推,即首先通过试验测定有关亚稳相形成的热力学数据,导出亚稳相形成能与熔体温度的关系,再利用经过适当外推的液相形成能与温度的函数关系,求出亚稳相和过冷液相形成能相等的温度或亚稳相的形成温度。这一方法可以用于平衡相图上已有或没有亚稳相形成的预测。与此类似,预测平衡相图中相区亚稳扩展形成的亚稳相的热力学方法是根据实验观察结果,将平衡相图中的有关临界线外推到更低的温度和更宽的成分范围。预测亚稳过饱和固溶体的形成,即估计形成具有一定过饱和固溶度的固溶体时熔体必须达到的过冷度或凝固冷速,一般就要利用上述外推的结果。如图 6.2.8 所示,C_m 为合金 A‑B 中固溶体 a 能达到的最大平衡固溶度,$C_0 > C_m$。图中的点画线就是平衡固、液相线经过适当外推后得到的亚稳临界线,通常只要过饱和固溶度 C_0 从理论上考虑确实可以达到,就可以假定有一成分恰为 C_0 的合金,当此合金实现以无溶质分配方式凝固时,就会形成固溶度为 C_0 的亚稳固溶体。而实现无溶质分配凝固的条件,熔体应该至少过冷到温度 $T \leqslant T_0$,T_0 是成分为 C_0 的合金熔体与同成分固体自由能相等的温度,同时还应该考虑平界面凝固条件和热流条件对熔体过冷度的要求。当熔体系统向外部环境传热的热流速度很小,熔体凝固后释放的熔化潜热主要以熔体温度升高的方式吸收时,熔体应该过冷到图 6.2.8 所示的 T_1 温度时才可能形成过饱和固溶度为 C_0 的亚稳固溶体。图中 $T_1 < T_S$,T_S 是合金 C_0 的成分线与外推的亚稳固相线相交的交点温度,而 $T_S - T_1 \approx \dfrac{\Delta H_m}{C_p}$,式中,$\Delta H_m$ 和 C_p 分别是此亚稳固溶体或成分为 C_0 的合金的熔化潜热和定压热容量。当然,如果熔体系统向外部环境

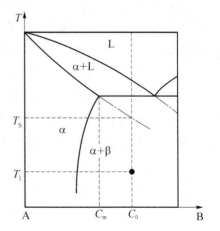

图 6.2.8 亚稳过饱和固溶体形成示意图

传热的热流速度很高,熔体凝固时温度没有明显回升,则当合金熔体凝固前的过冷度满足无溶质分配凝固的热力学条件与平界面凝固条件,就可能形成相应的亚稳固溶体。实际处理时,通常是经过热力学计算求出与扩展后的固溶度 C_0 相应的 T_0,把 T_0 近似作为形成亚稳固溶体的熔体过冷温度。可以看出,上述预测亚稳相形成的热力学外推方法由于不需要了解亚稳相形成过程中的动力学信息,所以比较容易应用,但是也正因为如此,采用这种方法时实际上忽略了动力学因素在亚稳相形成中的重要作用。

另一种方法是形核动力学方法,这一方法把经典形核理论中的形核率 I 和单位体积中的晶核数 n 当作熔体温度的函数,并且建立 n 与 I 之间的关系:

$$n(T_1) = \int_{T_1}^{T_L} \frac{I(T)\mathrm{d}T}{\dot{T}} \tag{6.2.2}$$

式中,T_1 为形核过程中某一熔体的温度;T_L 为合金相图中液相线的温度;$n(T_1)$ 表示当熔体温度从 T_L 变化到 T_1 时单位体积熔体中形成的晶核数目。

然后,定义当单位体积熔体中稳定相或亚稳相晶核的数目 $n=1$ 时的熔体温度为稳定相开始形核的温度(简称形核温度)T_N^s 或亚稳相的形核温度 T_N^m。联立求解式(6.2.2)与式(1.2.11),再代入与稳定相和亚稳相有关的参数后,可以分别求出 T_N^s、T_N^m。当 $T_N^m > T_N^s$ 时,合金在快速凝固时将形成亚稳相而抑制稳定相,而 $T = T_N^m$ 就是形成亚稳相时熔体的过冷温度。这一方法虽然考虑了形核动力学在亚稳相形成中的重要作用,但是实际上是分别考虑和处理亚稳相和稳定相的形核,而没有具体考虑它们在同一熔体中可能形核时的相互影响与作用。此外,当 $T_N^m > T_N^s$ 而形成亚稳相时,熔体过冷度要比凝固形成稳定相时的熔体过冷度还要小,这显然是与实际情况不一致的。

根据实验结果,对上述方法做了改进,在快速凝固的镍基高温合金和 Ni-Al 合金中发现,亚稳 γ' 相(Ni_3Al)和稳定的 β 相($NiAl$)的相对数量、γ' 的成分随着凝固冷速的变化会发生一些规律性的变化。图 6.2.9 表示以不同冷速凝固的 Ni-27.3%(原子百分比)Al 合金中 β 相体积分数 X 与凝固冷速 $\dot{T}$ 之间的关系。从图中可以看到,β 相数量随着冷速的增加而减少,而且 X 与 $1/\lg \dot{T}$ 近似成线性关系,计算表明线性相关系数为 0.99。把这一线性关系外推可以得到当凝固冷速 $\dot{T}$ 达到临界冷速 $\dot{T}_C = 7.0 \times 10^8 \ \mathrm{K/s}$ 时,β 相的体积分数为零。由于在快速凝固 Ni-27.3%(原子百分比)Al 中只有 β 与 γ' 两相,所以这一结果即表明,当

$\dot{T} \geqslant \dot{T}_{\mathrm{C}}$ 时，亚稳相将完全抑制稳定的 β 相。图 6.2.10 表示用透射电镜 (EM400T)附设的能谱仪在各快速凝固样品中测定的亚稳 γ′ 相成分与相应冷速的关系。结果表明，随着凝固冷速的增加，γ′ 成分越来越接近合金平均成分，这与亚稳 γ′ 相数量随冷速变化的趋势一致。

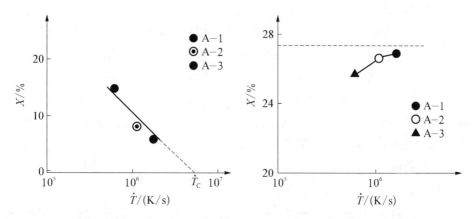

图 6.2.9 快速凝固 Ni‑27.3%(原子百分比)Al 合金中 β 相体积分数 X 与凝固冷速 $\dot{T}$ 的关系

图 6.2.10 快速凝固 Ni‑27.3%(原子百分比)Al 合金中亚稳 γ′ 相 Al 浓度 X 与冷速 $\dot{T}$ 的关系

　　在上述实验结果的基础上，根据凝固形核动力学，可以进一步分析快速凝固过程中亚稳相形成的主要机制，导出亚稳相完全抑制稳定相形成的临界判据。任何一种相能否在快速凝固中形成，不仅取决于相变过程从热力学考虑是否有利，即是否降低系统的吉布斯自由能，还取决于从相变动力学考虑是否有利，即具体的相变过程是否容易进行。仅仅从热力学出发显然无法解释在一定的快速凝固条件下为什么熔体不是凝固形成自由能较低的稳定相而是形成自由能较高的亚稳相，因此，还应该从快速凝固的具体过程出发，分析亚稳相形成的机制。由于晶态合金的凝固(包括准晶合金)是一级相变，固相的形成必然经历形核和长大两个阶段。而形核是长大的前提，并且，一般金属形核后长大速度都很大，在快速凝固过程中更是如此，所以凝固过程中一种晶态固相能否形成的决定因素首先是它能否形核，这也是得到成功应用的非晶态金属形成理论的指导思想。同时，在实验中已经发现许多亚稳相的形成是由形核过程控制的。

　　另一方面，亚稳相在快速凝固过程中的形成还有更深刻的原因。由于过冷熔体开始快速凝固时可能形核的除了亚稳相外还有稳定相，因而，任何一相的形核结晶必然会对在同一熔体中另一相的可能形核产生重要影响。例如,在某一相首先择优形核并随后迅速长大的瞬间,必然会沿其固-液界面向周围熔体释放熔化潜热,从而减小熔体局域过冷度,这就会使在这一瞬间之前还不具备形核条件的另一相更加无法形核。因此,在快速凝固合金中形成稳定相还是亚稳相,实质上是它们之间的竞争形核过程。

由于快速凝固过程具有很高的凝固速度和很短的凝固时间,所以如果亚稳相的择优形核能够在熔体中普遍发生,则会完全抑制稳定相的形成。这就是说,亚稳相与稳定相竞争形核并择优形核是亚稳相在快速凝固过程中完全抑制稳定相的主要机制。简化起见,我们这里假定合金熔体只可能形成一种稳定相和一种与之竞争的亚稳相。在这样的条件下,尽管为了满足择优形核相对成分的要求,沿其固-液界面还会出现溶质流使局域熔体的成分发生变化,但是,这种成分变化不会影响与之竞争的另一相的可能形核,所以,这里没有考虑溶质流对亚稳相与稳定相竞争形核的作用。

与一般凝固过程中的固相形核一样,亚稳相的择优形核必须满足一定的热力学条件与动力学条件(见第 1 章)。热力学条件即熔体温度要低于其熔点温度或平衡相图中的液相线温度,使形核时固、液相体积自由能之差小于 0,从而提供形核的热力学驱动力。动力学条件即熔体系统要通过能量起伏克服主要由固-液界面能产生的形核势垒。在常规凝固过程中,由于稳定相和亚稳相的凝固速度 R 和过冷度 ΔT 均很小,一般只有稳定相才能同时满足这两个条件,而亚稳相很难出现。但是,在快速凝固过程中,两者的凝固速度和过冷度都明显增大,因而过冷熔体的温度可以同时低于稳定相和亚稳相的熔点温度,从而使稳定相和亚稳相都满足形核的热力学条件。由于可能形核的稳定相和亚稳相处于同一熔体中,与实际形核的微观过程有关的熔体原子跳跃频率和能量起伏对它们来说都是相同的,因此,决定亚稳相和稳定相中哪一个相择优形核的主要因素是它们的形核势垒的相对大小。而在固、液相成分一定的条件下,形核势垒 ΔG 是过冷熔体的温度 T 或过冷度 ΔT 的函数,所以,如果当熔体达到一定的过冷度,使亚稳相形核的势垒 ΔG^{m} 比稳定相形核的势垒 ΔG^{s} 小时,那么亚稳相将首先满足动力学条件而在熔体中普遍择优形核。如上所述,这将完全抑制稳定相的形成。正是在这一意义上,可以说对于快速凝固过程中亚稳相的形成,动力学作用比热力学作用更重要。

根据上述分析,可以建立下述亚稳相完全抑制稳定相而优先形成的理论模型:在给定成分的合金中,对于满足形核热力学条件的亚稳相和与之竞争的稳

定相,当亚稳相的形核势垒小于稳定相的形核势垒时,亚稳相将完全抑制稳定相而形成。因此,引入无量纲参数

$$Q = \frac{\Delta G^{\mathrm{m}}}{\Delta G^{\mathrm{S}}} = \frac{\dfrac{(\sigma_{\mathrm{SL}}^{\mathrm{m}})^3}{(\Delta G_{\mathrm{V}}^{\mathrm{m}})^2}}{\dfrac{(\sigma_{\mathrm{SL}}^{\mathrm{S}})^3}{(\Delta G_{\mathrm{V}}^{\mathrm{S}})^2}} \qquad (6.2.3)$$

当 $Q < 1$ 时,亚稳相将完全抑制与之竞争的稳定相;当 $Q > 1$ 时,亚稳相将形成稳定相。所以只要把 Q 表示成熔体温度的函数,选择 $Q=1$ 作为亚稳相完全抑制稳定相的临界数据,就可以求出亚稳相完全抑制稳定相而优先形成时的过冷熔体临界温度 T_{c} 以及相应的临界冷速 $\dot{T}_{\mathrm{c}}$。

上述模型和判据适用于有一个亚稳相与稳定相竞争的情况,当可能形成两个以上的亚稳相时,情况要更复杂一些。这一模型不仅不会得到不合理的形核温度 $T_{\mathrm{N}}^{\mathrm{m}}$、$T_{\mathrm{N}}^{\mathrm{S}}$,而且由于 Q 是作为 ΔG^{m} 与 ΔG^{S} 的比值,所以能够消除单独求 ΔG 时产生的误差。考虑到计算中还必须引入一些经验参数和近似,这对于保证计算结果的可靠性是很有意义的。特别是这一模型还具体分析了在同一熔体中可能形成的亚稳相与稳定相的相互影响,因而更符合亚稳相形成的实际情况。

把式(6.2.3)所示的临界判据应用于快速凝固 Ni‐27.3%(原子百分比)Al合金,可以求出亚稳 γ' 相完全抑制稳定 β 相的临界冷速 $\dot{T}_{\mathrm{c}} = 6.6 \times 10^6$ K/s,这与根据图 6.2.9 的实验结果外推得到的临界冷速数值十分接近。由于在快速凝固过程中,准晶相的形成也是包括形核与长大两个阶段的一级相变过程,所以上述模型与判据原则上也可以应用于预测准晶相与稳定晶态相竞争形成的临界温度与相应的临界冷速。

采用式(6.2.3)所示的判据时,必须已知或者能够计算出有关的稳定相和亚稳相的形核热力学和动力学参数,但是这一点现在还不容易做到,特别是对于固‐液界面能,不仅其测定很困难,而且采用理论计算方法也只能对具有 bcc 和 fcc 结构的简单合金相得到结果。所以为了能真正做到在实际生产中控制亚稳相的形成,进一步改善快速凝固合金的结构与性能,这方面的研究还需要深入进行。

6.2.1.5　在固态冷却过程中微观组织结构的变化

在以上几小节中说明的快速凝固合金的微观组织结构都是在凝固过程中形

成的,这些微观组织结构特点在合金凝固后的固态冷却过程中通常还会发生一些有规律的变化。实际上,我们在室温下观察到的微观组织结构就已经在固态冷却中发生了一些变化。因此,应该区别在快速凝固过程中和在凝固后固态冷却时形成的微观组织结构,并且注意微观组织结构在固态冷却中产生的变化对后续固结成型加工及合金最终性能的影响。

合金在快速凝固后,固态冷却时的冷速比凝固过程中的冷速要小,但是,与一般固态淬火的冷速相比要大很多。所以,快速凝固合金凝固后冷却的过程实际上相当于进行了冷速很高的固态淬火处理,因此,其有可能产生与一般固态淬火类似,但又有所不同的固态相变。在凝固后的固态冷却过程中究竟是否会发生固态相变和发生什么类型的固态相变主要取决于合金成分和固态冷却的冷速。当快速凝固合金的成分以及凝固后冷却的条件一定时,固态冷却的冷速主要由快速凝固过程中的冷速决定。在雾化和表面熔化快速凝固合金中,凝固后合金的传热方式基本相同,都是通过合金系统与环境的界面向冷却介质传热而冷却,因此,当合金凝固时的冷速较高时,凝固后固态冷却时冷速一般也比较高。在模冷快速凝固过程中,由于大部分晶态合金的凝固是受热传输控制或者受热传输与动量传输共同控制,所以,合金有可能在凝固后仍然与冷模短暂接触并冷却后才脱离冷模,因而凝固冷速越高时,固态冷却的冷速一般也越高。此外,合金快速凝固的冷速越高,凝固的过冷度越大,凝固后合金的温度一般也会越低,这也会影响凝固后的固态相变过程。

快速凝固合金在固态冷却过程中可能发生的主要变化是某些亚稳相的分解,例如,过饱和固溶体的分解。当分解反应形成新相的形核势垒较低、固态冷速较小时,亚稳相就比较容易分解。例如,在镍基高温合金中,fcc 有序的 $\gamma'-(Ni_3Al)$ 或由 Ti、Cr 等合金元素部分置换 Al 形成的合金 γ' 相与 $\gamma(Ni)$ 相的点阵类型相同、点阵常数非常接近,所以 γ' 相从 γ 固溶体中析出时的界面能和畸变能都很小,即 γ' 从 γ 固溶体中析出的形核势垒很小。对于富含 Al、Ti 等 γ' 相形成元素的合金,γ' 的析出要更容易一些。因此,在 Al>4.0%(质量分数),Ti>3.5%(质量分数)的镍基高温合金中,虽然快速凝固后 γ 固溶体的过饱和固溶度有很大扩展,可以完全抑制铸态凝固时出现的 $\gamma+\gamma'$ 共晶组织,但在固态冷却时却很难抑制 γ' 相从 γ 固溶体中析出。例如,在快速凝固的 APK1、IN-792、Nimonic80A 等合金中都观察到过饱和 γ 固溶体的分解。在 Al、Ti 含量较低的快速凝固 Rene95 合金中[含 3.5%(质量分数)Al、2.7%(质量分数)Ti],当凝固冷速很高(约为 10^7 K/s)时,固态冷却可以完全抑制 γ 过饱和固溶体的分解。而当凝固冷速较低(约为 10^6 K/s)时,在样品的微区电子衍射分析照片中出现了 γ′ 超结构电子衍射。但透射电镜形貌观察结果表明,在 γ 相基体上只出现了模糊的斑纹状(mottle)结构,γ 与 γ′ 相之间的相界还没有完全形成,即 γ′ 相是处于预析出阶段,与一般镍基高温合金铸态冷却时析出的有清晰相界的 γ′ 有所不同。在含有 5.8%(质量分数)Al、5.7%(质量分数)Ti 的 IN-100 合金中,同样在约为 10^7 K/s 的凝固冷速下也不能完全抑制过饱和 γ 固溶体的固态分解,而是出现了处于预析出阶段的 γ′ 相。当凝固冷速降低或者进一步增加合金中 Al、Ti 含量时,快速凝固过程中形成的亚稳过饱和 γ 固溶体就会完全分解、弥散析出颗粒状的 γ′ 相,但是 γ′ 相的颗粒仍然比铸造凝固合金中的 γ′ 相晶粒细小。

此外,在 Al、Ti 含量较高的镍基高温合金中,铸造凝固时观察到从有一定固溶度的具有 bcc 结构的金属间化合物 β(NiAl)有序相中析出了 γ′ 相,与平衡相图的预测一致。快速凝固后,合金形成了相区亚稳扩展的 β 相,并且即使在凝固冷速较低(约为 10^5 K/s)时,凝固后的固态冷却也仍然可以完全抑制亚稳β 相的分解。这主要是因为 β 相的点阵类型与 γ′ 相不同,点阵常数也相差较大。因此,从 β 相中析出 γ′ 相的形核势垒较高,当固态冷却的冷速比较高时就能完全抑制快速凝固中形成的亚稳 β 相的分解[15]。上述结果说明,为了确定在快速凝固过程中形成的亚稳相在凝固后的固态冷却以及随后的固结成型加工过程中可能发生的变化,必须对合金成分、亚稳相的结构与成分、相应的稳定相的结构与成分以及凝固冷速、固态冷却和固结成型加工的工艺条件进行具体分析。要使快速凝固过程中形成的亚稳相对改善合金的性能真正发挥作用,就必须适当控制影响亚稳相分解的有关因素,或者改变亚稳相自身的结构与成分,从而缩小亚稳相与稳定相在热力学自由能上的差距及提高亚稳相发生稳定化转变的激活势垒。

快速凝固合金凝固后的固态冷却过程还会对常见的马氏体相变产生重要影响。当快速凝固的冷速较高时,凝固后固态冷却可以抑制马氏体相变的进行。先后在快速凝固镍基高温合金和 Ni-27.3%(原子百分比)Al 合金中观察到这类现象。研究表明,bcc 有序的 β(NiAl)相在加热至 1 000 ℃ 以上进行通常的高温淬火时会发生马氏体相变,转变成 AuCu I 型马氏体[16]。但是当快速凝固的冷速较高时,凝固后冷却时没有发生马氏体相变,只是在 β 相的选区电子衍射花样中,在 bcc 结构的衍射斑点上出现拉长条纹的电子衍射异常现象。这种拉长条纹主要沿$\langle 110 \rangle$和$\langle 112 \rangle$方向,而这两个方向恰好是β相产生马氏体相变发生切变时的滑移面法线方向。这表明在固态冷却中,β相虽然没有完全发生切变,但是已经产生了点阵失稳,这种现象称为预马氏体效应[17]。在Ni-Ti、Au-Cu-Zn等快速凝固合金中也观察到了类似的现象。同时,在Ni-27.3%(原子百分比)Al合金中发现,当快速凝固的冷速较低时,除了部分β相仍然只出现预马氏体效应而没有发生马氏体相变外,另一些β相在固态冷却中已经发生了马氏体相变,形成具有层错或孪晶亚结构的马氏体。而且随着凝固冷速的进一步减小,发生马氏体相变的β相数量相应增加。此外,快速凝固还会改变合金的马氏体相变点。例如,快速凝固的Fe-Ni合金在凝固后的固态冷却过程中,虽然没有抑制马氏体相变,但是与一般的固态淬火相比,马氏体转变的临界温度M_s明显下降,相应的残余奥氏体数量也显著增多。出现这些现象的原因可能与快速凝固后扩大了奥氏体的相区、减小了发生马氏体相变的驱动力有关。

除了上述变化外,快速凝固合金在固态冷却中还会出现晶粒长大、空位复合、位错重新排列等变化,但是由于快速凝固合金的晶粒十分细小,位错和空位等缺陷密度很高,而固态冷却时的冷速总的说来仍然比较大,所以这些变化并不明显。同时,在许多合金中由于稳定化转变势垒的限制,亚稳相以及过饱和固溶体并没有在固态冷却过程中分解或完全分解。即使在固态冷却过程中,某些亚稳相,特别是亚稳过饱和固溶体,发生了分解,但由于析出相以高密度的位错等缺陷为形核媒质,所以有很高的形核速率,而母相的晶粒又很小,所以析出第二相的尺寸也非常细小。因此,一般在室温下观察到的经过固态冷却后的快速凝固合金的微观组织结构仍然具有前面所述的特点。

总之,与铸态合金相比,快速凝固合金的微观组织结构有了很大的改善,特别是克服了铸态合金中枝晶粗大、成分严重偏析的主要缺点,使化学成分和微观组织结构十分均匀,晶粒尺寸大大减小,因而为提高合金的性能打下了良好的基础。

6.2.2 主要性能特点

快速凝固合金一般都具有优异的力学性能与物理性能,并且已经在许多领域得到广泛的应用。这里主要介绍快速凝固合金的一般性能特点。

6.2.2.1 力学性能

由于快速凝固合金微观组织结构的尺寸与铸态合金相比明显细化,而且更加均匀,所以其具有很好的晶界强化与韧化、微畴强化与韧化等作用。成分均匀、偏析减小不仅提高了合金元素的使用效率,还避免了一些会降低合金性能的有害相的产生,消除了微裂纹萌生的隐患,因而改善了合金的强度、延性和韧性。固溶度的扩大、过饱和固溶体的形成不仅起到了很好的固溶强化作用,也为第二相析出、弥散强化提供了条件。位错、层错密度的提高还产生了位错强化的作用。此外,快速凝固过程中形成的一些亚稳相也能起到很好的强化与韧化作用。所以通常的铸态合金经过快速凝固后,硬度、强度、韧性、耐磨性、耐蚀性等室温力学性能和某些高温力学性能都有较大提高,而在常规铸态合金的基础上经过成分调整的和具有全新成分的快速凝固合金一般则具有更加优异的性能。

例如,Fe-Ni 合金在快速凝固后的维氏硬度达到 700 kg/mm^2,是一般经过固态淬火后相同成分合金达到的硬度(250 kg/mm^2)的 2.8 倍[18]。快速凝固 Al-Fe、Al-Mn 合金的硬度与铸态合金相比也有明显提高。而快速凝固 Al-Au 合金的流变强度和断裂强度比锻造后的铸态合金提高了 2~3 倍,并且硬度和强度的提高幅度随着合金凝固冷速的提高而增大。由于超塑性通常是具有细小晶粒(一般不大于 20 μm)的多相合金在约为 0.5 T_m(T_m 是合金的熔点)的温度下经过晶界滑动产生很大塑性形变的一种特性,因而晶粒经过显著细化后的快速凝固合金比较容易具有超塑性。例如,Al-17%(质量分数)Cu 合金在快速凝固后产生了铸态凝固时所没有的超塑性,其延伸率达到 600%[19]。快速凝固合金具有的超塑性十分有利于固结成型和其他进一步的加工。此外,快速凝固提高了 M2、M16 高速钢的表面硬度和强度,使它们具有很好的耐磨性能和切削性能。快速凝固还可以提高不锈钢的抗氧化性能和耐蚀性以及提高合金抗辐射的稳定性[20]。

作为结构材料,薄片、薄带、粉末形态的快速凝固产品一般要经过固结成型加工成大块构件或坯件才能实际投入使用。只要正确掌握固结成型工艺,特别是控制加工温度,固结成型后的大块构件和材料仍然能基本保持快速凝固后形成的优良微观组织结构,同时还可能产生第二相弥散析出的沉淀强化作用,因而最后投入使用的快速凝固合金一般也都具有十分优异的力学性能。例如,经过冷挤压成型的快速凝固 Al-11%(质量分数)Si 合金已经投入市场使用,它在 300~700 K 温度范围内的抗拉强度是常规铸造合金的 2 倍。经过挤压或冲击成型的快速凝固铜合金在 800 K 时的强度比经过挤压加工后的铸态合金增加了 4 倍,而含 4.5%(质量分数)Cu、0.6%(质量分数)Mn、1.5%(质量分数)Mg 的铝合金在快速凝固并固结成型后,由于所含的夹杂粒子尺寸明显细化(从大于 10 μm 变成小于 1 μm)等微观组织结构的改善,因而在 20 MPa 应力作用下的室温疲劳寿命比铸态合金提高了 7 倍。

图 6.2.11 比较了不同含碳量的 9Ni-4Co 钢经过快速凝固和挤压固结成型后与相同成分的铸态合金的 γ 相晶粒长大性质。从图 6.2.11 可以看出,即使是含碳量较高[0.8%(质量分数)C]的快速凝固合金,在 1 200 ℃高温下的 γ 相晶粒直径也只有 20 μm 左右,而在同一温度下,相同成分铸态合金的 γ 相晶粒直径约为快速凝固合金中 γ 相晶粒直径的 20 倍。

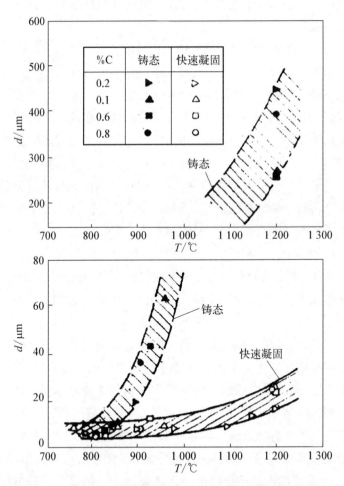

图 6.2.11   9Ni-4Co 钢在快速凝固和固结成型后与铸态凝固后 γ
相晶粒尺寸 d 与温度 T 的关系(保温时间均为 1 h)

　　图 6.2.12 表示了快速凝固并固结成型的镍基高温合金、铝合金和钢与常规铸态合金相比,在室温与高温力学性能、抗腐蚀性能和抗氧化性能等方面的提高状况。图中将应力 σ、工作温度 T 和抗腐蚀及抗氧化性能 H 作为坐标轴建立了三维坐标系,将合金的抗拉强度、蠕变强度、疲劳强度、抗腐蚀和抗氧化的寿命以及相应的工作温度等性能极限用坐标系中的三维曲面表示,合金在超出该曲面的工作条件下使用时将会失效。图中的虚线表示常规铸造合金,实线表示快速凝固合金。图 6.2.12 表明,快速凝固并固结成型的合金在许多性能上都比铸态合金有较大提高。例如,快速凝固镍基高温合金在承受的蠕变应力一定时,工作温度平均可以提高约 70 ℃,抗氧化寿命平均增加 14 倍;快速凝固铝合金的抗拉强度平均提高 20%,疲劳强度平均提高 10%,工作温度平均提高约 70 ℃;快速凝固钢的抗氧化和抗腐蚀性能也有明显的改善。

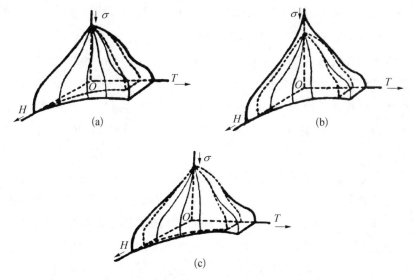

图 6.2.12　快速凝固合金与晶态凝固合金性能比较

(a) 镍基高温合金;(b) 铝合金;(c) 钢

6.2.2.2　物理性能

　　快速凝固合金的微观组织结构特点还使它们具有一些常规铸态合金所没有的独特物理性能。例如,快速凝固形成的一些亚稳相具有较高的超导转变温度,其中由过渡族金属元素 Nb 和非过渡族金属元素 Sn 组成的 Nb_3Sn 的超导转变温度可以达到 18 K[21]。研究表明,在这类相中,由电子与声子的特定相互作用决定的超导性能对过渡族金属原子的位置特别敏感,快速凝固后沿这些亚稳相的立方轴方向上形成了过渡族金属原子的线性原子链,这对提高超导性能十分有利。同时,由于快速凝固还可以使某些不满足化学计量比的平衡相扩展相区形成符合化学计量比的亚稳相,这也会使超导转变温度明显提高。例如,不符合化学计量比的平衡 Nb_3Ge 相的超导转变温度只有 7 K,而符合化学计量比的亚稳 Nb_8Ge 相的超导转变温度就提高到 17 K。由于平衡相相区的亚稳扩展程度与凝固冷速有关,所以对一定成分的合金存在一个使其超导转变温度达到最高的最佳冷速[22]。

　　快速凝固合金的成分偏析显著减小对提高合金的磁学性能十分有利,而且有些在快速凝固中形成的亚稳相还有很高的矫顽力等特性,所以某些快速凝固晶态合金也与非晶态合金一样具有很好的磁学性能。例如,通常用作硬磁材料的 Anico 合金的磁能积(BH)达 $3\times10^4 \sim 5\times10^4$ T·A/m(1 T·A/m $= 10^2$ G·Oe)。又例如,当温度连续降低至 14 K 时,快速凝固的 Fe-52%(质量分数)Co-14%(质量分数)V 合金的磁矩比常规铸造合金增加了 6～7 倍[23]。这可能是由于合金在快速凝固中形成了许多直径约为 5 nm 的超顺磁粒子,所以在室温下储存了很强的铁磁性。当温度持续降低时,这些超顺磁粒子连续转变为具有单个畴壁的铁磁粒子,因而使合金具有很大的磁矩。此外,快速凝固的 Fe-Si-Al 合金同时具有很好的软磁性能和冷加工性能,可以直接加工成变压器的芯片。

　　某些快速凝固合金具有很好的电学性能。例如,作为电阻合金用的 Fe-Cr-Al 合金在用常规铸造工艺生产时与许多铸造合金一样,冷加工性能比较差,为了保证冷加工性能不下降太多,只能把对提高电阻率有重要作用的 Cr 和 Al 的含量分别限制为不超过 15% 和 6%。快速凝固后,合金的冷加工性能有了明显改善,所以 Cr 和 Al 含量可以分别增加到 35% 和 25%,因而使合金的电阻率有较大提高,达到 1.86 MΩ·m,而且电阻的温度系数也很小。

　　正因为快速凝固晶态合金一般都具有上述优异的微观组织结构和性能,同时快速凝固产品经过固结成型可以直接加工成所需要的形状与尺寸,因而能减少加工工序与节约能源。此外,某些经过成分调整和改进的快速凝固合金还可以节约许多宝贵的战略元素。因此,这一类新型合金在许多领域得到了广泛的应用。在这些应用中,除了可以作为电子探针和中子激活分析以及透射电子显微镜的样品等实验室应用外,快速凝固合金已经应用在热挤压不锈钢管、高速钢刀具甚至飞机发动机叶片和加载轮上等。

6.3　快速凝固非晶态合金

非晶态是人们早已熟悉的一种物质形态,它通常指熔体、液体和不具有晶体结构的非金属物质。虽然 20 世纪 50 年代前后已经在低温蒸镀和电镀薄膜中发现金属也可以形成非晶态,但是直到 1960 年杜韦兹(Duwez)创立了快速凝固技术,并应用这一技术在 Au-Si 合金熔体中制备了非晶态合金后,非晶态的概念才开始与固态金属和合金联系在一起,并且常用金属玻璃(metallic glass)来表示非晶态合金(在本书中,这两个概念的含义相同)。随着越来越多的非晶态合金的发现和它们所具有的各种独特性能的揭示,非晶态合金不仅作为合金在快速凝固中出现的一种亚稳相,而且成为一类重要的合金材料。特别是 1973 年美国首先生产出具有很好的导磁和耐蚀性能的非晶铁基合金薄带后,非晶态合金的研究受到了世界各国的广泛重视和关注,在非晶态合金的结构、性能、应用以及生产工艺等方面的研究中都取得了很大的进展。20 世纪 70 年代中后期以来,国内许多单位也开展了非晶态合金的研究,其中不少非晶态合金已投入实际应用,并取得了显著的成效。

除了用快速凝固和上面提到的低温蒸镀、电镀等沉积方法可以制备非晶态合金外,还可以应用离子束混合、离子注入、溅射、固态反应等方法得到金属玻璃。但是一般说来,应用快速凝固技术制备的非晶态合金不仅性能较好,而且生产效率高、成本低,已经应用于工厂化生产。本节将集中介绍金属玻璃的形成以及金属玻璃的种类、结构和稳定性、性质以及应用概况。

6.3.1　非晶态合金的形成和分类

6.3.1.1　非晶态合金的形成

合金熔体快速凝固形成金属玻璃的过程与凝固结晶过程有较大的不同。首先,从凝固过程本身来看,在金属玻璃凝固时,随着冷速的增大和温度的降低,熔体连续且整体地凝固成非晶态合金。而在凝固结晶时,晶体的形成经历了形核和长大两个阶段,并且通过固-液界面的运动从局部到整体逐步凝固结晶。其次,从凝固过程中某些热力学量的变化来看,在金属玻璃形成前后,熵是连续变化的,而作为系统吉布斯自由能 G 二阶偏导数的定压比热容 $c_p\left(c_p=-T\left.\dfrac{\partial^2 G}{\partial T^2}\right|_p\right)$,在凝固前后却不连续变化。图6.3.1根据实验测定结果

表示了液态(熔体)、玻璃态和晶态合金的比热容 c_p 随温度变化的关系。相比之下,晶体在凝固前后,比热容 c_p 是连续变化的,而作为系统吉布斯自由能 G 一阶偏导数的熵 $S\left(S=-\left.\dfrac{\partial G}{\partial T}\right|_p\right)$,却不连续变化,所以在凝固结晶时熔体要释放熔化潜热 ΔH_m(对于纯金属,$\Delta H_m = T_m\Delta S$)。根据朗道对相变的分类,金属玻璃的凝固形成应该属于二级相变,而晶体的凝固结晶则属于一级相变。

正因为金属玻璃的凝固是一个连续的相变过程,所以通常把凝固过程中比热容 c_p 发生突变对应的温度定义为合金的非晶态形成温度或玻璃转变温度 T_a(见图 6.3.1)。由于金属玻璃处于亚稳状态,所以与晶态亚稳相类似,动力学因素对非晶态合金的形成起着重要作用。对一定成分的合金,非晶态形成温度 T_a 并不是一个常数,而是受到凝固条件的影响[24]。例如,当凝固冷速从 10^3 K/s 变化到 10^8 K/s 时,$Pd_{71.5}Cu_6Si_{16.5}$ 金属玻璃的玻璃转变温度相应地从 666 K 增加到719 K。在金属玻璃凝固的过程中,熔体的黏度虽然也是连续变化的,但是变化的速率很大。通常合金熔体的黏度只有 10^{-2} Pa·s,而凝固成金属玻璃时迅速升高到 10^{12} Pa·s 以上,其中在 T_a 附近 20 ℃ 范围内,黏度增加约 4 个数量级。

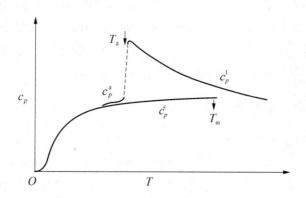

l—液态;a—玻璃态;c—晶态;T_m—合金熔点;T_a—玻璃转变温度。

图 6.3.1 合金在液态、玻璃态和晶态时的定压比热容 c_p 与温度 T 之间的关系

十分明显,金属玻璃在凝固时存在着与晶态相(包括平衡相与亚稳相)的竞争,因此,只有具备不利于晶态相凝固形成的条件才能有利于非晶态的形成。具

体的研究表明,与晶态亚稳相的形成相似,金属玻璃的形成也主要由合金成分和
凝固冷速这两个合金系统内部和外部的因素决定。下面将分别从这两个方面简
要论述金属玻璃的形成规律。显然,了解和掌握这些规律对于预测和控制金属
玻璃的形成、研制新型非晶态合金具有重要意义。

　　1) 凝固冷速对金属玻璃形成的影响

　　晶态合金经过形核、长大、结晶,实质上原子排列方式和分布状态发生了较
大变化,即从熔体中短程有序并且不断变化的原子组态变成与一定晶体结构和
成分相应的长程有序的原子组态。广义地看,原子组态在凝固过程中发生的这
些变化都是扩散过程,都需要一定的时间和扩散激活能。因此,从理论上说,对
于一定成分的任何合金,当凝固冷速足够高、过冷熔体的温度足够低时,就有可
能抑制结晶的发生而形成金属玻璃;而当凝固冷速较低时,则将形成晶态合金。
事实上,理论分析和实验结果都表明,对一定成分的合金,只有凝固冷速大于一
定的临界冷速时才能形成金属玻璃。所以求出金属玻璃形成的临界冷速 $\dot{T}_a$ 对
于预测和控制非晶态合金的形成十分关键。

　　金属玻璃形成临界冷速 $\dot{T}_a$ 的预测方法是以经典形核理论为基础的,它的
核心思想如下:由于金属晶体形核后长大速度很快,所以只有完全抑制晶体
的形核才能形成金属玻璃。根据经典形核理论,虽然熔体的过冷度越大,形核
凝固的热力学驱动力也越大,但是当过冷熔体温度很低时,熔体中原子的扩散
速率和相应的能量起伏、浓度起伏都会明显减小。同时,随着凝固冷速的提
高,形核时间也会缩短。这些因素都会抵消形核热力学驱动力增大的影响而
使形核速率显著减小。当形核率趋近于零时,熔体中的原子组态将基本上保
持不变,即在凝固过程中被"冻结"而形成长程无序的金属玻璃,并抑制晶态相
的形成。

　　具体求金属玻璃形成的临界冷速 $\dot{T}_a$ 时,首先要把形核速率 I 表示成熔
体温度的函数,应用斯托克斯 - 爱因斯坦(Stokes-Einstein)关系 $D_L = \dfrac{kT}{3\pi a_0 \eta}$($a_0$ 是原子平均直径),把与扩散系数有关的项代换成黏度 η,可以得
到形核速率为

$$I = \frac{N_V kT}{3\pi a_0^3 \eta} \exp\left\{ -\frac{16\pi\sigma_{SL}^3}{3kT\left[\dfrac{\Delta H_m}{V} - \dfrac{(T_m - T)}{T_m} \right]^2} \right\} \tag{6.3.1}$$

式中，N_V 为单位体积熔体中的原子数；σ_{SL} 为固-液界面能；ΔH_m 为 1 mol 熔体的熔化潜热；T_m 为合金液相线温；V 为合金的摩尔体积。

如果把式(6.3.1)中指数函数前因子中的温度 T 看成常数，并设 $T=1\,000$ K，$a_0=10^{-8}$ cm，$N_V=a_0^3$，并且引入约化固-液界面能 $\alpha=\dfrac{(N_0 V^2)^{\frac{1}{3}}\sigma_{SL}}{\Delta H_m}$，约化热焓 $\beta=\dfrac{\Delta H_m}{RT_m}$，约化温度 $T_r=\dfrac{T}{T_m}$ 和约化过冷度 $\Delta T_r=1-T_r$，其中 N_0 是阿伏伽德罗常数，R 是气体常数，式(6.3.1)可以进一步简化为

$$I=\frac{10^{30}}{\eta}\exp\left[-\frac{16\pi\alpha^3\beta}{3T_r(\Delta T_r)^2}\right] \tag{6.3.2}$$

从式(6.3.2)可以看出，如果忽略 ΔH_m、σ_{SL}、η 随温度发生的变化，则形核速率 I 是熔体温度 T 或 T_r 的函数，而 α、β 是与合金性质有关并且决定 I 大小的重要参数。如果令 $I=10^{-8}$ 或其他任一指定的很小的数值，即形核实际上完全被抑制，就可以求出相应的非晶态形成温度。但是，这一温度由于与假定的 I 数值大小有关，所以并不一定等于前述的非晶态形成临界温度 T_a。图 6.3.2 在

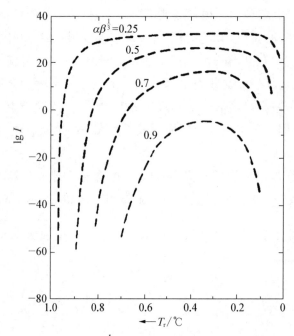

图 6.3.2　$\alpha\beta^{\frac{1}{3}}$ 取不同数值时形核速率 I 与约化熔体温度 T_r 的关系

假定合金熔体的黏度 $\eta = 10^{-4}\,\mathrm{Pa \cdot s}$ 的条件下,表示了当参数 $\alpha\beta^{\frac{1}{3}}$ 取不同数值时,形核速率 I 与约化熔体温度 T_r 的关系。从图 6.3.2 可以看出,当 $\alpha\beta^{\frac{1}{3}}$ 一定或对于一定成分的合金,当 T_r 从 1 逐渐减小,即熔体过冷度开始增大时,I 随之迅速增加。但是当 T_r 进一步减小或过冷度很大时,I 又开始减小。最后,当 I 很小时,就会形成金属玻璃,这与前面的定性分析是一致的。从图 6.3.2 还可以看出,参数 $\alpha\beta^{\frac{1}{3}}$ 越大,在一定的过冷度下越不容易形核结晶而越容易形成非晶态。许多非无机金属或有机化合物的 $\alpha\beta^{\frac{1}{3}}$ 较大,所以它们在很小的 T_r 或很小的过冷度时就可以形成玻璃态;而金属的 $\alpha\beta^{\frac{1}{3}}$ 一般较小,仅为 $0.4 \sim 0.5$,因此金属必须在有很大的过冷度时才可能凝固形成非晶态。

在上述推导的基础上进一步求金属玻璃形成临界冷速 $\dot{T}_C$ 的过程与通常热处理时求临界淬火速度的过程类似,即应用约翰逊-梅尔(Johnson-Mehl)方程,把熔体中结晶晶体的体积分数 X 表示为

$$X = \frac{\pi}{3} I R^3 t^4 \qquad\qquad (6.3.3)$$

式中,t 是凝固时间;R 是晶核长大速度,表示为

$$R = \frac{f D_L}{a_0} \left[1 - \exp\left(-\frac{\beta \Delta T_r}{T_r} \right) \right] \qquad\qquad (6.3.4)$$

式中,f 是与固-液界面粗糙程度有关的常数,对于粗糙界面,$f = 1$;当界面比较光滑时,$f \approx 0.2\,(\Delta T_r)^2$。同时再将式(6.3.2)代入式(6.3.3),则 X 可以表示为熔体温度 T 与凝固时间 t 的函数。如果同样假定 $X = 10^{-6}$ 或其他指定的很小数值,就可以作出临界结晶的时间-温度-结晶的 C 形曲线,再根据 C 形曲线取极值处对应的 t_n、T_n,可以求出非晶态形成的临界冷速为

$$\dot{T}_C = \frac{T_m - T_n}{t_n} \qquad\qquad (6.3.5)$$

当 $\dot{T} > \dot{T}_C$ 时,结晶将完全被抑制而形成金属玻璃。T_a/T_m 越大,合金越容易形成金属玻璃,相应的临界冷速 $\dot{T}_C$ 越小。另外,纯金属的临界冷速要比合金大得多。

应该说明的是,上述预测金属玻璃形成临界冷速的方法带有较大程度的近似。例如,在求形核速率 I 时,只考虑了单相合金均匀形核的情况,而合金在实际上一般都是以比均匀形核容易进行的非均匀形核方式结晶凝固的,而且大多

是以异质形核结晶的方式形成多相合金,因而实际情况要复杂得多。此外,当过冷度很大时,熔体的黏度、固-液界面能和固-液相体积自由能之差等参数或函数,与在平衡熔点时的数值或形式相比,会发生较大的变化。而且实际的快速凝固是连续冷却过程,而不是像上述求 $\dot{T}_C$ 那样假定的是等温凝固过程。虽然已经有些工作考虑到这些问题并对上述方法进行了一些修正[25-27],但是这些修正本身也仍然带有一定程度的近似。所以用上述方法求出的玻璃转变临界冷速 $\dot{T}_C$ 实际上是估计值。不过这一方法总的来说还是合理的,而且由于 $\dot{T}_C$ 的数值很大,因此,采用上述方法对各种不同成分合金和纯金属预测的结果与实验测定的结果之间仍然存在较好的一致性。凝固冷速虽然是决定金属玻璃形成的外部条件,但是 $\dot{T}_C$ 的大小通常可以作为金属玻璃形成能力强弱的一个标志。

2) 合金成分和性质对金属玻璃形成的影响

合金中原子之间的键合特性、电子结构、原子尺寸的相对大小、各组元的相对含量、合金的某些热力学性质以及相应的晶态相的结构等是决定合金的玻璃形成能力(glass-forming ability,GFA)的内在因素,具体分述如下:

(1) 不同组元原子之间的键合特性、电子结构和对应的晶体结构的影响。

首先,比较金属与非金属的 GFA 可以看出,金属很难形成非晶态。纯金属的玻璃转变冷速 $\dot{T}_C$ 高达 10^{10} K/s,合金的 $\dot{T}_C$ 一般也达 10^6 K/s,而许多像 SiO_2 这样的非金属化合物却很容易形成玻璃。它们在 GFA 上的巨大差异与物质中原子之间的键合特性和相应的晶体结构特点有关。如前所述,凝固形成非晶态的过程实际上是与形核结晶竞争的过程(假定物质的平衡态是晶态),而熔体中原子之间的相互作用不具有特定的方向性(这里不考虑电解质和离子键化合物),在结构上长程无序。所以如果某种物质对应的晶体结构很复杂、原子之间的键合较强并具有特定的指向,那么显然,熔体凝固成晶体时,原子的组态和相互作用会发生较大的变化。相比之下,形成玻璃结构在动力学上要更容易一些。

事实上,金属与合金的晶体结构一般比较简单,原子之间是以无方向的金属键结合。所以,在一般条件下,凝固时熔体原子很容易改变相互结合和排列的方式形成晶体,只有在很高的冷速下才能"冻结"熔体原子的组态而形成金属玻璃。而很多晶态的非金属化合物的原子键合和相应的平衡相结构正好与金属相反,因此,即使以很低的冷速冷却也能形成非晶态。通过分析各种金属和合金具有不同的 GFA 的现象也可以看出,在二元或多元合金系中,GFA 较强的合金(如金属与类金属元素组成的合金)组元之间的电负性一般相差较大,原子之间存在较强的相互作用,混合热为负值,大多为 $-2 \sim -10$ kcal/mol。例如,比较容易形成非晶态的 Au-Ge-Si 合金的混合热为－2 kcal/mol。又例如,Au-Si 合金与 Ag-Si 合金尽管都是二元简单共晶系,并有基本相似的平衡相图,但是它们的GFA 却相差很大,Au-Si 合金系在经激光熔化快速凝固后,几乎所有不同 Si 含量的合金都可以形成金属玻璃,而 Ag-Si 合金系在经激光熔化快速凝固(冷速达到 $3 \times 10^9 \sim 8 \times 10^9 /s$)后却只有 Ag-80％(原子百分比)Si 合金可以形成非晶。这两种合金系在 GFA 上的明显差别主要是由于它们的混合热或原子相互作用强度相差很大,Ag-Si 系中大部分合金的混合热是正的,而 Au-Si 系中所有合金的混合热都是负的,相应的 Ag-Si 合金系中的共晶温度(约为 800 ℃)也比 Au-Si 合金系中的共晶温度(约为 400 ℃)高得多。这也进一步表明了合金中原子相互键合或作用越强,快速凝固时越容易形成金属玻璃。此外,纯金属一般比合金更不容易形成非晶态的原因除了与原子相对尺寸因素有关外,也可能与纯金属中同种原子之间的相互作用弱于合金中异类原子之间的相互作用有关。

金属或合金的 GFA 还与其电子结构的特点或价电子浓度有关。内格尔(Nagel)等把金属玻璃中的电子近似处理为近自由电子(nearly free electron,NFE)[28]。根据金属电子论,当某一成分合金的费米面对应的波矢 K_F 与金属玻璃结构因子(用 X 射线衍射方法测定)中第一个强度峰对应的倒易矢量 K_P 之间满足 $2K_F = K_P$ 时,这一成分的合金结晶时势垒较高,形成非晶态时电子的平均能量较低,所以该成分合金的 GFA 较强。应用这一判据,在 $Au_{75}Si_{25}$、$Au_{73}Ge_{27}$、$Co_{81}P_{19}$ 和 Ni-Nb、Cu-Zr 等合金系中预测的 GFA 与从实验得到的结果相符很好。不过,在有些合金如 Ni-Ti 合金中,这一判据并不适用。所以合金的电子结构特点与 GFA 的关系还有待更深入地研究。

(2) 原子尺寸相对大小的影响。

在 GFA 较强的二元合金中,组元的原子尺寸都存在一定的差异,不同元素原子半径之比通常小于 0.88 或大于 1.12,或者原子半径之差为 15％左右[29]。组元原子尺寸相对大小与合金 GFA 的这种密切关系主要与金属玻璃的结构特点有关。根据非晶态合金微观结构的硬球随机密堆模型(见图 6.3.2),在以尺寸较大的原子随机密堆形成的结构中,需要尺寸较小的原子填补其中较大的空洞,以便形成相对稳定的密堆结构。电子计算机的模拟计算也表明,由原子半径不同的原子形成的金属玻璃的热力学自由能比原子半径相同时更低。同时,从凝固动力学来看,组元原子半径不同时不利于晶体长大,也不利于金属玻璃的形成。与原子半径对合金的 GFA 有重要影响类似,组元原子体积的相对大小对 GFA 也有直接影响。研究表明,当 $C_{min} | (V_B - V_A)/V_A \approx 0.1$ 成立时,A-B 二元合金就很容易形成金属玻

璃。式中,V_A、V_B 分别是纯溶剂和纯溶质组元的原子体积,C_{min} 是能够在快速凝固中形成金属玻璃时的最小溶质浓度。这一判据对 66 种二元合金均成立。正是由于原子相对尺寸和相互键合特性这两个因素的共同作用,一般二元和多元合金都比纯金属更容易形成金属玻璃。例如,纯 Pd 的 $\dot{T}_C$ 约为 10^{10} K/s,而加入适量原子尺寸和键合特点不同的类金属元素 Si 后,$Pd_{82}Si_{18}$ 的 $\dot{T}_C$ 约为 10^4 K/s,再加入适量的 Cu 后,$Pd_{77.5}Cu_6Si_{6.5}$ 的 $\dot{T}_C$ 只有 10^2 K/s。研究结果还表明,与原子之间键合特性比较起来,原子相对尺寸对 GFA 的影响更大一些。

(3) 合金的物理性质和热力学性质的影响。

从式(6.3.2)可以看出,当凝固冷速或熔体过冷度一定时,参数 $\alpha^3\beta$ 越大,黏度越大,越不利于合金的形核结晶,而有利于形成非晶态合金。根据 α、β 和 η 的物理意义,可以对这一关系做定性解释。由于约化固-液界面能 α 与固-液界面能 σ_{SL} 成正比,而约化热焓 $\beta = \dfrac{\Delta H_m}{R T_m} = \dfrac{\Delta S_m}{R}$,其中,$\Delta S_m$ 是合金的熔化熵,所以 $\alpha^3\beta$ 的大小主要是由合金的固-液界面能 σ_{SL} 和熔化熵 ΔS_m 决定的。σ_{SL} 是晶体形核时产生势垒的主要原因,σ_{SL} 越大,越不利于形核结晶。另外,合金的熔化熵越大,表明合金的晶体结构中的原子组态与熔体中的原子组态差别越大,因此,在凝固速度较高时,将有利于形成原子组态十分接近于熔体的金属玻璃。同时,根据斯托克斯-爱因斯坦方程,在其他有关参数一定时,合金的黏度与扩散系数成反比。所以如果合金熔体的黏度越大,特别是随着熔体温度的降低,黏度增大得越快,熔体在凝固时通过原子扩散满足形核结晶所需要的结构与成分条件也就越困难,因而越有利于金属玻璃的形成。所以合金的固-液界面能 σ_{SL}、熔化熵 ΔS_m 和熔体黏度 η 越大(包括 η 随熔体温度的变化率 $\dfrac{\mathrm{d}\eta}{\mathrm{d}T}$ 越大),合金的 GFA 就会越大。除此以外,还可以通过比较合金的 T_0,即固、液相自由能相等的温度与 T_a 的相对大小,判定合金 GFA。当 $T_0 < T_a$ 时,合金熔体凝固时将来不及以无溶质分配的方式形核凝固为单相合金,而会首先凝固成金属玻璃。但是,在用热力学方法求 T_0 时,通常无法考虑形核凝固时固-液界面能等动力学因素对形核结晶的不利影响。所以,这种方法可能会低估合金的 GFA,此外,还发现有些合金不满足这一判据。

(4) 其他影响因素和判据。

首先,合金的约化玻璃转变温度 $T_{ra} = \dfrac{T_a}{T_m}$ 越大,它的 GFA 也越强。因为合金的液相线温度越低,合金熔体在熔点或过冷时的黏度就会越高;同时,T_a越高,形成非晶态时需要的过冷度或临界冷速也会越小,这两者都表明合金越容易形成金属玻璃。例如,不容易形成金属玻璃的纯金属的 T_{ra} 一般为 1/4,典型的非晶态合金的 T_{ra} 为 1/2 左右,而 GFA 很强的少数合金 ($\dot{T}_C$ 约为 10^2 K/s)的 T_{ra} 则为 2/3 左右。同时,共晶成分或接近共晶成分的合金一般容易形成金属玻璃,这也与它们的 T_m 较低、T_{ra} 较大一致。当然,共晶成分的合金一般容易形成金属玻璃还与共晶组织中两相的成分与合金成分相差较大、形核结晶时需要更多的原子扩散,因而在熔体黏度很高时动力学上比较困难等因素有关。

其次,$\dfrac{\Delta T_D}{T_m}$ 也可以作为判断合金 GFA 强弱的经验参数。其中,ΔT_D 取正值,表示合金的实际液相线温度 T_m 与理想的液相线温度 T'_m 之间的负偏差,还可以用热力学方法计算或者简单地根据纯组元熔点按合金成分加权平均求出。研究结果表明,对许多 GFA 较强的合金,均有 $\dfrac{\Delta T_D}{T_m} > 0.2$;反之,当 $\dfrac{\Delta T_D}{T_m} < 0.2$ 时,合金的 GFA 均比较弱,当凝固冷速 $\dot{T}$ 约为 10^7 K/s 时,仍然不能形成金属玻璃。与这一判据相似,合金的沸点 T_f 与 T_m 之比的大小也可以作为判定合金 GFA 强弱的标志。另外一个与合金的 GFA 有关的因素或判据是合金熔化时体积的变化。如果合金熔化时体积没有变化甚至减小,那么合金在快速凝固时将容易形成金属玻璃。此外,合金组元原子的相对势能之差 $\Delta\mu$ 由于对熔体黏度和非晶态合金中短程有序的形成有重要影响,所以也对合金 GFA 的强弱有重要影响。但是,$\Delta\mu$ 的物理意义和求解方法还不太清楚。最后,合金熔体的结构,例如化学短程有序的有序度高低,也会直接影响合金 GFA 的强弱。

总之,决定合金 GFA 的内部因素和判据很多,但是有关这些因素影响金属玻璃形成的内在机制、各种因素与判据之间的相互联系等问题,现在研究得还很不够。所以,在设计 GFA 较强的合金成分、研制出更多有实用价值的非晶态合金方面,还有许多工作要做。

6.3.1.2　非晶态合金的分类

虽然从理论上讲,所有的金属和合金都有可能形成金属玻璃,但是,由于不同成分合金形成非晶态的能力不同,而目前快速凝固技术能达到的凝固冷速还有一定限制,所以,实际上已经制成的非晶态合金还不是太多。根据合金成分的不同,可以把金属玻璃主要分成以下几类。

(1) 过渡族金属元素或贵金属元素与类金属元素组成的非晶态合金。

Duwez 等[30]在 1960 年应用快速凝固技术研制的第一个非晶态合金 $Au_{75}Si_{25}$ 就属于这类合金。在这类合金中,类金属元素(如 B、C、P、Si 等)的含量一般为 20%(原子百分比)。但是也有一些合金中类金属元素含量较大,例如在 Ni‐B 合金中,B 含量可达 31%~41%(原子百分比)。如果在二元合金中加入另一种或几种适当的类金属或金属元素,这样构成的合金的 GFA 比原来的二元合金强,而且非晶态形成的成分范围也会有所扩展,例如 Fe‐P‐C、Ni‐Si‐B、Pd‐Cu‐Si 和 Pt‐Ni‐P 合金。这类非晶态合金含有较多价格低廉的类金属元素,并且具有很好的性能,是研究得较多的一类非晶态合金,其中,$Fe_{40}Ni_{40}P_{14}B_6$、$Fe_{80}B_{20}$、$F_{80}P_{16}C_3B_1$ 等合金已经投入实际应用。

(2) 元素周期表中位于各周期后部的过渡族金属元素(如 Fe、Co、Ni、Pd 等)或 Cu 与位于各周期前部的过渡族金属元素(如 Ti、Zr、Nb、Ta 等)组成的非晶态合金。属于这一类非晶态合金的典型合金(按原子百分比计)有 Ni‐(30%~70%)Nb、Cu‐(25%~60%)Zr 等合金。此外,在 Ni‐Ta、Ni‐Ti、Ni‐Zr 等合金中形成的金属玻璃都属于这一类。对于这类非晶态合金,总的说来研究得还不够多。

(3) 以元素周期表中ⅡA 族金属元素(Mg、Ca、Sr)为基体、B 族金属元素(Al、Zn、Ga)为溶质的非晶态合金。这类非晶态合金发现得比较晚,1977 年才首先发现属于这一类的 $Mg_{70}Zn_{30}$ 合金。此后又逐步发现了在 Ca 或 Sr 中加入原子百分比为 15%~60%的 Mg、Al、Cu、Zn、Ga 或 Ag 等后组成的金属玻璃。

(4) 元素周期表中ⅡA 族金属元素与位于各周期前部的过渡族金属元素形成的非晶态合金。例如,Be 与 Ti、Zr、Nb 或 Hf 形成的非晶态合金就属于这一类。其中,Be‐Zr‐Ti 非晶态合金中 Be 的原子数含量可以从 60%变化到 20%。$Be_{40}Zr_{10}Ti_{50}$ 已经投入实际应用。

(5) 铜系金属元素与位于周期表中各周期前部的过渡族金属元素形成的非晶态合金。例如,U‐V、U‐Cr 等合金,其中 Cr、V 等过渡族金属元素的原子数含量为 20%~40%。

(6) 铝基非晶态合金。二元铝基合金一般不容易形成非晶态合金,到 1988 年为止只发现了 8 种铝基非晶态合金,大多是 Al 与 Cu、Ge 及过渡族金属元素形成的合金,即 Al‐M(M=Cr, Cu, Ge, Mn, Ni, Pd, Zr, Co)合金。但是,如果在这些二元合金中加入类金属元素 B、Si 或金属元素 Ge(Al‐Ge 合金除外),组成三元合金,或者由 Al 与位于周期表中各周期前部或后部的过渡族金属元素组成三元合金,则这些三元合金一般都可以形成非晶态合金。例如,Al‐M‐

Si(M=Cr, Mo, Mn, Fe, Co, Ni), Al-Fe-B, Al-Co-B, Al-M-Ge(M= V, Cr, Mo, Mn, Fe, C, Ni), Al-A-M(A=Fe, Co, Ni, Cu; M=Ti, Zr, V, Hf, Nb, Ta, Cr, Mo, W)都可以形成金属玻璃。

除了上述几种非晶态合金外,Rb、Cs 等碱金属和 O(原子百分比为 13%~20%)组成的二元合金和 Fe-B-O、Fe-B-N 等合金也可以形成非晶态合金。在各种金属玻璃中,应用较多、最重要的是金属与类金属组成的非晶态合金和过渡族金属之间组成的非晶态合金。

6.3.2　非晶态合金的微观结构和稳定性

金属玻璃的许多独特性能都与它的微观结构特点有关。同时,金属玻璃作为一种亚稳相,结构稳定性的大小和可能产生的结构变化对于它的应用有重要影响。因此,在研究金属玻璃的性能与应用之前,有必要了解它的微观结构特点和稳定性。

6.3.2.1　微观结构

金属玻璃的粉末 X 射线衍射、中子衍射和电子衍射分析结果与晶态合金的相应衍射分析结果明显不同,是一些漫散的环而不是明锐的斑点。另外,金属玻璃块状样品的 X 射线衍射结果也与液态合金的衍射结果有所不同。这些事实说明,金属玻璃与晶态合金的结构截然不同,不具有长程有序的平移对称性或周期性,同时也与液态合金的结构有一定差别。研究金属玻璃的长程无序结构要比研究晶态结构复杂得多,由于实验手段的局限,现在还不可能完全了解非晶态合金的微观结构和原子排列的细节。因此,对微观结构主要采取实验观察与理论模型研究相结合的方法,即一方面通过 X 射线衍射、中子衍射、密度测定以及穆斯堡尔谱、核磁共振、高分辨率透射电镜等近代实验方法认识金属玻璃微观结构的特征,同时根据观察和测定结果,在对非晶态合金原子排列和原子之间键合特性的细节做出各种假设的基础上,建立微观结构的模型,然后借助计算机计算出与结构、密度等有关的特征信息,并与实验测定的结果比较,从而判定结构模型中假设的微观细节是否正确,以便加深对金属玻璃结构的认识。下面分别从实验研究和理论模型研究两个方面简要介绍金属玻璃微观结构的特点。

1) 实验研究

金属玻璃中的原子排列不具有长程有序和平移对称性,但是也不是完全无序的,所以还是有可能从统计的角度描述原子分布或微观结构的特点,并对各种不同类型与成分的非晶态合金找出共同的结构特征和描述这种特征的一般参数。事实上，对金属玻璃的结构进行实验研究的主要方法就是根据对样品的 X 射线或中子射线衍射的强度分布，经过傅里叶逆变换、约化处理等计算出可以反映金属玻璃结构不同特征的径向分布函数（radial distribution function，RDF）和约化径向分布函数（reduction radial distribution function，RRDF）。径向分布函数等于 $4\pi r^2 \rho(r)$。其中，r 是以任意一个原子为中心时，其他某一个原子与这一中心的距离；$\rho(r)$ 是在 r 处的平均原子密度。径向分布函数实际上表示在与任意一个作为中心的原子相距 r 处可以发现另一个原子的概率，而 $\int_{r_1}^{r_2} 4\pi r^2 \rho(r) \mathrm{d}r$ 表示以与假定的中心相距 r_1、r_2 为半径的两个球壳之间的平均原子数。所以，径向分布函数可以表示金属玻璃结构的统计平均特征。如果用 $4\pi r^2 \rho(r) \sim r$ 作图，则图中各个峰的位置可以表示任意一个原子周围的最近邻原子、次近邻原子……的平均距离，而各个峰的面积可以表示最近邻、次近邻……的平均原子数。对金属-类金属型金属玻璃的测定结果表明，非晶态合金的平均最近邻数为 11.5～13，这说明金属玻璃是一种密排结构，这与金属玻璃的密度一般只略低于成分相近的晶态合金的实验结果是一致的。但是，径向分布函数对不同组的原子不加以区别，并且只能表示原子沿径向的一维分布而无法表示沿其他方向的原子分布。约化径向分布函数与径向分布函数类似，即 $G(r) = 4\pi r[\rho(r) - \rho_0]$，其中 ρ_0 是某一金属玻璃的平均密度。$G(r)$ 可以进一步反映非晶态合金中任一 r 处的原子分布与平均原子分布相比的不同特点。

图 6.3.3 所示是 $Ni_{81}P_{19}$ 金属玻璃的 X 射线衍射结果[31]，可以看出，图中的 X 射线散射强度峰与晶态合金 X 射线衍射时产生的明锐 X 射线衍射峰不同，除了第一个衍射峰外，其余的衍射峰均不明锐。图 6.3.4 表示 $Ni_{76}P_{24}$ 非晶态合金根据 X 射线衍射结果计算出的约化径向分布函数 $G(r)$ 与 r 的关系（粗线）以及根据结构模型计算出的 $G(r)$ 与 r 的关系（细线）。其他各种不同成分的金属玻璃，其约化径向分布函数与图 6.3.4 所示

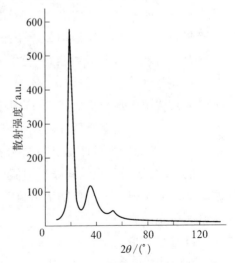

图 6.3.3　$Ni_{81}P_{19}$ 金属玻璃 X 射线衍射强度分布

的 $G(r)$ 大体相同。各种非晶态合金约化径向分布函数的共同特点如下：在 r 较小处有一个最高且比较明锐的峰，其余的峰都不明锐；最高峰的高度和位置基本相同，它们的高度均比相应合金熔体的 $G(r)-r$ 关系中的第一个峰更高；次高峰分裂成两个峰，这是金属玻璃与液态合金 $G(r)-r$ 关系的一个主要区别；当 r 大于几个原子间距后[这一间距一般比液态合金 $G(r)-r$ 关系中相应的间距大]，$G(r) \to 0$，即 $\rho(r)$ 逐渐等于平均原子密度 ρ_0。这说明在金属玻璃的结构中存在短程有序，即在几个原子的范围内，原子的分布具有一定的规律性。由于这种短程有序只涉及原子的几何排列方式或"堆垛"方式，所以又称为拓扑短程有序。由上面介绍的 $G(r)-r$ 关系的特点可知，在金属玻璃中原子排列短程有序的范围比液态合金大。

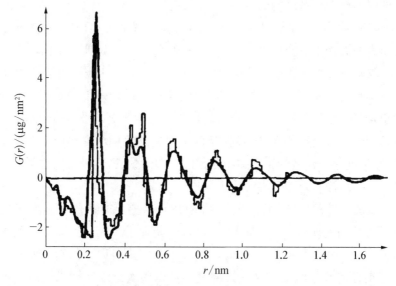

图 6.3.4　$\mathbf{Ni_{76}P_{24}}$ 金属玻璃的约化径向分布函数 $G(r)$ 与 r 的关系（图中粗线表示由 X 射线衍射结果计算的值，细线表示由结构模型计算的结果）

　　为了确定不同组元的原子在金属玻璃中的具体位置分布，以便得到微观结构更细致的信息，还可以根据 X 射线衍射等实验结果求出偏径向分布函数和偏约化径向分布函数。通过这些函数可以了解以某一组元的原子为中心时同类原子或异类原子的分布、平均近邻数、平均原子间距等结构特征。对各种金属玻璃的偏径向分布函数、偏约化径向分布函数的分析结果表明，在非晶态合金中各个组元的原子分布也不是完全无序的，在几个原子的范围内，不同种类原子之间的分布或相对位置存在一定的规律性。例如，在金属-类金属型非晶态合金中，金属原子组成密排结构,而类金属原子的分布并不是密排的,而且金属原子的近邻原子主要为类金属原子。这种不同种类原子分布的短程有序显然与拓扑短程有序不同,一般称为化学短程有序。在液态金属中也存在原子的短程有序,但是液态金属与金属玻璃结构的明显不同主要在于短程有序是否随时间变化,液态金属中原子排列的短程有序不仅范围比非晶态合金中短程有序的范围小,而且这种短程有序处于不断形成和解体的动态变化状态中,而金属玻璃中的拓扑和化学短程有序是不随时间而变化的。

根据上述实验观察和分析的结果,可以在理论假设的基础上建立金属玻璃微观结构的具体模型。

2) 理论模型研究

在非晶态合金微观结构的研究中,主要有以下几种模型。

(1) 微晶模型。这是最早建立的金属玻璃微观结构模型之一,在非金属玻璃结构研究中原来也有类似的模型。这一模型认为,金属玻璃是由许多尺寸仅为 2 nm、取向无规则的微晶晶粒组成的,而 X 射线衍射、电子衍射等分析的结果只是明锐的衍射峰无限展宽而产生的。但是,根据微晶模型,由于各个晶粒尺寸十分微小,所以,总的晶界体积在金属玻璃中所占的比例几乎达到总体积的 1/2,而这一模型却没有提供晶界结构的细节,这使微晶模型至少在理论上是不完善的。此外,根据这一模型计算出的约化径向分布函数、密度等与实验测定结果也相差较大,所以,微晶模型现在已很少应用。

(2) 随机密堆模型(DRP)。这一模型在开始提出时是假定金属玻璃中的原子是不可压缩的刚性小球,即当 $r \geqslant r_0$(r_0 是原子半径)时,原子之间的相互作用势能 $U(r)$ 为零,而当 $r \leqslant r_0$ 时,$U(r) \rightarrow \infty$,而且原子的密排使它们之间不能再容纳任何其他原子。这一模型具体可以用实验或计算机模拟的方法建立。实验方法如下:选取一定数量的不会发生变形的硬球,将它们逐个放入一个用软皮或塑料做成的袋中,并在摇晃后使装入袋中的球的总体积达到最小,这时各个小球经过随机密排达到了长程无序条件下最大可能的密度,然后向袋中倒入蜡使各个球的位置固定,再逐个测定每个球的位置坐标,就可以确定用这一模型描述的非晶态合金的具体结构。用电子计算机建立随机密堆模型的关键是确定能反映实际原子相互作用的硬球相互作用势能的类型,然后就可以计算出由一定数量的小球构成的体系的总能量,并把这一能量表示成各个小球位置的函数,最后通过求体系总能量并取极小值来确定各个小球或原子最后的位置坐标。

根据随机密堆模型计算得到的径向分布函数、密度、平均最近邻原子数等许多金属玻璃结构性质与实际测定结果是基本一致的。例如,图 6.3.4 中的细线就是根据这一模型计算得到的约化径向分布函数 $G(r)$ 与 r 的关系。从图中可以看出,它与根据 X 射线衍射实验结果计算出的 $G(r)$ 与 r 的关系吻合得较好。这说明随机密堆模型与金属玻璃的实际结构是基本相符的。当然,定量的比较表明,这一模型与实验结果相比还存在一些差异。例如,从图 6.3.4 可以看到,在根据模型计算所得的与根据实验结果计算所得的 $G(r)$-r 关系中,次高峰分裂成两个小峰的相对高度正好相反。同时,这一模型也没有给出不同组元原子分布的具体信息。因此,已经有一些工作对随机密堆模型进行了修正与改进。例如,对金属-类金属型非晶态合金构造了由两种半径不同的硬球组成的 DRP 模型,并且假定类金属原子位于金属原子之间的间隙中。此外,还对硬球原子之间的相互作用势能进行了软势修正,即假定原子在相互作用时的行为并不完全像刚性硬球。经过这些修正与改进后,根据模型计算的结果更接近实验测定结果。

正是由于 DRP 模型与金属玻璃的结构是基本一致的,所以通过对 DRP 中原子相对位置的分析,可以进一步了解许多在实验中还没有发现的非晶态合金的结构信息。例如,模型中的原子排列虽然没有长程有序,但是原子的分布主要构成了五种有一定形状的多面体(称为 Bernal 多面体),如图 6.3.5 所示[32]。这些多面体的形状相对于正多面体有一定程度的畸变,它们的每个面都是三角形,同时,各种多面体在金属玻璃中占的比例大体上是一定的。其中,四面体占总体积的 48.4%,是金属玻璃中的主要结构单元。这些结果提供了原子排列拓扑短程有序可能的具体图像。针对金属-类金属型玻璃的特点,改进后的 DRP 模型也表明类金属原子一般位于由金属原子组成的较大多面体[见图 6.3.5(c)(d)(e)所示的多面体]的间隙之中,即金属原子是以类金属原子为近邻的,这也进一步证明了非晶态合金中原子的排列确实存在化学短程有序。

DRP 模型尽管可以较好地反映金属玻璃的微观结构,但是由于这一模型中多面体单元的间隙尺寸和总间隙体积有限,当金属-类金属型非晶态合金中类金属元素的原子半径较大、含量较大时,这一模型就不能适用了。

(3) 无规则网络模型。这一模型与描述非金属氧化物玻璃的有关结构模型有些类似,即认为金属-类金属型非晶态合金的结构可以用有一定畸变的三角棱柱体单元组成的无规则网络描述。其中,金属原子组成棱柱体,而类金属原子位于棱柱体内,原子之间仍然形成紧密堆垛。这一模型主要用计算机模拟的方式

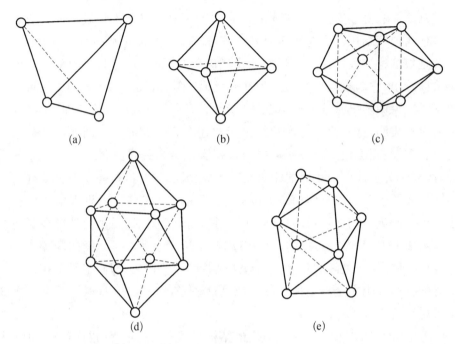

图 6.3.5 金属玻璃随机密堆模型中的 5 种多面体单元

(a) 四面体；(b) 八面体；(c) 覆盖有三个半八面体的三角棱柱；(d) 覆盖有两个半八面体的阿基米德反棱柱；(e) 四方十二面体

建立,适用于描述类金属原子含量较高的金属玻璃结构。例如,根据无规则网络模型,对类金属元素含量很高的 $(Ru_{84}Zr_{16})_{1-x}B_x(x=40\sim53)$ 金属玻璃计算得到的径向分布函数与根据实际测定计算得到的结果相符较好,而采用 DRP 模型计算的结果则与实际测定结果相差较大。

除了可以针对不同金属玻璃的特点分别应用 DRP 或无规则网络模型描述其微观结构外,更细致的研究表明,金属玻璃的结构并不一定是完全均匀的,可能存在结构有所不同的"相"。例如,某些金属-类金属型非晶态合金,当类金属元素含量发生较大变化时,可以从一种相中分解或析出另一种结构的相。而具有不同结构或成分的相的结构有时要用不同的模型描述。用穆斯堡尔谱等方法对 $Fe_{1-x}B_x$ 金属玻璃的结构和性能的研究表明,随着 B 含量的提高,非晶态合金的许多物理性质在 $x=18$ 或 $x=25$ 时发生不连续变化。所以,当 $x>20$ 时,即类金属元素含量较高时,金属玻璃的结构可以用无规则网络模型描述;而当 $x<20$ 时,非晶态合金的结构会分解成富 B 的相和贫 B 的相,其中贫 B 的相结构可以用 DRP 模型描述。此外,用场离子显微镜对 $Fe_{40}Ni_{40}B_{20}$ 非晶态合金的精细成

分分析也表明,合金在 2～4 nm 的微小尺度上存在 B 原子分布不均匀的情况,合金中存在贫 B 相和富 B 相(B 的原子百分比为 25%),富 B 相的形成可能伴随着由具有 DRP 结构的相向具有无规则网络结构的相发生的相变过程。不过,现在对金属玻璃中的相和相变的了解还很粗浅,许多问题还需要继续研究。

由于非晶态合金结构很复杂,研究十分困难,所以对金属玻璃结构的研究仍比较初步,且大多是以某一成分的金属玻璃为对象进行具体研究。其中,对金属-类金属型金属玻璃的结构研究得最多,对其他类型的非晶态合金则研究较少,需要做进一步的研究工作。一方面是研究各种不同类型和成分的非晶态合金的共同结构特点;另一方面是在此基础上研究各种金属玻璃的具体结构特点及其与组元、种类、含量以及凝固条件等的关系,以便逐步加深对金属玻璃的结构与性能的了解。

6.3.2.2 结构的稳定性

由于金属玻璃处于亚稳态,所以当加热至超过一定温度 T_x 后就会发生稳定化转变,形成晶态合金,T_x 称为晶化温度。金属玻璃的结构稳定性不仅包括温度达到 T_x 以上时发生的晶化,还包括低温加热时发生的结构弛豫。显然,非晶态合金的结构稳定性及发生稳定化转变的规律对非晶态合金的应用具有重要意义。

1) 结构弛豫

快速凝固后形成的金属玻璃由于能量高、内应力大,在低于玻璃转化温度 T_g 和晶化温度 T_x 的较低温度下退火时,合金内部原子的相对位置会发生较小的变化,从而增加密度,减小应力,降低能量,使金属玻璃的结构逐步接近于有序度较高的亚稳"理想玻璃"结构,这种结构变化称为结构弛豫。结构弛豫现象还可以用"自由体积理论""局域应力理论"等理论来解释。由于结构弛豫涉及的是原子的短程扩散,需要的激活能比较低,一般为 100 kJ/mol,所以能在较低的温度下发生。在结构弛豫的同时,非晶态合金的密度、比热容、黏度、电阻、弹性模量等性质也会产生相应的变化。例如,密度和弹性模量会有所增加,而扩散系数要减小一个数量级左右[33]。在这些性质变化中,有些性质的变化是可逆的。已有研究表明,与金属玻璃性质的可逆变化相联系的是弛豫过程中化学短程有序发生的变化,而这些性质一般对结构的局部微小变化比较敏感。另一方面,与非晶态合金性质的不可逆变化相联系的是拓扑短程有序在弛豫过程中产生的变化,而这些性质一般对合金的整体结构变化比较敏感。在弛豫过程中,金属玻璃的上述性质大多与时间成负指数关系。

2）晶化

金属玻璃在较高温度(高于晶化温度 T_x 时)下退火时,由于热激活的能量增大,将使非晶态合金克服稳定化转变的势垒,转变成自由能更低的晶态。对于二元金属-类金属型非晶态合金,晶化温度 T_x 一般低于玻璃转变温度 T_a,而对于三元、四元非晶态合金,T_x 则高于 T_a。但是,T_x 与 T_a 相差不大,差值为 $20\sim50\ ℃$。由于 T_x 在金属玻璃晶化过程中容易测定,所以常用 T_x 近似表示 T_a。图 6.3.6 表示 $Pd_{77.5}Cu_6Si_{16.5}$ 金属玻璃在晶化过程中用差示扫描量热仪(differential scanning calorimeter,DSC)测定的与微观结构变化相应的热效应,其中小的吸热峰与 T_a 对应,两个放热峰与晶化温度 T_{x1}、T_{x2} 对应。不同成分的金属玻璃由于发生稳定化转变的势垒大小不同,所以晶化温度 T_x 相差较大。例如,$Mg_{70}Zn_3$ 的 $T_x=100\ ℃$,而典型的金属-类金属型非晶态合金的 T_x 约为 $700\ ℃$,钨基金属玻璃的 T_x 则达 $1\ 000\ ℃$。此外,实际非晶态合金的晶化温度 T_x 还与退火时的加热速度等因素有关,所以,对于一定成分的非晶态合金,实际上存在一个晶化温度范围。晶化过程中金属玻璃的结构变化较大,一般要涉及原子的长程扩散,需要的激活能比发生结构弛豫时高,约为 $400\ kJ/mol$,所以,晶化要在较高的温度下才能进行。与晶化过程中发生的结构变化相对应,合金的许多性质也会产生较大变化。已经投入实际应用的金属玻璃大体上可以分成两类:一类是在玻璃状态下使用;另一类是在经过晶化处理后以晶态合金或晶态和非晶态混合态合金的形式使用。对于前一类非晶态合金,应该设法提高其结构稳定性,防止晶化过程的发生;对后一类非晶态合金,应适当控制晶化过程或结合固结成型工艺控制晶化过程,以便使合金具有最佳的结构和性能。通常作为功能材料使用的非晶态合金大多属于前一类,而作为结构材料使用的非晶态合金一般属于后一类。无论对于哪一类金属玻璃,研究和掌握非晶态合金晶化过程的规律都是十分重要的。

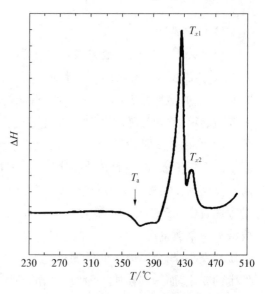

图 6.3.6　$Pd_{77.5}Cu_6Si_{16.5}$ 金属玻璃示差扫描量热仪测定结果

(加热速度为 20 K/min,ΔH 表示测定的热量变化)

金属玻璃的晶化过程与凝固结晶过程类似,也是一个形核和长大的过程,但是晶化是一个固态反应的过程,要受原子在固相中的扩散支配,所以晶化速度没有凝固结晶那么快。此外,金属玻璃比金属熔体在结构上更接近晶态结构,所以晶化形核时形核势垒作为主要阻力项的界面能,比凝固结晶时的固-液界面能小,因而形核率一般更高,这是非晶态合金晶化后晶粒十分细小的一个重要原因。在一些金属玻璃晶化的过程中,形核是均匀的,在一定的晶化温度下,形核速率近似为常数,Au - Cu - Si - Ge 金属玻璃晶化过程的动力学分析也证明了这一点。但是,在实际的快速凝固过程中,很可能在形成金属玻璃的同时也形成一些非常细小的晶粒,它们会在金属玻璃晶化时作为非均匀形核的媒质。此外,金属玻璃中的夹杂物、自由表面,特别是当表面氧化后,都可能使晶化以非均匀形核的方式进行。由形核和长大决定的等温晶化动力学过程可以用阿夫拉米方程(Avrami equation) $X(t) = 1 - \exp(-kt^n)$ 描述,式中 $X(t)$ 是晶化时晶体占合金总体积的分数,t 是晶化时间,常数 n 为 1.5~4, k 是与合金成分和晶化过程有关的速率常数。

晶化反应大致可以分为以下五种类型。

(1) 多形型晶化。这种类型的晶化与金属固态相变中的多形型相变类似,即非晶态合金在晶化前后没有发生成分的变化,只是结构发生变化,形成晶粒尺寸极小(约为 0.01 μm)的微晶形态的过饱和固溶体。这些固溶体的结构通常与金属玻璃中作为基体的纯金属组元的结构相同。例如,$Fe_{80}B_{13}C_7$ 金属玻璃在晶化后形成的是与 α - Fe 结构相同的 bcc 固溶体。晶化后晶粒的形貌与晶核长大速度的晶体学各向异性有关,具体的形貌种类与凝固晶粒形貌类似,有枝晶状、小平面化的胞状和球粒状等。由于这类晶化需要的原子扩散相对较少,所以通常可以在较低的温度下进行。

(2) 共晶型晶化。这与凝固过程中的共晶反应类似,即非晶态合金在晶化时形成两种成分不同而彼此相邻、交替长大的共生晶体相。共晶片间距在某些金属玻璃中几乎不随晶化条件的改变而变化,而在另一些金属玻璃中,共晶片间距随晶化温度升高而增大。

(3) 初生型晶化。这种类型的金属玻璃晶化时,首先形成一种与合金成分不同的初生晶态相,然后剩余的金属玻璃再经历多形型晶化成为另一成分的晶态相。例如,图 6.3.6 所示的 $Pd_{77.5}Cu_6Si_{16.5}$ 金属玻璃的晶化就是属于这一类型,其中,T_{x1} 温度是初生晶化相的形成温度,T_{x2} 是次生晶化相的形成温度。

(4) 多重型晶化,即金属玻璃中具有不同结构的几种相先后发生晶化,例如

$Zr_{36}Ti_{24}B_{40}$ 金属玻璃的晶化。

(5) 连续型晶化,即金属玻璃晶化时先转变成能量较低的亚稳晶态相 a,然后再转变成能量更低的亚稳晶态相 b,直到最后转变成稳定的晶态相。例如,$Pd_{80}Si_{20}$ 金属玻璃加热到 $300\sim350$ ℃时首先形成 fcc 结构的亚稳相,然后当进一步加热到 $350\sim550$ ℃时,这种亚稳相又转变成另一种复杂有序的亚稳相,最后才转变成平衡的正交 Pd_3Si 和 fcc 的 $\alpha-Pd$ 相[34]。金属玻璃以这种方式晶化时,每次相变需要越过的势垒较小,这要比晶化时一次转变成稳定的晶态相、越过很高的势垒容易发生。

非晶态合金在晶化过程中具体以哪一种方式发生转变,转变产物属于哪一种类型,主要由非晶态合金的成分、退火时的加热速度、最终的加热温度、保温时间等因素决定。如果金属玻璃是以完全晶化或部分晶化后的状态使用,就可以控制与晶化过程有关的参数,使晶化产物的类型、数量、形态符合预定的要求。

金属玻璃的结构弛豫和晶化都是结构失稳时发生的变化,一般非晶态合金的晶化温度越高,其结构稳定性也越好。金属玻璃的结构稳定性主要取决于以下几个因素。

(1) 合金组元的种类和含量。非晶态合金的结构稳定性对合金中组元的种类和含量很敏感,这主要是因为组元的种类和含量的变化会改变金属玻璃中原子的键合强度和化学短程有序的有序程度。金属-类金属型非晶态合金的稳定性主要取决于异类原子之间的键合强度,金属-金属型非晶态合金的稳定性则与化学短程有序的有序程度有关。一般在金属玻璃中,当组元在元素周期表中相距较远、原子尺寸相差较大时,结构稳定性较好。此外,在二元或三元金属玻璃中加入少量其他适当的金属元素也可以使非晶态合金的稳定性有明显提高。

(2) 凝固冷速。一定成分的金属玻璃,如果凝固时冷速越高,它的自由能就会越高,相应的结构稳定性会越低,因此在一定条件下越容易产生结构弛豫和晶化。所以选择适当的凝固冷速对于保证金属玻璃的形成和使它具有所需的稳定性是十分重要的。

(3) 其他因素。在许多非晶态合金中发现空位形成热与合金的晶化温度近似成线性关系,即合金的空位形成热越高,金属玻璃的稳定性也越高。同时,当退火温度一定时,非晶态合金发生弛豫或晶化的激活能越大,玻璃结构就越稳定。金属玻璃的晶化激活能又与合金的组态熵有关[35],组态熵较大的合金,晶化激活能也较大。此外,一般来说,对于玻璃形成能力较强的合金,形成的金属玻璃结构稳定性较高。例如,共晶成分或接近共晶成分的合金 GFA 很强,这些合金形成的金属玻璃的稳定性一般都很高。除了合金的某些性质与金属玻璃的稳定性有关外,还有一些方法可以提高非晶态合金的结构稳定性。例如,对 Pd-Si 金属玻璃的研究表明,由于适当的中子辐照可以使非晶态合金凝固时形成的极细晶粒非晶化,从而消除非晶态合金晶化时非均匀形核的媒质,因此可以提高非晶态合金的稳定性。同时,对晶化后体积增大的金属玻璃增加压力可以减慢晶化过程;反之,对晶化后体积减小的金属玻璃增加压力可以促进晶化过程。

　　总之,金属玻璃的结构弛豫和晶化过程,特别是结构弛豫过程,是十分复杂的结构变化过程。非晶态合金结构弛豫和晶化过程的规律、影响因素与控制途径等许多问题都还在继续研究之中。

6.4　非晶态合金的性能特点

　　由于非晶态合金在成分、结构上都与一般晶态合金有较大的差异,所以非晶态合金在许多方面表现出与晶态合金不同的独特性能。下面简单介绍非晶态合金的主要性能特点。

6.4.1　物理性能

　　非晶态合金具有独特的物理性能,本节将从电学性能和磁学性能两个方面进行展开。

6.4.1.1　电学性能

　　由于金属玻璃具有长程无序结构,在金属-类金属型非晶态合金中还含有较多的类金属元素,所以金属玻璃结构对电子有较强的散射能力,非晶态合金一般具有很高的电阻率,在室温下通常为 $100\sim300\ \mu\Omega\cdot cm$,是相同成分晶态合金电阻率的 $2\sim3$ 倍。同时,电阻受温度变化的影响不大,电阻的温度系数比晶态合金小。在适当外推后,非晶态合金与液态合金的电阻温度系数一致,这也反映了非晶态合金在结构上与液态合金的相似性。金属玻璃的电阻性质还与组元种类和含量有较大关系,例如,在 $Pd_{80}Si_{20}$ 金属玻璃中用 Cr(或 Fe、Mn、Co)置换部分 Pd 后形成 $Pd_{73}Cr_7Si_{20}$,电阻率最小值对应的温度从 0 增加到 580 K。

　　许多金属玻璃(如 Nb-Si、Mo-Si-B、Ti-Nb-Si、W-Si-B 等)在低于临界转变温度时还具有超导性能。超导临界温度的高低与合金成分、原子的平均价电子数等因素有关,在金属玻璃中形成弥散的第二相也可以使临界温度、电流密度等超导性能得到提高。例如,$Zr_{65}Nb_{15}Be_{20}$ 非晶态合金经过适当退火产生部分晶化后,在金属玻璃基体上形成了许多微小晶粒,使合金的超导临界温度提高了2倍。同时,具有超导性能的非晶态合金可以用快速凝固技术制成具有良好力学性能的薄带,可为开展超导实验研究和应用研究提供有利的条件。

6.4.1.2 磁学性能

具有优异的磁学性能是许多金属玻璃最突出的性能之一,其中有些金属玻璃具有良好的软磁性能,而另一些金属玻璃则具有很好的硬磁性能。

1) 软磁性能

在非晶态合金中没有晶界,一般也没有沉淀相粒子等障碍对磁畴壁的钉扎作用,所以具有软磁性能的非晶态合金很容易磁化,矫顽力 H_C 极低,一般 $H_C \leqslant 8$ A/m。 同时,由于非晶态合金具有很高的电阻,还可以明显降低伴随磁畴方向改变时产生的涡流损失。因此,金属玻璃用作低频(50~60 Hz)磁芯时的磁芯损耗很低,其中 $Fe_{81}B_{13.5}Si_{3.5}C_2$、$Fe_{82}B_{10}Si_8$ 等铁基非晶态合金的磁芯损耗只有常用的硅钢片的 1/5~1/3,而饱和磁感应强度等磁学性能与硅钢片相近,正因为如此,用软磁非晶态合金制作变压器可使能耗降低 2/3。金属玻璃经过部分晶化后产生的极细晶粒可以作为磁畴壁非均匀形核媒质,从而细化磁畴,获得比晶态软磁合金更好的高频软磁性能。此外,某些钴基非晶态合金(如 Co-Fe-B-Si)还具有磁致伸缩很小、在很大的频率范围内都具有很高的磁导率等优良磁学性能。

2) 硬磁性能

合金的永磁性能主要由与原子排列短程有序有关的电子能带结构决定,所以非晶态永磁合金一般与相应成分的晶态永磁合金类似,具有很好的磁学性能,例如磁化强度、剩磁、居里温度都比较高。与晶态合金不同的是,有一些非晶态永磁合金在经过部分晶化处理后磁学性能会产生很大的提高。例如许多铁基稀土非晶态合金,在经过部分晶化后,矫顽力可以增加2个数量级以上,具有很好的永磁性能。特别是近年来引人注目的 Nd-Fe-B 非晶态合金,在经过晶化热加工处理并控制形变织构方向后,磁能积分别达到 40 MG·Oe(模冷快速凝固)和 45 MG·Oe(雾化快速凝固),这是目前永磁合金磁能积能够达到的最高值,而内禀矫顽力则达到 11~15 kOe。此外,1986 年 OSM 公司在 Nd-Fe-B 合金(含 77%~80%Fe、12%~14%Nd、5%~7%B)成分的基础上加入少量其他关键元素,研制了新型 Hi-RemTM 永磁合金,这种非晶态永磁合金除了具有上述 Nd-Fe-B 合金优异的永磁性能外,还具有磁各向同性和很高的剩磁,同时成本低廉,性能-成本比是现有 Nd-Fe-B 合金和 Sm-Co 永磁合金的2倍,是常用的铁氧体永磁合金的10倍。但是 Nd-Fe-B 非晶态永磁合金还存在居里温度不够高、易于氧化等需要进一步解决的问题。

3）其他物理性能

如前所述,金属玻璃也是一种拓扑密排结构,但是与长程有序的晶态密排结构相比,致密度低一些,所以非晶态合金的密度一般比成分相近的晶态合金低 1%～2%。例如,$Fe_{88}B_{12}$合金在晶态时的密度为 7.52 g/cm^3,而在非晶态时的密度为 7.45 g/cm^3。同时,由于金属玻璃原子排列的致密度较小,具有长程无序结构,原子在金属玻璃中的扩散速率要比在相应的晶态合金中高一个数量级以上,但是,当非晶态合金发生结构弛豫后,扩散系数就开始明显下降,并且扩散系数与黏度之间不再符合斯托克斯-爱因斯坦关系。由于原子在金属玻璃中扩散时,原子的迁移能不是恒定的,不能应用晶态合金中常用的无规则理论来描述非晶态合金中的原子扩散过程,目前还没有统一的理论能较好地说明非晶态合金中原子扩散的机制和规律。此外,金属玻璃的热膨胀系数较小,某些铁基金属玻璃的膨胀系数只有相应晶态合金的一半。正是由于金属玻璃具有非周期结构,所以在金属玻璃中声速较低,声吸收也较小。

6.4.2 电化学性能

在金属玻璃中没有晶界、沉淀相相界、位错等容易引起局部腐蚀的部位,同时也不存在晶态合金中容易出现的成分偏析,所以非晶态合金在结构和成分上都比晶态合金更均匀,因而具有更强的抗腐蚀性能。例如,含 Cr 的铁基、钴基和镍基金属玻璃,特别是其中还含有 P 等类金属元素的非晶态合金,具有十分突出的抗腐蚀能力。图 6.4.1 所示为常用的晶态 304 不锈钢和 $Fe_{70}Cr_{10}P_{13}C_7$ 金属玻璃在 30 ℃ 的 HCl 溶液中的腐蚀速率与 HCl 浓度的关系。从图中可以看出,由于存在点蚀,304 不锈钢的

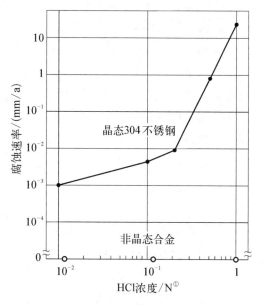

图 6.4.1 晶态 304 不锈钢和 $Fe_{70}Cr_{10}P_{13}C_7$ 金属玻璃在 30 ℃ 的 HCl 溶液中的腐蚀速率与 HCl 浓度的关系

① N 指当量浓度,表示 1 L 溶液中所含溶质的克数。

腐蚀速率随 HCl 浓度的提高而增大,而 $Fe_{70}Cr_{10}P_{13}C_7$ 非晶态合金则因表面迅速形成了富 Cr 的防腐蚀膜,在图中所示的 HCl 浓度范围内,即使浸泡一周也没有产生可以测定的腐蚀。在这类非晶态合金中,P 和 Cr 的作用十分重要,P 的作用主要是当非晶态合金与 HCl 溶液接触时使其他元素迅速分解,促进防腐蚀薄膜的形成。B、Si、C 等其他类金属元素都无法替代 P 的这种活化作用。除了上述 Fe-Cr-P-C 合金外,在 $Fe_{70}P_{13}C_7$ 合金中加入原子百分比约为 3% 的过渡族金属元素,如 Ni、V、Ti、W 或 Mo,并同时加入约 3% 的 Cr(均置换 Fe),也能使非晶态合金具有很好的抗腐蚀性能,同时可以减少战略元素 Cr 的消耗量。但是如果完全不含 Cr,金属玻璃就会因为不能形成防腐蚀薄膜而不具有良好的抗腐蚀性能。此外,在 $Ti_{50}Cu_{50}$、Ti-Ni 等非晶态合金中加入原子百分比约为 5% 的 P 也能迅速形成富 Ti 的防腐蚀薄膜并稳定非晶态合金的结构,从而有效地提高合金的抗腐蚀性能。上述金属玻璃如果发生晶化或部分晶化,出现成分和结构上的不均匀,就会使抗腐蚀性能明显降低。

金属-类金属型金属玻璃具有优异的抗腐蚀性能实际上与组元(特别是 P)有较高的反应活性有关,这种反应活性还表现在可以对某些化学反应产生催化作用。快速凝固制成的薄带、纤维状的金属玻璃由于具有很大的表面积,因而也十分有利于它们起到催化作用。例如,薄带状的 Fe-Ni-P(或 Fe-Ni-P-B)非晶态合金可以对 CO 与 H_2 合成碳氢化合物的反应起催化作用,效果比相同成分的晶态合金约大 100 倍[36]。同时,某些铅基金属玻璃在甲酸盐和甲醛氧化过程中的催化作用比铂还强,在从 NaCl 溶液制取氯气的反应中也有很强的催化作用。此外,Zr-Ni、Ti-Ni 等非晶态合金可以吸收大量的氢而不开裂,力学性能通常比可以吸收氢的某些金属间化合物好得多。

6.4.3 力学性能

力学性能对于作为结构材料用的金属玻璃来说显然是最重要的性能,而大部分金属玻璃都具有较好的力学性能。

6.4.3.1 强度、硬度和刚度

金属玻璃中,原子之间一般都有比较强的键合,特别是金属-类金属型金属玻璃中的原子键合,要比一般晶态合金强得多,而非晶态合金中原子排列的长程无序、缺乏周期性又使合金在受力时不会产生滑移,这些因素使非晶态合金一般具有很高的室温强度、硬度和较高的刚度,可以视为强度最高的实用材料之一。非晶态合金的强度、硬度等性能与合金的成分密切相关,例如,金属-类金属型金

属玻璃的强度、硬度一般都很高,这类金属玻璃的强度超过了高强度马氏体时效钢 (σ_S 约为 2 GPa)和 AISI4340 钢 (σ_S 约为 1.65 GPa),强度最高的 $Fe_{80}B_{20}$ 的屈服强度与经过冷拉的琴钢丝差不多。而钯基、铂基金属-类金属型非晶态合金和金属-金属型非晶态合金的强度、硬度及刚度要稍低一些。在金属-类金属型金属玻璃中,当金属元素种类一定时,类金属元素为 B 时,非晶态合金的强度、硬度比类金属元素是 P 时的强度、硬度更高。例如,Fe-B 非晶态合金的强度、硬度要比 Fe-P、Fe-P-C 非晶态合金的强度、硬度高。同时,当金属元素的金属性逐步增强或者在周期表中的位置向上方或左侧移动,即 Pt→Pd→Ni→Co→Fe,而且类金属元素的种类一定时,由于金属元素与类金属元素之间的键合逐步增强,非晶态合金的强度和硬度也会相应增加。金属玻璃在有很好的室温强度和硬度的同时,一般也都具有很好的耐磨性能,在相同的试验条件下,磨损速率与钨铬钴耐磨合金差不多。

6.4.3.2　韧性和延性

非晶态合金不仅具有很高的强度和硬度,而且与脆性的非金属玻璃截然不同,通常具有很好的韧性,并且在一定的受力条件下还具有较好的延性。例如,强度很高的 $Fe_{80}B_{20}$ 非晶态合金在平面应变条件下的断裂韧性 K_{1C} 可达 12 MPa·$m^{-1/2}$,这比强度相近的其他材料的韧性都要高得多,比石英玻璃的断裂韧性约高 2 个数量级。同时,由于金属玻璃中的原子是随机密排的,所以在撕裂条件下的断裂韧性高达 50 MPa·$m^{-1/2}$,撕裂功也高达 10 J/cm^2。

金属玻璃的延性与外应力的方向有关,当样品处于压缩、剪切、弯曲状态时,金属玻璃具有很好的延性。例如,非晶态合金的压缩延伸率可以高达 40%,轧制时压下率为 50% 以上还不会产生断裂,金属玻璃薄带弯 180° 一般也都不会断裂。金属玻璃在拉伸应力条件下的延伸率很低,一般只有 0.1%。在室温条件下受到拉伸应力时,金属玻璃中会出现不均匀的剪切带,根据剪切带的宽度可以计算出在剪切带中实际产生的真应变达到 10 或 10 以上,这表明金属玻璃与非金属玻璃不同,存在着本征塑性。但是金属玻璃中的这种剪切带及相应的应变是高度局域的,不会像晶态合金中由于位错的运动产生明显的加工硬化,所以非晶态合金的屈服与断裂几乎会同时发生。但是,在这一问题上似乎还有不同的看法,例如,有的学者认为,由于完全没有加工硬化,所以金属玻璃的屈服强度就等于断裂强度[37];但是,另一些学者却报道了某些金属玻璃的屈服强度与断裂强度有一定差别。此外,凯恩指出,金属玻璃在拉伸发生形变时,根据外应力的大小,实际上存在两种情况:一种是当外应力比较大时,形变极不均匀,即在极短的时间内(约为 1 ms)形成极窄(10~20 nm)的剪切带,因而延伸率很小;另一种情况是当外应力比较小时,形变是均匀的蠕变,不会形成剪切带,蠕变速度小,总的蠕变应变也不大,即使在断裂时也没有达到延性极限。

当温度升高接近玻璃转变温度 T_a 时,即 $T=(0.5\sim0.8)T_a$ 时,金属玻璃在恒应力作用下也会发生蠕变。有些金属玻璃,例如 $Fe_{40}Ni_{40}P_{14}B_6$,在较高温度下具有很好的延性,热压时的应变可达 1。但在低温退火(100~200 ℃)后,金属玻璃的延性会有较大幅度的降低。同时,也有一些金属-金属型非晶态合金在接近的温度退火时,会产生类似于晶态合金的时效硬化现象[38]。

金属玻璃力学性能的特点与它在外力作用下的形变机制密切相关。由于非晶态合金在结构上的长程无序和形变过程的复杂性,现在对非晶态合金形变机制的了解还很少,大多限于在实验研究的基础上提出一些模型或假设。例如,一种看法是借鉴晶态合金中的位错理论,认为在金属玻璃中也存在原子尺度的位错,并以此来说明金属玻璃的形变过程。另一种看法是用金属玻璃受力过程中各个局域密度变化的不连续来解释形变中剪切带的形成。这些看法都还需要通过实验和理论研究进行验证和完善。

总的说来,非晶态合金具有很高的强度、硬度、耐磨性能和韧性,在弯曲、压缩状态时有很好的延性,但是拉伸延性、疲劳强度很低,所以一般不能单独用作结构材料。许多成分的金属玻璃在经过适当的晶化处理后,其综合力学性能会有很大提高。

6.5　非晶态合金的应用

20 世纪 70 年代中期以来,非晶态合金已经在许多方面得到广泛应用,取得了很好的经济效益,相关学者已研制和开发了不少有实用价值的非晶态合金。下面结合非晶态合金的主要实际应用简要介绍这些新型合金。

6.5.1　磁性材料

金属玻璃由于具有优异的磁学性能、较好的力学性能以及容易连续生产成通常需要的薄带、薄片形状,与常用的晶态磁性合金相比具有较大的优势,所以目前金属玻璃的主要应用还是作为磁性材料。

非晶态软磁合金的主要用途是取代晶态硅钢制作各种类型的变压器,这些变压器不仅包括大容量(功率不小于 200 kW)的变压器,还包括小功率的配电变压器。非晶态磁性合金的应用不仅可以减少大量的能量损失,还可以在额定功率一定时,减小变压器的重量,减小变压器的尺寸。以美国为例,据估计,如果采用非晶态合金制作各种小型配电变压器,由于减少能耗,每年可以节约 10 亿美元。因此,现在世界上许多生产变压器的著名公司,如通用电气公司、Osaka 公司等,都已开展了这方面的研究。其中,Allied-Signal 公司已经宣布每年要生产 6 万吨磁性合金投入实际应用。最近,加拿大科研人员已经解决了生产工艺中的一系列问题,应用非晶态软磁合金制成了 100 kW 的节能配电变压器,这种变压器不仅芯部损失很小,而且重量很小。当然,非晶态软磁合金也面临着快速凝固新型晶态磁性合金的挑战,这两类合金的最终应用前景将取决于它们在性能、生产工艺、成本等方面的竞争结果。

非晶态软磁合金的其他重要用途包括用作磁屏蔽材料,制作磁头、计算机中的磁盘、软盘和仪器仪表中使用的记录装置等。其中 Co-Fe-B-Si 等钴基金属玻璃的性能十分突出,它们由于具有很高的磁导率和高频响应能力、低的磁致伸缩和矫顽力以及很好的强度和耐磨性能,用于制作磁头时不仅提高了工作性能,还延长了使用寿命。日本的 TDK、日立等公司已经生产了用非晶态合金制作的高质量磁头并在市场销售。同时,利用 $Fe_{80}P_{13}C_7$、$Fe_{78}Si_{10}B_2$ 等金属玻璃在磁化过程中弹性模量发生的变化,可以用于制作雷达、计算机、电视接收设备、信号处理器中的构件。$Fe_{78}B_{19}Si_3$、$Fe_{40}Ni_{38}Mo_4B_{18}$ 具有高磁致伸缩、低声阻,所以可以制作压力传感器。这类传感器可以广泛应用于汽车发动机、机器轴承、交通指挥系统、路灯监视器等装置中。$Fe_{67}Co_{18}B_{14}Si_1$ 等非晶态合金具有很小的磁滞损失、很高的电阻,可以用作开关式电源。日本的日立公司在 1986 年已经大量生产了这种电源。此外,应用快速凝固技术制成的纤维状(直径为十几微米)的非晶态软磁合金可以制作电感元件和数字传感器中的元件。

非晶态永磁合金的生产与应用比非晶态软磁合金晚,但是近几年也已经有了很快的发展。例如,美国的 GM 公司投资七千万美元建立了生产 Nd-Fe-B 非晶态合金的工厂,已经在 1987 年投入生产。同时,在 Nd-Fe-B 永磁合金的生产工艺研究方面,近几年还发展了黏结磁体新工艺,这一工艺是用环氧树脂等有机黏结剂与快速凝固并经过退火的 Nd-Fe-B 粉末一起,通过模压或注射成型的方法制成大块 Nd-Fe-B 永磁体。黏结磁体工艺不仅生产方法简单、效率高,而且产品的磁学、力学性能都很好。美国通用汽车公司已经用这种工艺生产的 Nd-Fe-B 永磁体制作了尺寸较小的步进电机。Nd-Fe-B 等永磁合金的应用包括制造计算机外围设备、扬声器、步进电机、核磁共振成像仪、发电机和磁电机等设备中的永磁体,还可以制作汽车启动电机、测量仪表中的永磁体以及录像机、电钟、电子游艺机等电器中的磁性部件。

6.5.2 结构材料

如前所述,金属玻璃通常是经过晶化处理制成微晶合金后作为结构材料使用的,采用这种方法制成的微晶合金不仅综合力学性能很好,而且克服了非晶态合金尺寸小、工作温度低的缺点,所以该工艺自 20 世纪 80 年代初提出后就迅速引起了人们的广泛兴趣。这一工艺主要适用于以过渡族金属元素(Fe、Co、Ni、Cr、W、Mo、Ti 等)为基的金属-类金属型非晶态合金。为了保证晶化后合金有较好的延性和韧性,类金属元素的原子数含量从通常的约 20% 减少至 5%~13%,而且无论是否加入其他类金属元素,B 一般都必不可少,并且 B 的原子数含量大多达到 8%~10%,是这类非晶态合金中最主要的类金属元素。这些合金在制成非晶态薄带并粉碎后,通常在 50~900 ℃进行热挤压或热等静压等固结成型加工,同时,使非晶态合金产生晶化并制成大块晶态合金。经过这样加工后的合金晶粒十分细小,尺寸仅为 $0.2~0.3~\mu m$,成分和结构非常均匀,还含有大量硬度很高的弥散硼化物和金属间化合物,所以具有优异的力学性能。例如,$Fe_{70}Cr_{13}Ni_6MoB_9Si$ 非晶态合金的抗拉强度达到 1 385~1 585 MPa,同时还有很好的延性和韧性。许多微晶化(也称为反玻璃化)后的非晶态合金在 540~650 ℃时还有很好的高温强度和冲击韧性,在 750 ℃时具有极好的抗氧化性能。高温硬度和耐磨性能很好的 $Ni_{53}Mo_{35}Fe_9B_3$ 等非晶态合金可以制作刀具、挤压模,Allied-Signal 公司已经用这种工艺生产了 Ni - Mo - Fe - B 模具合金。除了以 Fe、Co、Ni 等为基的这类合金外,经过反玻璃化处理的钛基合金(不一定含B)也具有极好的力学性能,例如,Ti - 25Zr - 10Be(Metglass 2204) 的硬度为 2 345 MPa,而 Ti - M - Si(M=Mn, Fe, Cu, Co, Ni)合金的抗拉强度达到 2 750 MPa。此外,这类微晶化后的非晶态合金在具有良好力学性能的同时仍然保持了很强的抗腐蚀性能,例如,$Me_{63}Cr_{22}Ni_3Mo_2B_8C_2$ 合金的腐蚀速度在相同的腐蚀条件下是 316 不锈钢的十分之一。同时,用上述工艺生产的不锈钢强度可达 1 720 MPa,并具有很高的抗应力腐蚀性能。因此,高强度、抗盐水腐蚀的铜基非晶态合金可以作为制造潜水艇的材料,某些铁基非晶态合金还可以制作快速中子反应堆中的化学过滤器。

除了上述微晶化方法之外,还可以在不改变原有金属-类金属型非晶态合金成分的情况下,把合金置于氧化气氛中进行晶化处理,使合金中含量较高的类金属元素在晶化时部分扩散到合金表面形成氧化膜剥落。用这种方法晶化处理后的 $Fe_{80}B_{12}Si_8$、$Ni_{63}Cr_{12}Fe_4B_{18}Si_8$ 等非晶薄带也具有很好的综合力学性能。但是,这些性能在固结成型加工成大块材料后能否保持,这种方法在实际生产中应用的可行性如何,还需要进一步研究。

　　总之,非晶态合金在经过适当的成分调整和晶化处理后制成的微晶合金是一种很有发展潜力的结构材料,这方面的工艺研究和应用研究还在继续进行。除此之外,纤维状的非晶态合金还可以作为强化材料分别与铝合金、水泥或有机物制成复合结构材料。

6.5.3　钎焊材料和其他材料

　　通常用来焊接制作汽轮发动机等设备的高温合金和耐热钢的钎焊材料是含 B、Si、C 或 P 的镍基晶态合金,这些合金在常规铸造条件下枝晶粗大,含有脆性的第二相,所以无法加工,只能粉碎成粉末状后再用有机黏结剂黏结成薄带状使用,因而很容易混入杂质或碳化物,使焊缝强度等焊接质量受到很大影响。采用快速凝固非晶钎焊合金后,合金不仅很容易生产成薄带形状,而且会使薄带有很好的延性,可以加工成需要的尺寸,同时成分均匀,不含杂质。用于许多非晶钎焊合金的成分接近共晶成分,熔点低,熔化后流动性好,在焊接高温合金和不锈钢等合金的构件时可以显著提高焊接质量。这些非晶钎焊合金还可以代替昂贵的金基常规钎焊合金焊接飞机发动机部件。

　　在已经投入使用的非晶钎焊合金中,有多种用于高温焊接的 Ni‑B 基非晶态合金和用于较低温度焊接的 Ni‑Pd 基非晶态合金,还有焊接电器接触和连接部分的 Cu‑P 基非晶态合金,还将生产可以取代价格较贵的银基常规焊料的非晶钎焊合金。

　　非晶态合金除了上述应用外,还可以利用它们的优异特性作为其他功能材料。例如,Cu‑Ti、Zr‑Ni 等金属玻璃可以用作储氢材料,制作热管、空调器等;Fe‑Cr‑B 非晶态合金由于热膨胀系数和杨氏模量的温度系数均为零,可以制作精密测量元件;具有很高的电阻和电阻率、对温度敏感的非晶态合金可以制作电视机、收音机等电器中的电阻元件和低温热电偶;Pd‑Si、Ni‑Si‑B 等非晶态合金由于具有非铁磁性,可以制作机械振动式的定时装置;具有均匀场发射的非晶态合金还有可能用作电子光学系统中的电子源;Ti‑Nb‑Si、Mo‑Ru‑B 等具有超导性能的非晶态合金也有可能用于制作超导器件。

　　由本章的介绍可以知道,与快速凝固晶态合金一样,非晶态合金由于具有许多独特性能,已经得到了广泛应用。在非晶态合金的形成、结构、性能和应用方面还存在一些问题需要进行更深入的研究,但是可以肯定,随着这些问题的逐步解决,非晶态合金一定会得到更加广泛的应用,发挥更大的作用。

参考文献

［1］ 程天一,章守华.快速凝固技术与新型合金[M].北京：宇航出版社,1990.

［2］ Maringer R, Mobley C. Rapidly quenched metals Ⅲ[R]. London：Metals Society, 1978.

［3］ Cahn R W. Physical metallurgy[M]. Amsterdam：North Holland Pub. Co., 1983.

［4］ Jones H. Rapid solidification of metals and alloys[R]. London：The Institution of Metallurgists, 1982.

［5］ Mehrabian R. Rapid solidification processing principles and technologies：proceeding[M]. Baton Rouge：Claitor's Publishing Division, 1978.

［6］ Wood J V, Bee J V. Precipitation and deformation of rapidly solidified nickel superalloys[M]//Strength of Metals and Alloys. Pergamon：Pergamon Press, 1979：711 - 717.

［7］ Boettinger W J, Cahn J W, Coriell S R, et al. Application of solidification theory to rapid solidification processing[C]//National Bureau of Standards, Gaithersburg, 1983.

［8］ Anantharaman T R, Suryanarayana C. A decade of quenching from the melt[J]. Journal of Materials Science, 1971, 6(8)：1111 - 1135.

［9］ Mawella K J A, Honeycombe R W K. Formation of rapidly quenched surface layers in iron-based alloys using an electron beam[C]//Proceedings of the Fourth International Conference on Rapidly Quenched Metals, Sendai, Japan, 1982.

［10］ Miroshnichenko I S. Crystallization processes[M]. New York：Consultants Bureau, 1966：55.

［11］ Boettinger W J. Microstructural variations in rapidly solidified alloys[J]. Materials Science and Engineering, 1988, 98：123 - 130.

［12］ Kaufman M J, Cunningham Jr J E, Fraser H L. Metastable phase production and transformation in Al - Ge alloy films by rapid crystallization and annealing treatments[J]. Acta Metallurgica, 1987, 35(5)：1181 - 1192.

［13］ Hornbogen E. The effect of variables on martensitic transformation temperatures[J]. Acta Metallurgica, 1985, 33(4)：595 - 601.

［14］ Lee P W, Carbonara R S. Rapidly solidified materials[C]//Rapidly Solidified Materials：Proceedings of an International Conference, San Diego, USA, 1985.

［15］ Nagasawa A, Makita T, Nakanishi N, et al. X-ray and neutron diffraction anomalies preceding martensitic phase transformation in $AuCuZn_2$ alloys[J]. Metallurgical Transactions A, 1988, 19(4)：793 - 796.

［16］ Rosen S, Goebel J A. The crystal structure of nickel-rich NiAl and martensitic NiAl[J]. Trans Met Soc AIME, 1968, 242(4)：722 - 724.

［17］ Nagasawa A, Gyobu A, Enami K, et al. Structural phenomena preceding martensitic phase transformation in Cu‐Al‐Zn alloy［J］. Scripta Metallurgica, 1976, 10(10)：895‐899.

［18］ Cantor B. Rapidly quenched metals Ⅲ［C］//Proceedings of the Third International Conference on Rapidly Quenched Metals, Brighton, 1978.

［19］ Beghi G, Matera R, Piatti G. Superplastic behaviour of a splat cooled Al‐17 wt％ Cu alloy［J］. Journal of Materials Science, 1970, 5(9)：820‐822.

［20］ Grant N J. Rapid solidification of metallic particulates［J］. The Journal of the Minerals, Metals & Materials Society, 1983, 35(1)：20‐27.

［21］ Gamble F R, Osiecki J H, Cais M, et al. Intercalation complexes of Lewis bases and layered sulfides：a large class of new superconductors［J］. Science, 1971, 174(4008)：493‐497.

［22］ Matthias B T. Search for high-temperature superconductors［R］. San Diego：Bell Telephone Labs, University of California, 1971.

［23］ Nesbitt E A, Willens R H, Williams H J, et al. Magnetic properties of splat-cooled Fe‐Co‐V alloys［J］. Journal of Applied Physics, 1967, 38(3)：1003‐1004.

［24］ Ashbrook R L. Rapid solidification technology［M］. Ohio：American Society for Materials International, 1983.

［25］ Davies L A, Hasegawa R.物理冶金进展评论［M］.中国金属学会,译.北京：冶金工业出版社,1985.

［26］ Onorato P I K, Uhlmann D R. Nucleating heterogeneities and glass formation［J］. Journal of Non-Crystalline Solids, 1976, 22(2)：367‐378.

［27］ MacFarlane D R. Continuous cooling (CT) diagrams and critical cooling rates：a direct method of calculation using the concept of additivity［J］. Journal of Non-Crystalline Solids, 1982, 53(1‐2)：61‐72.

［28］ Egami T, Waseda Y. Atomic size effect on the formability of metallic glasses［J］. Journal of Non-Crystalline Solids, 1984, 64(1‐2)：113‐134.

［29］ Schwarz R B, Nash P, Turnbull D. The use of thermodynamic models in the prediction of the glass-forming range of binary alloys［J］. Journal of Materials Research, 1987, 2(4)：456‐460.

［30］ Duwez P, Willens R H, Klement Jr W. Continuous series of metastable solid solutions in silver-copper alloys［J］. Journal of Applied Physics, 1960, 31(6)：1136‐1137.

［31］ Cahn R W, Haasen P. Physical metallurgy［M］. New York：Elsevier, 1983.

［32］ Bernal J D. The structure of liquids［J］. Proceedings of the Royal Society of London, Series A, Mathematical and Physical Sciences, 1964, 280(1382)：299‐322.

［33］ Chen H S. Metallic glasses［J］. Materials Science and Engineering, 1976, 25：59‐69.

［34］ Masumoto T, Maddin R. The mechanical properties of palladium 20％ silicon alloy quenched from the liquid state［J］. Acta Metallurgica, 1971, 19(7)：725‐741.

［35］ Nishi Y, Morohoshi T, Kawakami M, et al. Rapidly quenched metals Ⅳ［J］. The Japan Institute of Metals, 1981：217.

[36] Luborsky F E, Johnson L A. Applications of magnetic amorphous alloys[J]. Le Journal de Physique Colloques, 1980, 41(C8): 820 - 826.

[37] Das S K, Davis L A. High performance aerospace alloys via rapid solidification processing[J]. Materials Science and Engineering, 1988, 98: 1 - 12.

[38] Bresson L, Chevalier J P, Fayard M. Bend testing metallic glasses. Effect of heat treatment on the mechanical properties of $Cu_{60} Zr_{40}$[J]. Scripta Metallurgica, 1982, 16 (5): 499 - 502.

第7章 电磁场中金属凝固的晶体生长

金属在外加电磁场作用下凝固时,电磁场对金属凝固和结晶过程具有重要影响,本章将分别介绍旋转磁场中金属凝固的晶体生长、电磁振荡中金属凝固的晶体生长、稳恒磁场中金属凝固的晶体生长、电场中金属凝固的晶体生长[1]。

7.1 旋转磁场中金属凝固的晶体生长

在金属凝固的同时施加一个旋转磁场,会在金属熔体内产生一个电磁力分量,其方向与磁场旋转的方向相同。因此,这个电磁力分量驱动熔体随着电磁场流动,即对合金产生电磁搅拌。图 7.1.1 所示是金属在旋转磁场中凝固的典型装置,其磁场强度可以通过调节励磁电压来控制,励磁电压越高,则电磁搅拌作用越强。

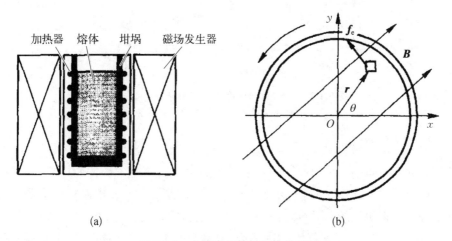

(a)   (b)

图 7.1.1　金属在旋转磁场中的凝固

(a) 实验装置;(b) 受力示意图

7.1.1　旋转磁场对宏观组织的影响

分别将不同成分的 Al‐Cu 和 Al‐Si 合金自熔化温度开始降温凝固,同时施加不同强度的电磁搅拌。对其宏观凝固组织的分析表明,电磁搅拌对合金的宏观组织有显著的影响,主要表现为晶粒细化和晶粒尺寸均匀化。

图 7.1.2 所示为 Al-33.2% Cu 共晶合金和 Al-20% Cu 亚共晶合金分别在 840 ℃ 和 730 ℃ 加热熔化,并在电磁搅拌条件下空冷凝固后的宏观组织与励磁电压之间的关系。由图 7.1.2 可见,无搅拌 Al-Cu 合金宏观组织比较粗大,结合凝固试样的宏观形貌观察可知,无搅拌 Al-Cu 合金的宏观凝固组织为粗大的等轴晶粒;经电磁搅拌后,晶粒得到明显细化,励磁电压越高,晶粒细化效果越明显,而且在励磁电压较低时就可产生显著的晶粒细化效果。当励磁电压超过一定数值之后,随搅拌电压的升高,晶粒细化效果就不明显了。此外,与亚共晶合金相比,Al-Cu 共晶合金的晶粒尺寸较细小,并且电磁搅拌对晶粒的细化作用也较明显。

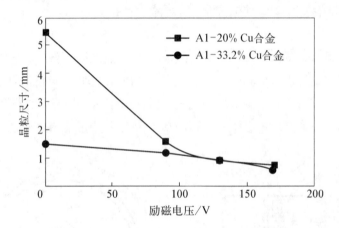

图 7.1.2　Al-Cu 合金在电磁搅拌条件下凝固的宏观晶粒尺寸与励磁电压的关系

将 Al-7% Si 亚共晶和 Al-12.5% Si 共晶合金分别在 780 ℃ 和 730 ℃ 加热熔化并等温保持,使之温度均匀,在电磁搅拌条件下空冷凝固,其晶粒尺寸与励磁电压的关系如图 7.1.3 所示。对于 Al-Si 亚共晶合金,电磁搅拌对晶粒尺寸的细化是很明显的,无搅拌凝固样品中的晶粒特别粗大,而且大小不均。施加 70 V 电压进行电磁搅拌凝固的试样中,晶粒尺寸普遍明显减小,如果将搅拌样品与无搅拌样品试样横截面上的最大晶粒进行对比,那么 70 V 搅拌试样中的晶粒尺寸是无搅拌试样中晶粒尺寸的 5%～10%。经过 70 V 电磁搅拌的样品中,晶粒不但显著细化,而且尺寸不均匀现象也有所改善。当励磁电压超过 120 V 时,晶粒减小幅度已不是很明显,但是晶粒尺寸在整个横截面上非常均匀。

从实验结果中可以发现,晶粒尺寸变化幅度最大的阶段是在 0～70 V,在这

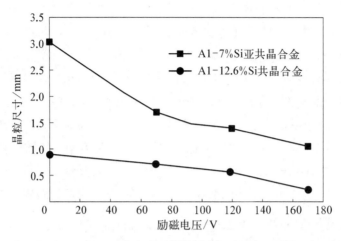

图 7.1.3　Al‐Si 合金宏观晶粒尺寸与励磁电压的关系

个搅拌强度范围内,Al‐Si 合金晶粒细化效果特别明显。采用 30 V 的电压来搅拌凝固时,发现凝固组织中粗大晶粒和细小晶粒同时存在,其数量约各占 50%;但与无搅拌试样中的粗大晶粒相比,30 V 电压搅拌样品中粗晶粒有所减少,而细小晶粒尺寸则与 120 V 电压时的晶粒尺寸相似。虽然 30 V 搅拌样品中的晶粒尺寸不是很均匀,即细化程度有明显的差别,但是无论如何,Al‐Si 合金在较低的搅拌强度下,合金中就可以产生明显的晶粒细化作用。

在同样的凝固条件下,Al‐Si 共晶合金晶粒尺寸都小于 Al‐Si 亚共晶合金的晶粒尺寸,电磁搅拌对共晶 Al‐Si 合金的影响比较小。但其宏观组织的变化规律是相似的,在不同的搅拌强度下晶粒尺寸有不同程度的细化及均匀化,变化最明显的是 0~70 V,在较高的励磁电压下,晶粒进一步细化的效果不明显。电磁搅拌能使 Al‐Cu 及 Al‐Si 亚共晶和共晶合金凝固组织细化的根本原因在于电磁搅拌强迫熔体流动增加了形核率,非均质晶核数量的提高必然带来晶粒尺寸的细化。对于非均质核心的形成原因,较可能的机制有以下两种。

(1) 枝晶臂在外力作用下发生断裂后,被熔体的强迫对流作用带到熔体心部,成为等轴晶粒的异质核心。这一观点受到一些学者的怀疑,因为流体流动时产生的黏滞力作用于固‐液界面上难以超过枝晶臂的断裂强度而使枝晶臂发生断裂。然而,在电磁搅拌条件下,除了流体黏滞力以外,生长的晶体还受到电磁力的直接作用,而且作用于固态晶体上的电磁力与黏滞力的方向是一致的。这就有可能使晶体受到的作用力的总和超过其断裂强度而发生断裂。

(2) 枝晶分枝在浓度或温度波动的扰动之下发生熔断脱落而成为非均质核

心。一方面,液相的流动(特别是湍流)以及焦耳热的作用加剧了固-液界面处的温度波动,这就有可能使局部温度超过固相熔点,而使枝晶臂自界面分离;流动所引起的剪切或弯曲的作用力,加速枝晶臂的熔断。另一方面,当晶体在型壁上形成或以枝晶形式生长时,由于要向周围排出溶质,而液相的强迫流动难以将紧靠型壁处或枝晶根部等角落处的溶质原子冲刷出来,因此在这些位置的溶质均匀化条件最差,容易造成溶质富集而使晶臂产生缩颈,在液流的冲刷作用下极易熔断或脱落,随着液流冲入液体内部。当枝晶承受到流动熔体的剪切或弯曲的作用力时,在枝晶臂根部会产生应力集中,这也加速枝晶臂的熔断。如果液体中温度梯度较小,这些脱落下来的晶体来不及完全重熔,便起到晶核的作用。

7.1.2 电磁搅拌对铝合金枝晶组织的影响

亚共晶铝合金 Al-20% Cu 以及 Al-7% Si 合金电磁搅拌凝固后的显微组织分别如图 7.1.4 和图 7.1.5 所示。在无电磁搅拌条件下,Al-Cu 和 Al-Si 亚共晶合金凝固后的显微组织均为等轴树枝晶,树枝晶形状规则,枝晶很发达,在晶界上分布着层片状共晶组织。Al-Si 合金的一次枝晶臂很长,可达 1.2 mm。经电磁搅拌后,显微组织发生较大变化。当励磁电压分别为 130 V 和 120 V 时,随着宏观晶粒的细化,Al-Cu 和 Al-Si 亚共晶合金中整齐规则的树枝晶数量减少,出现了"花瓣状"等轴枝晶。随着搅拌强度的继续增大,枝晶数量进一步减少。当搅拌电压达到 170 V 时,先共晶 α-Al 树枝晶几乎完全消失,先共晶相以团块状非枝晶形态存在,如图 7.1.4(c) 和图 7.1.5(c) 所示。电磁力和熔体流速沿铸锭径向的分布是不均匀的,在 $r=0.6R_0$ 处,搅拌最为强烈,而在铸锭心部则几乎没有搅拌作用。通过实验观察也发现,球状 α 相在 $1/2R_0$ 处较多,而在试样中心,α 相则多呈枝晶状生长。

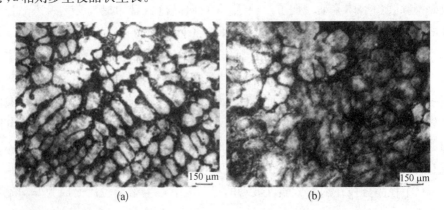

(a)　　　　　　　　　　　　(b)

(c)

图 7.1.4 Al－20％ Cu 合金电磁搅拌后的显微组织

（a）励磁电压为 0 V；（b）励磁电压为 130 V；（c）励磁电压为 170 V

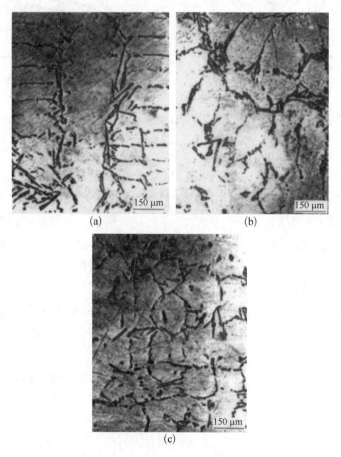

图 7.1.5 Al－7％ Si 合金电磁搅拌后的显微组织

（a）励磁电压为 0 V；（b）励磁电压为 120 V；（c）励磁电压为 170 V

Al-Cu 和 Al-Si 亚共晶合金经电磁搅拌后的另一变化是二次枝晶臂发生了粗化。图 7.1.6 所示为 Al-Cu 和 Al-Si 亚共晶合金凝固组织二次枝晶臂间距沿径向的分布情况。由图可见,在无电磁搅拌条件下,所得到的晶体组织中二次枝晶臂间距在整个试样横截面上变化不大,可测得二次枝晶臂间距的平均值分别为 41.4 μm 和 67.5 μm,电磁搅拌引起二次枝晶臂间距显著增大。在搅拌电压大小一定时,二次枝晶臂间距随径向距离的增大而增大,而铸锭心部的二次臂间距则变化不大。

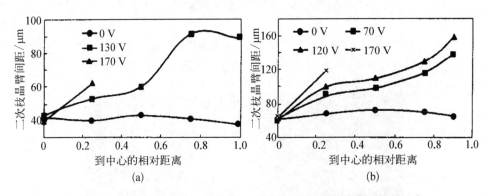

图 7.1.6 亚共晶铝合金电磁搅拌凝固组织二次枝晶臂间距沿径向分布

(a) Al-20% Cu 合金;(b) Al-7% Si 合金

在无电磁搅拌条件下,Al-Cu 及 Al-Si 亚共晶合金中初生 α 相一般长成树枝状,二次臂也比较发达。在电磁搅拌条件下,一方面引起二次枝晶数量减少,二次枝晶臂间距增大;另一方面,使得先共晶相生长为椭球状的晶粒。电磁搅拌引起的熔体强迫对流可以使温度场及液相成分更为均匀,从而改变晶体生长的条件。亚共晶 Al-Cu 及 Al-Si 合金枝晶二次臂间距随搅拌强度的增大而增大,这有两方面的原因:

(1) 强迫流动使液相成分均匀,从而在固-液界面前沿不具备成分过冷条件,不利于分枝的形成,使主干晶分枝大为减少,从而使有限的分枝长得比较粗大。

(2) 强迫流动提高了溶质原子的传输能力。二次枝晶臂间距可以通过下式计算:

$$\lambda_2 = 5.5 \left[\frac{\Gamma D \ln\left(\dfrac{C_e}{C_0}\right) t_f}{M(1-k)(C_0-C_e)} \right]^{1/3} \tag{7.1.1}$$

式中，λ_2 为二次枝晶臂间距；t_f 为凝固时间；C_0 为合金平均成分；C_e 为合金共晶成分。

枝晶生长结束时，液相的浓度由开始的 C_0 变为 C_e。由此可见，在其他条件一定时，溶质的扩散系数将对枝晶粗化过程有明显的影响，电磁搅拌就是使溶质的有效扩散系数增大，最终使二次枝晶臂间距增大。

7.1.3　旋转磁场对 Al‑CuAl₂ 共晶组织的影响

图 7.1.7 反映了旋转电磁场的电磁搅拌作用对共晶 Al‑33.2% Cu 合金中 Al‑CuAl₂ 共晶组织形貌的影响[2-3]。在无搅拌的条件下，Al‑CuAl₂ 共晶组织

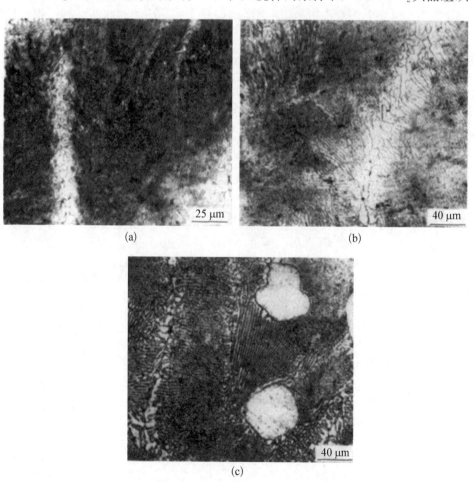

(a)　　　　　　　　　　　　(b)

(c)

图 7.1.7　旋转电磁场对凝固的 Al‑Al₂Cu 共晶组织形貌的影响

(a) 励磁电压为 0；(b) 励磁电压为 80 V；(c) 励磁电压为 100 V

呈规则的层片状形貌。电磁搅拌对晶体组织的影响是十分显著的,尤其是在凝固样品外层区域中,组织变化更为明显,而对心部组织形貌几乎无影响。当电压为 80 V 时,已发现有部分棒状共晶开始形成,而且相间距也较大。当励磁电压增加到 100 V 时,相间距变得更宽,还形成较多的棒状共晶及团块状先共晶组织。经检测,先共晶组织和共晶组织中的棒状相为 α - Al。

图 7.1.8 所示为电磁搅拌强度对共晶相间距沿径向分布的影响。当无电磁搅拌时,共晶相间距的径向分布比较均匀;而施加一定强度的电磁搅拌后,外层区域内的相间距明显增大,只是在接近外表面处略有所降低。电磁搅拌对共晶组织的影响仍然可归结为强制流动对凝固过程的影响。当采用机械搅拌来代替电磁搅拌时,仍可观察到共晶相间距增加以及先共晶相和棒状共晶的出现。根据稳态流场的简化数值计算结果,在靠近固体壁处存在一个流动边界层,在边界层以内,流速随着到中心距离的增大而减小;在边界层以外,流速随着距离的增大而增大。外加磁场强度越高,熔体的流速也越大。在样品中共晶相间距的增大很显然是流动速率增加的结果,随着到心部距离的增加,熔体流速逐渐提高,引起相间距不断增加;励磁电压提高促进了熔体的流动,也导致相间距的增加。外层组织相间距的下降可能与以下两个因素有关:① 边界层的存在使熔体流动速度受到限制;② 靠近外表面处的冷却速率较大,从而抑制相间距的进一步增加。

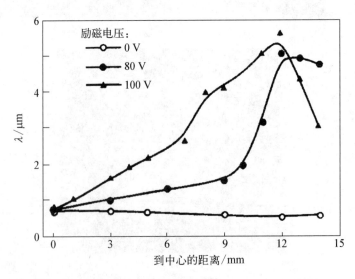

图 7.1.8 旋转电磁场的电磁搅拌强度对 Al - CuAl₂ 共晶相
间距沿径向分布的影响

从上述实验结果可以看出,共晶相间距的选择和变化与其径向位置及磁场强弱密切相关。共晶生长是一个扩散控制过程,原子传输能力的高低决定了组织的粗细程度。熔体流动可提高溶质原子的传输能力,使有效扩散距离增加。但是,原子传输距离与凝固时间有关,凝固速率越大,则传输距离越短,共晶相间距越小,所以熔体对流提高相间距的作用在较高的凝固速率下表现得很不明显。

在 Al – Cu 共晶合金中,虽然其常规凝固组织为层片状共晶组织,但是棒状共晶在一定条件下也可以形成。这种共晶组织的形成具有如下特点[4]。

(1) 棒状共晶形成的必要条件是存在液相流动。

(2) 棒状共晶多见于冷却相对较缓慢的部位或工艺条件下,而在较快的凝固速度下难以形成棒状组织。

(3) Al – Cu 共晶合金中的棒状共晶组织与先共晶 α – Al 相伴共存。

(4) 棒状相是 α Al,在 Al – Cu 共晶合金凝固中尚未观察到 $CuAl_2$ 作为棒状相的情况。

关于棒状共晶形成的条件,主要有下列观点。

(1) 体积分数条件。Jackson 等[5]利用界面能理论计算出层片-棒状共晶转变须满足的体积分数条件,即其中一相的体积分数小于 $1/\pi$ 才能形成棒状共晶,且体积分数较小的一相为棒状相。这一结论已由大量实验证实。

(2) 第三组元的影响。Chadwick 等[6]指出,层片共晶向棒状共晶的转变可由第三组元引起,也就是说,第三组元(或杂质元素)在共晶两相凝固前沿造成不同的成分过冷。

(3) 生长方向改变。有学者认为片状共晶生长方向发生改变时,就可能形成棒状共晶,或者引起层片-棒状共晶形貌的转变。

在这里,由于棒状共晶组织只出现于存在搅拌的凝固样品中,这与第三组元的影响关系不大。熔体流动引起 Al – $CuAl_2$ 共晶组织的层片-棒状转变,其部分原因与共晶生长方向的改变有关,但这似乎尚不足以解释熔体流动的作用。研究结果表明,棒状共晶大多在凝固速率较低的条件下才能形成,而在低速凝固区域内,熔体的对流作用使得共晶组织明显粗化。可以推断,对流引起共晶形貌从层片到棒状的转化是基于层片组织粗化发展起来的。当熔体流动速率增加时,共晶层片间距增大;随着流动加强,很容易使层片间距达到该凝固速率下的最大层片间距 λ_{max},这个间距也是层片共晶稳定存在的最大极限,超过 λ_{max} 的层片共晶不能稳定存在,会发生形貌转化。

形成棒状共晶的另一个条件是满足共晶相体积分数的要求。电子探针分析结果表明,层片状共晶区铜的质量分数为 33.2%~33.5%;而棒状共晶区铜的质量分数则高达 40.0%~40.2%,比共晶成分高出 8%左右,棒状共晶区富铜这一现象与 α-Al 作为棒状共晶相是一致的。因此,棒状共晶形成之前,必须存在富铜的熔体微区,这些微区为共晶形貌的转变提供必要的成分条件。这种富铜微区的形成可能与先共晶相的结晶有关,特别是先共晶 α-Al 的析出,更有助于富铜微区的形成。

另外,柱状晶内的共晶组织基本上呈单向生长,而等轴晶粒内的共晶组织生长方向是随机的。这一特性就使得共晶生长位向在对流的作用下有更大的概率发生偏转,所以等轴晶粒内部更容易形成棒状共晶。

电磁搅拌下凝固的另一个重要现象是共晶合金中先共晶组织的形成。在该研究中,先共晶相有时为单一的 α-Al,或者 $CuAl_2$,也可能是两相共存。何种相作为先共晶相析出则与合金的化学成分有关,即随着偏离共晶成分点的程度发生变化。当合金中铜的质量分数不超过 33.4%时,先共晶相以 α-Al 为主;当铜的质量分数高于 33.4%时,则先共晶相主要为 $CuAl_2$。

先共晶组织也与熔体强烈流动有关,熔体流动能够破坏两相的共生生长。当层片共晶两相在无对流熔体中以稳态生长时,其层片间距由生长速率决定,保持在一定范围内。如果遇到某些扰动(如生长速率波动)而使层片间距略微发生变化,那么可以通过改变两相层片宽度来自发调节两相生长过冷度,以保证两相具有相同的生长速率。但是,在存在较强对流的条件下,熔体流动可显著地影响共晶前沿浓度场。由于共晶两相的物理性质差异(如固溶度等)可能会造成对两相前沿成分的影响程度不一致,这样就使得两相生长速率不同,而其中一相可优先生长。较强对流作用使得对凝固界面产生的"扰动"增多,促进凝固界面不稳定化。此外,其中一相优先发展,其凝固界面处排出的溶质原子可通过熔体强对流被迅速带走,使其局部溶质浓度降低,这又促进了该晶体进一步生长。当然,优先生长的共晶相具有选择性,主要取决于合金成分,如果合金中含铜量较高,则更有利于 $CuAl_2$ 优先生长;而在含铜量较低的合金中,则 α-Al 更容易成为先共晶相。

7.1.4 旋转磁场对 Al-Si 合金 Si 相生长的影响

Al-Si 共晶成分的合金在不同搅拌强度下凝固的显微组织如图 7.1.9 所示。其常规无搅拌凝固后的组织由初晶 Si、初生 α 相及 α+Si 共晶组织组成。共晶组织中的片状硅比较细,其硅相间距较小且排列方向是随机的。图 7.1.9(b)所示为 170 V 搅拌后的显微组织,可发现初晶硅有所减少;而且 α+Si 共晶中的硅片与无搅拌凝固组织相比明显变宽、变长,由无搅拌的杂乱无章分布转变

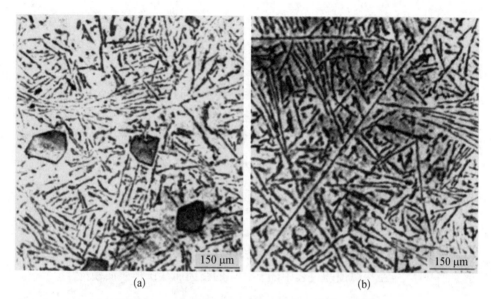

(a)　　　　　　　　　　　　　　(b)

图 7.1.9　Al‑Si 共晶合金在不同搅拌电压下的凝固组织

(a) 励磁电压为 0；(b) 励磁电压为 170 V

为具有一定方向性的成束状分布。

电磁搅拌还使得 Al‑Si 共晶组织粗化，硅相间距增加。Al‑Si 共晶合金硅相平均间距与励磁电压的关系如图 7.1.10 所示。共晶硅片间距随励磁电压及径向距离的增大而增大，其变化规律与 Al‑Cu 合金中共晶相间距随输入的励磁

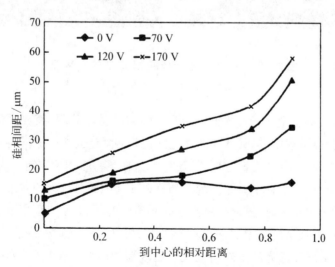

图 7.1.10　Al‑Si 共晶合金硅相平均间距与励磁电压的关系

电压及径向距离的变化规律相似。液相的强迫流动会使溶质原子扩散距离增大,从而提高原子横向传质能力,使两相合作生长可以通过原子的长距离扩散实现,因此层片间距增大。

图 7.1.11 为 Al-Si 共晶合金中硅相立体形貌的 SEM 照片。由无搅拌试样中硅相立体形貌可以看到,共晶硅呈形状不规则的短片状,杂乱无章地分布,厚度约为 1.0 μm,其不规则的形状反映了硅相分枝生长特征;而经强烈的电磁搅拌后,在 170 V 搅拌试样 $1/2\,R_0$ 处,硅片已明显变宽且排列具有一定的方向性,硅片由无搅拌的曲面片形状转变为平直的板片,各组硅片趋向于平行排列。电磁搅拌引起的硅相形貌由非规则曲面转变为平面,说明强制性流动可以抑制硅相的分枝生长。另外,对 Al-Si 共晶合金经深腐蚀后的样品采用扫描电镜观察均未发现初晶硅,表明初晶硅并未通过桥接方式与共晶硅相连,而是单独地存在于 α 相基体中,在深腐蚀的过程中随 α-Al 的腐蚀而从试样表面脱落了。

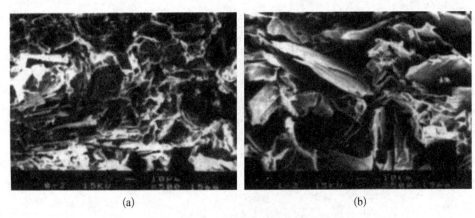

(a)   (b)

图 7.1.11　Al-Si 合金中硅相立体形貌的 SEM 照片

(a) 无搅拌凝固;(b) 170 V 搅拌凝固

Al-Si 共晶合金属于小平面-非小平面共晶,虽然其固-液界面的形态是非等温的,形状极不规则,但其共晶两相之间也是靠附近液相中原子的横向扩散合作长大。Al-Si 共晶合金凝固时,由于硅相只在某些晶体学方向上优先长大,所以硅相晶体在长大过程中就会出现互相背离或互相面对长大的状况。当两个邻近的硅晶片相对长大时,界面处将出现硅原子贫乏(或铝原子富集),从而使硅片生长速率减慢,甚至使其中之一或两个硅片停止生长。在这种条件下,硅相可以通过孪生或形成亚晶界的方式将长大方向改变到硅原子富集区,即通过分枝而生长,因此所生成硅片的分布是杂乱无章的。

共晶硅片纵向生长程度反映了分枝的频率,分枝越多,在光学显微镜下观察到的硅片就越短。当液相由于电磁搅拌而产生强迫流动时,局部溶质富集或缺乏的情况很容易消除,硅相生长前沿富集的铝原子受流体的冲刷而减少,这就可以促进硅片一直沿原来的位向生长,而不需要借助孪生改变生长方向,使分枝生长受到抑制[7]。因此,硅片长成平直的板片,随搅拌强度的增大,硅片的长度和厚度也会增加。

在共晶成分的 Al－Si 合金中也会形成呈规则多边形的、粗大的初晶硅和先共晶 α－Al。Al－Si 系共生区形状是非对称的,共晶两相的形核过冷度也是不同的。α－Al 属于非小平面共晶相,形核时需要较大的过冷度;而小平面相硅形核所需的过冷度则较小,所以,在 Al－Si 共晶系中,硅通常首先形核。当初生硅相生长时,剩余熔体中硅的相对浓度降低,其成分逐渐偏离"共生区"。随着熔体的过冷度增大,α－Al 才开始结晶,由于熔体中硅含量相对较低,已经达到亚共晶成分,促使 α－Al 发展为先共晶组织。当剩余液相成分在共生区范围内时,即发生共晶转变,形成共晶组织。

在凝固之初,未经搅拌的试样中,初晶硅在局部密集析出,形成初晶硅块群,在其周围形成初生 α－Al 相;而合金经电磁搅拌凝固后,随搅拌强度增大,初晶硅及初生 α－Al 明显减少,共晶组织增多。这非常有力地证明了电磁搅拌具有使液相产生成分均匀化的作用,减少溶质富集区,当液相中不存在大的浓度起伏的情况下,必然会明显地减少初生相的数量。

7.2　电磁振荡中金属凝固的晶体生长

在金属凝固过程中引入外力作用形成足够强的熔体对流,不仅有利于组织形态的转变(如柱状晶向等轴晶转变)和晶粒组织的细化,还有助于热量的散失和温度的均匀化,人们已经深入了解了这些现象。在金属凝固过程中引入熔体的振荡也是改善凝固组织的有效方法,熔体的往复振荡与其他对流形式有相似之处。实际上,当高强度的振动波在熔体中传播时,它的作用主要可以概括为如下 4 个方面:① 细化晶粒;② 分散效应;③ 除气,减少气孔;④ 提高熔体流动性和充型能力。

7.2.1　电磁振荡凝固方法

早期激发熔体振荡的方法主要是机械振荡和超声波振荡,其振荡频率范围比较宽,从音频到超音频都可以应用到金属的凝固过程中。图 7.2.1 为机械振荡凝固装置示意图[8]。这种音频或者超音频的振荡改善了凝固的宏观和微观组织,其中最常见的组织转变就是抑制了柱状晶或树枝晶的生长而形成细小的等轴晶粒。

但是机械振荡方法存在两个缺陷:① 振荡器要与凝固中的熔体相互接触才能将振荡压力传递给金属熔体,这样就容易对凝固金属造成污染;② 振荡强度在熔体中主要集中于振荡源附近,在距离振荡源较远处熔体的振荡则较弱。

20 世纪 90 年代中期发明了金属电磁振荡凝固技术,其基本原理如图7.2.2 所示。金属熔体内

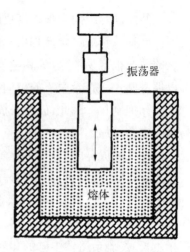

图 7.2.1　机械振荡凝固
装置示意图

通入一定频率的交变电流,与外加的直流磁场交互作用,在熔体中产生交变的电磁力,其频率与电流频率是一致的,这个交变电磁力也使得金属熔体发生振荡。这里的交变电流和直流磁场都是外加的,还可以对图 7.2.2 所示的设备加以改进,使之成为更适合于工业生产的电磁振荡凝固装置。图 7.2.3 为电磁感应振荡凝固原理示意图。这个装置主要由两组电磁感应器组成,通过合理设计两组电磁感应器,使其中的一组感应器由通过的直流电产生一个稳恒磁场 B,另外一组感应器通过交流电产生交变磁场 b。两组感应器产生的磁场方向都与轴线平行,而且这个交变磁场可以在熔体中产生交变感生电流。稳恒磁场与交变感生电流的交互作用也可以在熔体中产生振荡。由于趋肤效应(当交变电流通过导体时,电流将集中在

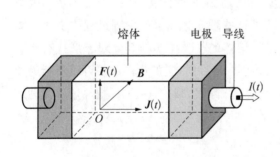

图 7.2.2　电磁振荡凝固示意图

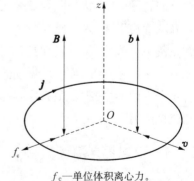

f_c—单位体积离心力。

图 7.2.3　电磁感应振荡凝固原理示意图

导体表面流过)的存在,依靠这种办法产生的电磁振荡主要产生于金属熔体的表面透入区域,然后传播至熔体内部。这种方法适用于金属连铸的工业生产。

电磁振荡凝固具有如下特点[9]:① 设备简单,操作方便,可实施性强;② 振荡设备不与熔体接触,无污染;③ 振荡强度在整个熔体范围内是均匀分布的,因而易于获得均匀一致的凝固组织。但是,对此工艺方法的研究尚处于起步阶段,在振荡过程中发生的磁流体动力学现象相当复杂,对其理解尚不够全面和深入。

7.2.2　电磁振荡力

对于图 7.2.2 所示的情况,在熔体的结晶过程中,同时施加一个稳恒磁场 B 和一个频率为 f 的交变电场,且电场与外加磁场互相垂直,熔体的长、宽、高设为 l、w、h,熔体中通过的交变电流强度为 $\tilde{I} = I_0 \sin(2\pi ft)$($f$ 为频率,I_0 为电流强度振幅)。这个交变电场也会产生一个同频率的交变磁场:

$$b = B_0 \sin(2\pi ft + \phi) \tag{7.2.1}$$

式中,B_0 为磁场振幅;ϕ 为相位角。

熔体中的传导电流密度为

$$j = j_0 \sin(2\pi ft) \tag{7.2.2}$$

式中,j_0 为电流密度振幅。

外加的稳恒磁场与电流相互作用产生一个垂直方向的、同频率的周期性电磁力($j \times B$),驱动熔体产生振荡。作用于整个熔体体积上的电磁力为

$$F_e = BI_0 l \sin(2\pi ft) \tag{7.2.3}$$

而且产生一个电磁振荡压力:

$$P = \frac{Bj_0 V_0}{A_0} \sin(2\pi ft) \tag{7.2.4}$$

式中,V_0 为熔体体积,对于图 7.2.2 所示的情况,有 $V_0 = lwh$。A_0 为熔体垂直于电磁力方向上的面积,在图 7.2.2 中,$A_0 = lw$。

压力可以用来描述电磁振荡强度,可见,电磁振荡强度主要取决于磁场强度和熔体中的电流强度。从流体力学的角度,熔体的流动可以认为是三种运动的叠加:频率分别为 f 和 $2f$ 的交变流动以及一种不稳定的再循环流动,后者可以分解为一个恒定的分量和一个随机的分量。在理想情形下,合金熔体不与任何材料接触(无

模状态),电磁力的作用使整个熔体趋于一致地振荡。据有关研究,流体交变运动的幅值、速度以及加速度都比按上述假设计算的结果约小 30%。这应归因于型壁与熔体之间的黏性作用引发了较大的剪切应力,引起显著的能量耗散,从而导致运动微粒间产生相差。此外,高强度的湍流也是导致能量损耗的一个重要因素。

另一方面,由交变电流密度 j 与感生磁场 b 产生的电磁力 $j \times b$ 可分解为一个与时间无关的分量和一个频率为 $2f$ 的振荡分量。前者主要是紧缩力,而后者则产生不稳定的再循环流动,其特点是以几厘米每秒数量级的速度流动,而周期性的分量有使熔体发生振荡的趋势。

在图 7.2.3 所示的情况中[10],熔体的受力更复杂一些。除了上述受力外,熔体在磁场中的运动必然要产生一感生电流,这一感生电流分别与稳恒磁场和交变磁场交互作用而产生电磁力。感生电流与外加稳恒磁场作用产生的电磁力为

$$f_{e1} = j \times B = \sigma_e v \times B \times B \qquad (7.2.5)$$

这个力的方向与流体运动相反,起到抑制流体振荡的作用;而感生电流与交变磁场作用产生的电磁力为

$$f_{e2} = j \times b = \sigma_e v \times B \times b \qquad (7.2.6)$$

这个力也称为交变振荡力。

7.2.3 空化效应

合金熔体在剧烈电磁振荡过程中会产生空化效应。通常认为电磁振荡对凝固组织的影响就起因于这种空化效应。空化效应是指在剧烈运动的合金熔体中存在某些局部的低压微区,合金液中溶解的气体可能在此低压微区聚集形成气泡,当这些气泡运动到高压区时将会破裂而形成微观射流,在局部微区产生很高的瞬时压力,对合金熔体的熔点和形核条件产生影响。图 7.2.4 反映了孔穴形成和破裂的过程[11-12],图中的(a)(b)(c)(d)表示过程中的顺序。

只要振荡频率和强度适合,这种空化效应就可以在声波或者超声波通过液体的时候形成。由于液态介质的振荡形成了压缩和膨胀区域。在膨胀区,由于承受负压(或张力)而形成气泡。在大多数的液体中都存在有相当数量的气体,并以极小气泡的形式存在。参与形成孔穴的气体除了溶解的气体外,还有液体的蒸气。空化效应在凝固过程中所起的作用包括净化、分散和晶粒细化等,而这些功能主要是孔穴破裂时产生的局域高压所致。在孔穴破裂的过程中,气泡壁首先在外力作用下被压入孔穴内部并与孔穴内的气体核心紧密接触,此时空穴

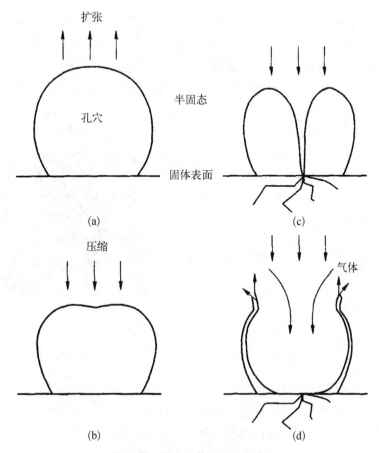

图 7.2.4 孔穴形成与破裂示意图

内部承受了很高的压力,在气泡破裂前的瞬间,气泡内的压力可高达数千标准大气压。因此,当气泡破裂后,会形成强有力的冲击波,引起过程中的一系列变化。在凝固过程中,与空化过程有关的力可以使得生长中的晶体破碎,从而形成更多有效的晶体核心,所以在这种条件下生长的晶体不会超过特定的尺寸。

空化效应主要取决于两个因素,即振荡强度和预先存在于液体中的气泡。图 7.2.5(a)表明了形成孔穴的必要条件,即电磁压力必须大于静压力(液体静压力及大气压),只有这样才能满足负压条件。液体金属承受着拉-压作用力,在拉伸张力作用下,将液体从固体表面拉开,形成孔穴。新形成的孔穴与所受的周期性压力是相匹配的,随着孔穴不断吸收周围液体中的气体而逐渐长大到一定尺寸时,孔穴不再能够承受住下一循环的压力和表面张力的复合作用而发生破裂。这个过程中释放的能量足以破坏固体表面,产生熔蚀现象并细化组织[见图

7.2.5(b)]。液态金属中,孔穴的产生还取决于熔体中未溶气体的含量。已经发现,在液态金属铝中,孔穴的形成受到氢含量的控制。而氢在铝中的溶解度取决于气体的分压和熔体温度,在一定温度下,气体在熔体中的平衡浓度与其分压的平方根成正比。例如,当熔体温度为 650 ℃时,氢含量的水平为 $3 \times 10^{-5}\%$ 数量级,相应的平衡分压为 29 kPa。

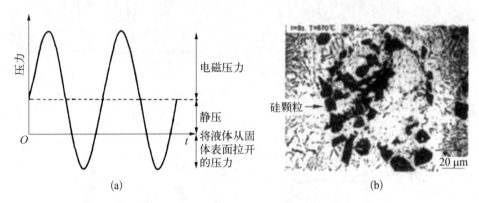

图 7.2.5　电磁压力产生空化破碎作用

(a) 电磁压力大于静压力时在液体中形成的拉伸张力;(b) 在 Al - Si 合金中发现的破裂后的硅颗粒

空化效应对金属形核过程的影响主要表现在以下三个方面:

(1) 对金属熔体产生强烈的搅拌作用,形成大量新的晶核并分布在整个熔体内,这就会促进在整个熔体体积内的均匀生长。振荡还具有与湍流相似的作用,使得细小的晶体颗粒更为分散,从而细化了晶粒组织。

(2) 由于空化效应造成的压力变化改变了形核的平衡温度,这将直接影响临界晶核尺寸和形核率。

(3) 气泡在长大过程中往往伴随着气化过程,这会降低气泡表面的温度,从而诱发形核。

7.2.4　电磁振荡压力对金属结晶组织的影响

图 7.2.6 为 Al - 4%Cu 合金在常规凝固和电磁振荡凝固条件下获得的宏观组织形貌。对比发现,电磁振荡会显著细化宏观组织。与机械振荡不同,电磁振荡条件下获得的结晶组织在整个截面上都比较均匀,这是由于当合金处于半固态时,电磁力引起熔体的往复运动在整个体积内都较为均匀。这从另外一方面也反映出,只要熔体中还存在气泡,即使合金的双相混合物已经停止往复运动,由电磁压力的波动引起的空化效应似乎仍然可以起作用。

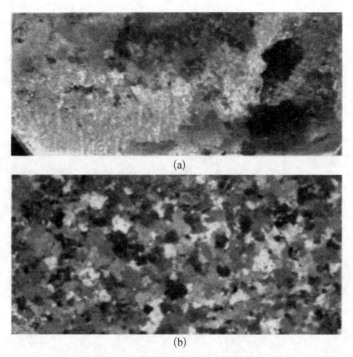

图 7.2.6 Al‐4%Cu 合金的宏观凝固组织

（a）常规凝固；（b）电磁振荡凝固

图 7.2.7 显示了 Al‐Si 共晶合金在电磁振荡凝固后晶粒尺寸随电磁压力（$f=50$ Hz）变化的曲线。从图中可见，电磁振荡对合金的宏观组织细化效果还是十分显著的。此外，在电磁压力较低时，晶粒尺寸变化明显；在电磁压力较高时，晶粒尺寸变化相对不明显。

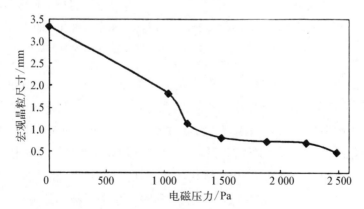

**图 7.2.7 电磁振荡凝固 Al‐Si 共晶合金宏观
晶粒尺寸与电磁压力的关系**

图 7.2.8 反映了电磁振荡压力对 A356 铝合金显微组织的影响。其中,图 7.2.8(a) 所示为常规凝固获得的柱状树枝晶组织;图 7.2.8(b)(c)(d) 所示为在不同电磁压力下的凝固组织。在较低电磁振荡强度下,原始的柱状树枝晶形貌已经消失,形成粗大的等轴树枝晶;随着电磁振荡的加剧,晶粒不断细化,并最终形成细小的颗粒状组织。

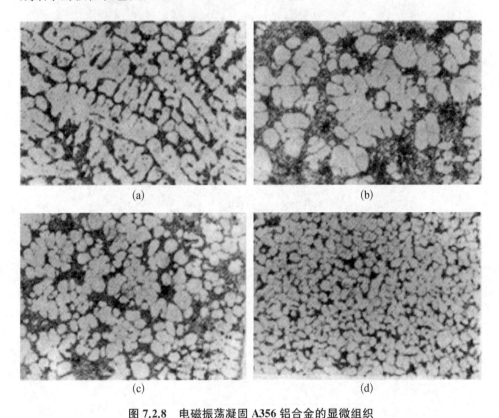

(a)   (b)

(c)   (d)

图 7.2.8 电磁振荡凝固 A356 铝合金的显微组织

(a) 无电磁振荡;(b) $p=30$ kPa;(c) $p=52$ kPa;(d) $p=116$ kPa

图 7.2.9 反映了 Al - 4%Cu 合金在 950 ℃加热熔化并于电磁振荡($f=50$ Hz)条件下空冷凝固后的显微组织(扫描电镜照片)。可以看出,电磁振荡凝固的显微组织中,α - Al 没有出现树枝状枝晶,而是变成等轴晶粒组织。合金组织非枝晶化的条件,主要归结为熔体中结晶核心的增加和结晶核心枝晶生长条件的消除。强制对流降低了熔体凝固前沿的温度梯度和固-液界面处的成分过冷现象,使晶粒处于一个相对均匀的生长环境中,削弱了枝晶的生长条件;加上所受电磁振荡力的作用,使得晶粒的生长表现出各向同性。

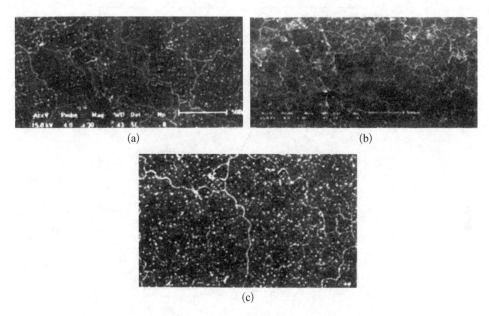

图 7.2.9　励磁电压与电流密度对 Al‑Cu 亚共晶合金的显微组织的影响

（a）励磁电压为 50 V，电流密度为 39 A/cm^2；（b）励磁电压为 90 V，电流密度为 39 A/cm^2；（c）励磁电压为 90 V，电流密度为 48 A/cm^2

　　提高磁通密度（或者励磁电压）和电流密度都意味着电磁振荡压力的增加。在相同的电流密度条件下，提高外加磁场的励磁电压将引起晶粒尺寸减小，组织细化。这不仅因为随着电磁振荡力增大，游离的结晶核心增多，当电磁振荡力大到一定程度时，还可能因空化效应而诱发形核，进一步提高形核率。而且，根据 Radjai 等[13]通过实验测定，在电流密度一定时，随励磁电压升高，冷却速率增大，凝固时间缩短（见图 7.2.10），这些都将有助于细化凝固组织。

　　当励磁电压不变时，随电流密度升高，凝固组织首先变得细小，如图 7.2.11 所示。如励磁电压为 90 V，电流密度为 45 A/cm^2 时，晶粒度级别可达 ASTM 13.8 级。然后当电流密度继续升高时，晶粒组织逐渐变得粗大。随着电流密度增大，电磁振荡力增强，由型壁上脱落的结晶核心增多，当电磁振荡力增大到一定值时，还可因空化效应而诱发内生形核，进一步提高形核率，有利于细化粒状组织的晶粒度。但是，随着电流密度增大，焦耳热效应引起熔体过冷度减小，又不利于形核率的提高，而且导致冷却速度下降，出现晶粒度级别达到最大值后又开始下降的变化趋势。因此，要获得细小且均匀的组织，在工艺参数控制上，必须是电流密度与励磁电压达到良好的匹配。

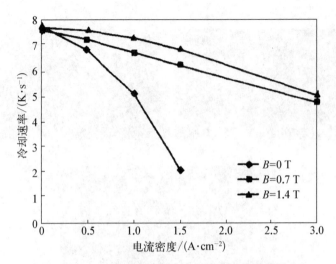

图 7.2.10　外加磁场和电流密度对冷却速率的影响

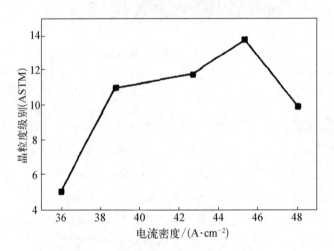

图 7.2.11　电流密度对 Al - 4%Cu 亚共晶合
金晶粒度级别(ASTM)的影响

　　电磁振荡压力对共晶组织的影响规律较为复杂,根据共晶生长机制的不同而表现出差异。图 7.2.12 所示为励磁电压和电流密度对 Al - CuAl₂ 共晶层片间距的影响。在通入的电流密度不变的条件下,随着励磁电压增加,Al - CuAl₂ 共晶层片间距呈现出先增大,达到一定值后开始减小的变化趋势[见图 7.2.12(a)]。这种规律一方面归因于电磁压力的增加造成熔体流动增强,从而使得共晶层片间距增大;另一方面,外加磁场的增强会引起冷却速率的提高,这会使共晶层片间距减小,使得层片间距在较高的磁场下呈下降趋势。电流密度与励磁电压对共晶层片间距有着相似的影响规律,当电流密度足够高时,共晶层片间距减小,这可能是由于强烈的电磁振荡在熔体中到处诱发空化效应,诱发了共晶体新的核心,最终导致共晶组织的细化。

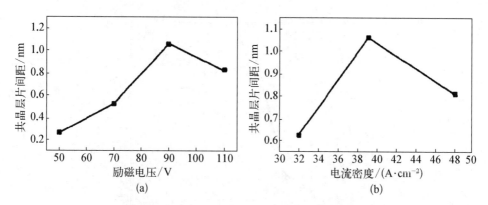

（a）　　　　　　　　　　　　（b）

图 7.2.12　励磁电压和电流密度对 Al‑Cu 共晶合金共晶层片间距的影响

（a）电流密度为 39 A/cm^2；（b）励磁电压为 90 V

图 7.2.13 所示为电磁振荡压力对 Al‑Si 共晶合金中硅相间距的影响,可见硅的层片间距随着电磁压力的增加而呈线性下降。空化效应一般发生在电磁压力较大的场合。图 7.2.14 所示为亚共晶的灰口铸铁在电磁振荡（$f=200$ Hz）凝固后共晶团数量随电磁压力变化的曲线。当电磁压力较低时,共晶团数量随着电磁压力的增大而增加,这意味着晶粒的细化,而这种组织的细化主要是由于电磁搅拌和熔体中预先存在的气泡聚集破裂的共同作用。当电磁压力达到 10^5 Pa 时,共晶团数量突然表现出下降趋势,这说明该电磁压力克服了熔体的静压力而使得空化效应在熔体中普遍发生,此时晶粒的细化完全由空化效应产生。当空

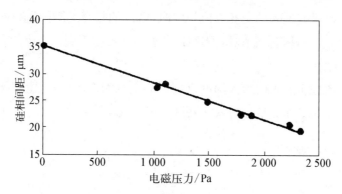

图 7.2.13　电磁压力对共晶硅相间距的影响（$f=50$ Hz）

化效应很容易发生以后,共晶团数量几乎不再发生变化,说明在这种条件下对晶粒的细化作用不再依赖于电磁压力,而只取决于空化效应。这一现象反映了空化效应的效率是由电磁压力的临界值决定的。

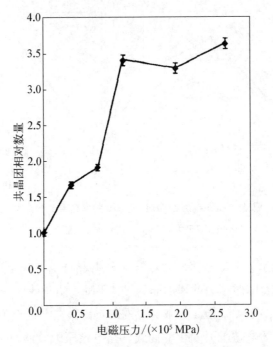

图 7.2.14 电磁压力对灰口铸铁
共晶团数量的影响

7.2.5 电磁振荡频率对金属结晶组织的影响

当外加磁场和通入的交变电流一定时,电流的频率对凝固组织的影响就显得尤为重要。电磁振荡频率对凝固组织的影响主要与下列两个因素有关。

1) 趋肤效应

交变电流在金属中的透入深度直接影响电流密度的分布,也直接关系到电磁压力的大小和分布。电流透入深度可以用下式计算:

$$\delta_e = \frac{1}{\sqrt{\pi \mu_p \sigma_e f}} \qquad (7.2.7)$$

式中,μ_p 为磁导率。

对于铝合金熔体来说,如果振荡频率为 10 kHz,则熔体芯部的电流幅度降低 90%;而在 50 Hz 时,芯部电流降低 30%。但是在大多数情况下,电磁振荡对金属组织的细化作用在整个截面上几乎是均匀的,这是由于电磁力对熔体的搅拌作用。

2) 电磁压力

电磁压力与振荡频率存在着一定的关系,但并非是频率的单调函数。图 7.2.15 反映了电磁压力的相对波动幅度 P^*(一定频率下电磁压力振幅与 50 Hz 振荡的电磁压力振幅之比)与振荡频率 f 的关系[8]。由图可见,电磁压力在频率较低时随着频率增加而增大,在一定频率下取得最大值,此后随着频率的增加而降低。电磁压力取得最大值所对应的频率为发生共振的频率,在该振荡频率(824 Hz)下,电磁压力比 50 Hz 时提高 10 倍左右。

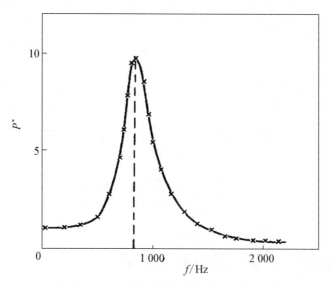

图 7.2.15　电磁振荡频率对电磁压力的影响

振荡频率对电磁压力的影响也直接反映在细化结晶组织的效果上。对 Al - 7%Si 合金的电磁振荡凝固组织的研究发现,在一定的外加磁场和熔体中通入一定的交变电流时,随着振荡频率的提高,先共晶 α - Al 晶粒从粗大的柱状树枝晶转变为细小的颗粒状组织,晶粒尺寸也显著减小。但是,当振荡频率增加至 1.5 kHz 时,树枝晶重新开始出现;而当频率增至 10 kHz 时,其凝固组织与无振荡凝固的组织相差无几。这也说明了空化效应是在一定的振荡频率下发生的。

图 7.2.16 反映了电磁振荡频率对灰口铸铁中共晶团数量的影响。共晶团的相对数量或者晶粒的细化程度在一定振荡频率下出现最大值,频率过高或过低对铸铁晶粒的细化作用都不是最好的,而最佳振荡频率是由最大的电磁压力和最有效的空化效应共同决定的。

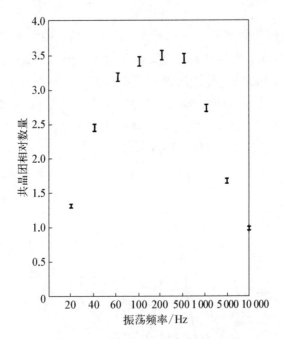

**图 7.2.16 电磁振荡频率对灰口铸铁
共晶团相对数量的影响**

7.3 稳恒磁场中金属凝固的晶体生长

虽然电磁场在金属凝固中的应用技术种类较多,且部分技术已应用于工业生产,但是,人们实际上对稳恒磁场中金属或合金的凝固规律知之甚少。原因之一是在各种实验观察中,由于实验条件不同,实验观察的结果也千差万别。目前,人们公认的外加稳恒磁场对金属凝固过程的影响机理主要包括两个方面:① 抑制熔体的对流;② 产生热电磁流体效应。

7.3.1 磁场抑制对流

在普通铸造和定向凝固过程中,外加的稳恒磁场都能起到抑制对流的作用,

但是对凝固过程所产生的影响是不同的,需要分别予以对待:

(1) 在普通铸锭的凝固过程中,外加的稳恒磁场抑制液相的对流(即电磁制动效应)并减小传热速率和冷却速率。

(2) 在定向凝固过程中,外加磁场也会抑制对流,但是不会影响传热过程,因为定向凝固的传热是人为控制的。在定向凝固树枝晶合金时,由于磁场的存在会引起一些特殊现象。这些"特殊现象"主要包括以下三种:在外加磁场的作用下,溶质有效分配系数发生变化;在部分合金中出现一些由"斑点"组成的条带组织,且与磁场方向垂直;凝固组织形态发生改变。

实验已经证明,在定向凝固过程中引入稳恒磁场会显著减小熔体中的对流,但是对纵向的宏观成分偏析影响不大。宏观成分偏析取决于合金的成分,这是定向凝固时存在的自然对流造成的。Tewari 等[14] 对不同成分 Pb - Sn 合金的定向凝固做了研究并发现,横向施加一稳恒磁场对树枝晶的排列方式几乎没有影响,却使得胞状晶发生扭曲变形,在"糊状区"形成一些富锡的"管道"状组织花样(见图 7.3.1)。这是由于施加磁场后,磁场对熔体中垂直于磁场方向上的对流起到抑制作用,熔体上所受到的电磁力刚好与其运动方向相反,因此,把熔体的对流限制在磁场与重力场共同决定的平面上,造成凝固界面前沿的非对称流动,

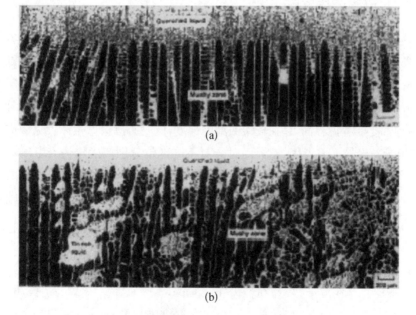

(a)

(b)

图 7.3.1　定向凝固 Pb‑17.7%Sn 合金的胞状组织

(a) 无磁场;(b) 施加 0.45 T 的横向磁场

这样就在"糊状区"的胞状晶之间产生溶质富集,形成富锡的晶粒。

图 7.3.2 所示为 Al‑Si 共晶合金在较弱的稳恒磁场中铸态组织的变化。随着磁场强度的增加,共晶组织中的硅相层片间距减小。共晶组织的这种变化与熔体中的自然对流被抑制有关。自然对流减弱,则晶体生长时的溶质传输主要靠扩散,传质距离减小,组织得到一定程度的细化。

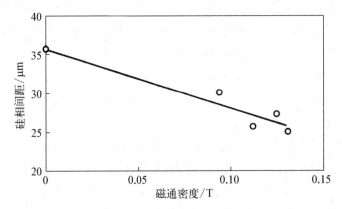

图 7.3.2　Al‑Si 共晶合金铸锭硅相间距与外加稳恒磁场的关系

7.3.2　热电磁流体效应

热电现象起因于温度梯度与电场的交互作用,因为材料中的电流和热量的传输具有相同的物理机制,或者说,载流子本身既带有电荷,同时又能够传递热量。材料的热电性主要表现为 3 种,即佩尔捷效应(Peltier effect)、汤姆孙效应(Thompson effect)和泽贝克效应(Seebeck effect)。在枝晶生长的前沿,由于其固‑液界面是非等温界面,存在较大的温度梯度,此时必然会产生泽贝克效应。同时,热电流流经枝晶或者固‑液界面时会对不同部位分别产生加热或者冷却的作用,即产生汤姆孙效应或者佩尔捷效应。有的研究证实,在枝晶定向生长的条件下,汤姆孙效应和佩尔捷效应可以忽略不计,而泽贝克效应对凝固组织影响较大。

热电偶就是根据泽贝克效应的原理制造出来的。如图 7.3.3 所示,假设两种介质如固、液两相被连接在一起,在两个接头处存在温度差 ΔT 时,由于它们具有不同的热电功率 η_S 和 η_L,则会产生电位差 $\Delta\Phi_{TE}$:

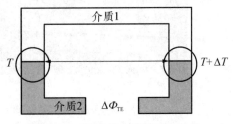

图 7.3.3　热电偶中的泽贝克效应

$$\Delta\Phi_{\mathrm{TE}} = (\eta_{\mathrm{S}} - \eta_{\mathrm{L}})\Delta T \tag{7.3.1}$$

根据不可逆过程的热力学原理,可以写出各个介质的欧姆定律推广形式:

$$\boldsymbol{j} = -\sigma_e(\boldsymbol{\nabla}\Phi_e + \eta\,\boldsymbol{\nabla}T) \tag{7.3.2}$$

也就是说,电流密度不仅可以由外加的静电
场产生,而且还可以由导热引起的电子运动
产生。

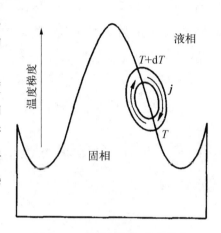

　　在枝晶生长的界面前沿,如果存在温度
梯度且固、液两相具有不同的热电性(η_{S} 和
η_{L}),则可以把固-液界面看作如图 7.3.4 所
示的热电偶,只不过这个热电偶是被短路
的,这样界面上的每一点都可以产生热
电流[15]。

图 7.3.4　凝固界面上热电效应
产生示意图

　　对式(7.3.2)两端取旋度,得

$$\boldsymbol{\nabla} \times \frac{\boldsymbol{j}}{\sigma_e} = \boldsymbol{\nabla}T \times \boldsymbol{\nabla}\eta \tag{7.3.3}$$

如果固、液两相都可以看作成分均匀,那么热电功率就只取决于温度,并且
有 $\boldsymbol{\nabla} \times \dfrac{\boldsymbol{j}}{\sigma_e} = 0$;如果令热电功率在枝晶生长的温度范围内不随温度变化,则可以
令总电位 Φ_{T} 为

$$\Phi_{\mathrm{T}} = \Phi_e + \eta T \tag{7.3.4}$$

由于电流的散度始终为零,所以满足拉普拉斯方程(Laplace's equation):

$$\Delta\Phi_{\mathrm{T}} = 0 \tag{7.3.5}$$

在固-液界面上,电流密度的切向分量满足方程:

$$\left(\frac{\boldsymbol{j}_{\mathrm{S}}}{\sigma_e^{\mathrm{S}}} - \frac{\boldsymbol{j}_{\mathrm{L}}}{\sigma_e^{\mathrm{L}}}\right) \cdot \hat{\boldsymbol{\tau}} = -(\eta_{\mathrm{S}} - \eta_{\mathrm{L}}) \cdot \boldsymbol{\nabla}T \cdot \hat{\boldsymbol{\tau}} \tag{7.3.6}$$

式中,$\hat{\boldsymbol{\tau}}$ 为切向单位矢量。式(7.3.6)可作为求解式(7.3.5)的边界条件。

　　热电流密度 $\boldsymbol{j}_{\mathrm{TE}}$ 不仅取决于固、液两相的热电功率,还取决于电导率。有学者
计算铝凝固界面处的温度梯度为 10^4 K/m 时,其热电流密度约为 10^5 A/m²。这种
热电现象在普通铸锭的凝固过程中表现得不明显,因为其温度梯度很小。

　　在柱状树枝晶定向生长过程中施加一个稳恒磁场时,电场、温度场和磁场交

互作用,由此要出现另外三个现象:

(1) 热电磁流体动力学效应(thermoelectric magneto-hydrodynamic effect, TEMHD)。热电流与外加磁场发生交互作用,产生一个洛伦兹力 $j_{TE} \times B$,这个力将驱动凝固界面附近的熔体在一定区域内流动,并给晶体生长带来较大影响;同时,流体的运动与外加磁场交互作用产生一个与运动方向相反的力($\sigma_e v \times B$)$\times B$。前者与 B 成正比,后者与 B^2 成正比,因此,在电磁驱动流体运动与电磁制动之间一定存在一个临界的磁通密度。有研究表明,当哈特曼数 $[Ha = (\sigma_e \rho v)^{\frac{1}{2}} BL_0]$ 为 1 或者超过 10 时[15-16],对应的磁通密度即为磁感应强度的临界值。

(2) 霍尔(Hall)效应。如果电流垂直于磁场,则会产生横向的电场,霍尔系数 $\widetilde{R}_i$ 写为

$$\widetilde{R}_i = \frac{E}{Bj} \tag{7.3.7}$$

式中,E 为感生电场的场强。

(3) 能斯特(Nernst)效应(热磁效应)。当外加磁场的方向与温度梯度的方向相互垂直时,也会感生出一个电场 E,其能斯特系数 n_i 写为

$$n_i = \frac{E}{B \nabla T} \tag{7.3.8}$$

因此,考虑到上述各因素,欧姆定律可以写成

$$\begin{cases} E_x = \dfrac{j_x}{\sigma_e} + j_y(BR_i) - \eta \dfrac{\partial T}{\partial x} - Bn_i \dfrac{\partial T}{\partial y} \\ E_y = \dfrac{j_y}{\sigma_e} + j_x(BR_i) - \eta \dfrac{\partial T}{\partial y} - Bn_i \dfrac{\partial T}{\partial x} \end{cases} \tag{7.3.9}$$

在定向凝固 Cu-Ag 和 Al-Cu 合金时施加一个稳恒磁场后,随着磁通密度的提高,树枝晶由无磁场凝固的规则形态逐渐变得不规则,并出现"斑块"状组织;继续提高磁通密度,则枝晶组织重新变得规则起来,枝晶间距明显增大。这种情况反映了热电流引起的洛伦兹力驱动熔体在凝固前沿及枝晶间的流动对凝固组织产生很大的影响。外加磁场的强弱和方向还会在很大程度上影响溶质有效分配系数 k_{eff}(见图 7.3.5),通过改变磁场的强弱和方向可以控制热电磁对流

的强弱。当热电磁对流较强时（磁场方向为负），溶质有效分配系数约为 0.7。但是，当磁场方向为正，并增加到 0.2 T 时，$k_{eff} \approx 1$，这意味着凝固过程达到了平衡态，此时由热电流引起的洛伦兹力与引起自然对流的溶质浮力之间，方向相反且达到平衡，凝固后的组织和成分都非常均匀。

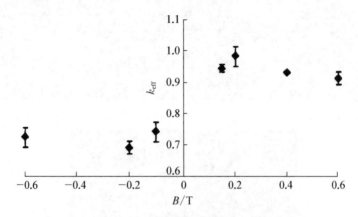

图 7.3.5　Al‑Cu 合金溶质有效分配系数与磁场的关系

图 7.3.6 所示为 Al‑4%Cu 合金定向凝固胞/枝晶一次臂间距与外加横向磁场的关系[17]。随着磁场的增强，一次臂间距增大，这也反映出热电效应引起的对流提高溶质的传输能力且使凝固组织粗化的趋势。另外，如图 7.3.7 所示，当无外加磁场时，合金凝固组织为胞状晶，外加磁场增强以后，热电磁对流对凝固界面的扰动增强，开始生长出二次臂，凝固组织由胞状晶向树枝晶演化；当磁通密度为 0.2 T 时，二次臂已变得较为发达。

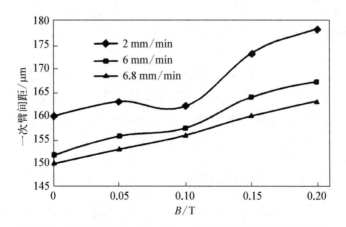

图 7.3.6　定向凝固 Al‑Cu 合金一次臂间距与磁场强度的关系

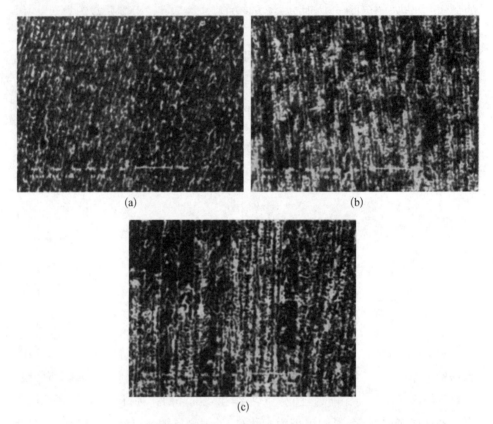

图 7.3.7　不同磁场强度下定向凝固的 Al‑Cu 合金显微组织

(a) $B=0$ T；(b) $B=0.15$ T；(c) $B=0.2$ T

7.4　电场中金属凝固的晶体生长

在金属凝固过程中施加单一的电场,使金属在电场中冷却凝固,凝固过程中晶体生长将获得有别于常规凝固条件下的组织,所施加的电场可以是直流电场、交流电场、脉冲电场等,本节将分别介绍连续电场中金属的结晶组织、电场对金属结晶过程的影响机制、脉冲电场中金属凝固的结晶。

7.4.1　连续电场中金属的结晶组织

在早期的研究工作中,Vashchenko 等[18]对铸件施加直流电场,电极之一置于铸模上,另一电极与铸件相接,在铸件凝固时有电流通过,利用这种办法得到的凝固组织与常规组织有很大不同。他们利用很低的电流密度($4\sim5$ mA/cm^2)对铸铁(质量分数为 $3.1\%\sim3.4\%$C，$1.9\%\sim2.8\%$Si)的凝固组织产生了下列影响：① 细化石墨片，并使其形态发生改变；② 铁素体含量减少而珠光体数量增加；③ 减少非金属夹杂物的数量。他们由此得出结论：凝固组织的变化是因为电流增加了碳原子的迁移性，导致凝固的形核率提高、过冷度增加。

Misra[19]对 Pb - 15%Sb - 7%Sn 合金及铸铁通以直流电流，并使其发生凝固，此项技术后来被称为"Misra 技术"。Misra 发现，凝固的显微组织在电场作用下显著细化，相分布也较均匀，形成一种近似变质组织，如图 7.4.1 所示[20]。而 Ni - Mg 合金铸铁的电场凝固组织中，石墨数量减少而珠光体组织含量增加。Ahmed 等[21]使镍基高温合金在直流电场作用下发生定向凝固后，发现凝固组织中的 γ' 相呈细小的球状颗粒，在 γ 相基体上均匀弥散地分布，凝固组织显著地细化；电场的另一个作用是降低了高温合金中的孔隙率。

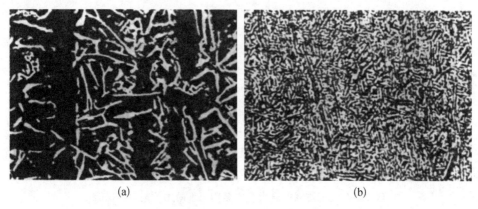

(a)　　　　　　　　　　　　　　(b)

图 7.4.1　直流电场对 Pb - Sb - Sn 合金凝固组织的影响

(a) 无外加电场；(b) 电流密度为 50 mA/cm^2

外加电场也可以使 Al - Si 共晶组织的相间距减小(见图 7.4.2)，但是当电流密度高于 40 A/cm^2 时，硅相间距有所波动但变化不大。国内部分学者也对金属在电场中的胞/枝晶生长开展了研究。图 7.4.3 为 Sn - 5%(质量分数)Bi 合金晶体的生长形态与外加直流电场和生长速率的关系[22]。随着电流密度增加，胞晶生长向枝晶生长转变的临界生长速率迅速增加；平面生长向胞状晶生长方式转变的临界生长速率也增加。这说明，电场明显提高了胞晶生长的稳定性。

电流密度对枝晶间距也会产生较大的影响。图 7.4.4 为 Cu - Al 合金的树枝晶间距与电流密度的关系[23]。随着电流密度的增加，柱状晶间距近似地线性

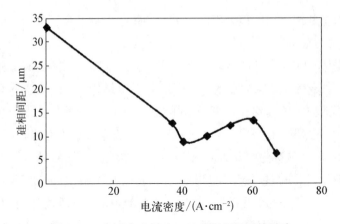

图 7.4.2　电流密度对 Al－Si 共晶相间距的影响

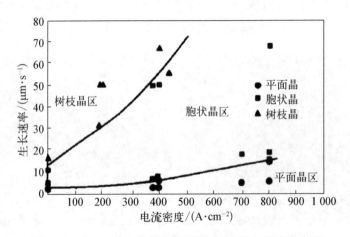

图 7.4.3　Sn－5％Bi 合金定向凝固时不同生长速率和电流
密度下的生长形态(温度梯度 $G_T=117\ ℃/cm$)

下降,而且与理论计算值的变化趋势相同。已有研究表明,电场中金属凝固的宏观组织趋于更细小。Asai 等[24]报道了 Sn－10％Pb 合金在高密度的直流或交流电场中的宏观凝固组织(等轴晶)得到细化,认为电流流经凝固样品时产生感生磁场,并与电场交互作用产生电磁力,熔体在电磁力作用下发生流动,从而引起宏观组织的细化。图 7.4.5 反映了交流电流密度对 Al－Si 共晶合金宏观晶粒尺寸的影响规律。随着电流密度的增加,晶粒尺寸减小,但是在电流密度不高于40 A/cm^2 时,宏观凝固组织变化不大,而电流密度在 40 A/cm^2 左右时,晶粒尺寸迅速减小。近些年,Prodhan 等[25]对直流和交流电场中纯铝的凝固进行了研究,发现电场可以使凝固宏观晶粒组织明显细化,并促进柱状晶向等轴晶的转化,而且电场还有助于铸造过程中的除气。研究发现,宏观晶粒的细化是由于施加电场后合金的过冷度增加。与大多数实验结果相反,Crossley 等[26]发现强直流电流引起 Al‑Ni 合金的宏观凝固组织粗化,并认为这是产生了过多焦耳热效应的结果。

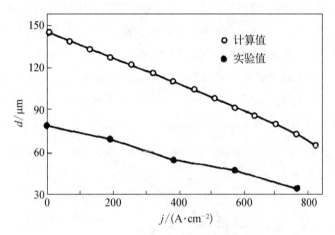

图 7.4.4　Cu‑Al 合金树枝晶间距 *d* 与电流密度 *j* 的关系

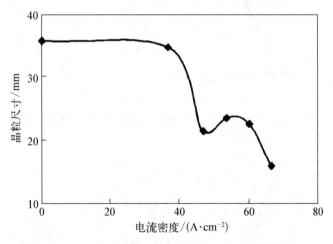

图 7.4.5　Al‑Si 共晶合金在交变电场中凝固后的宏观晶粒尺寸

7.4.2　电场对金属结晶过程的影响机制

许多实验已经表明,电场可以引起金属凝固组织发生显著变化,但是对于电场对凝固过程作用的物理机制,还没有十分明确的说法和确凿的证据。迄今为止,对金属凝固过程中外加电场的作用,主要有下列几方面的解释。

1) 过冷度

外加电场可以通过改变凝固过冷度,提高或者降低金属的凝固速度。在Prodhan 等的研究结果中,交流和直流电场可以提高或者降低过冷度,他们的实验结果表明这两种趋势都是存在的。图 7.4.6 为利用热分析法测得的纯铝在外加交流电场($j=0.50$ A/cm^2)和磁场凝固时的冷却曲线及固相分数的变化曲线。从图中可以看出,无论施加电场还是磁场,都会降低凝固温度,增加凝固速度。然而,他们在近期的研究中发现,纯铝的结晶温度和时间不仅取决于电流密度,还与电场的种类有关。图 7.4.7 和图 7.4.8 所示为纯铝在交流和直流电场中的凝固温度和凝固时间与电流密度的关系。实验时,圆柱形实验样品的上、下两部

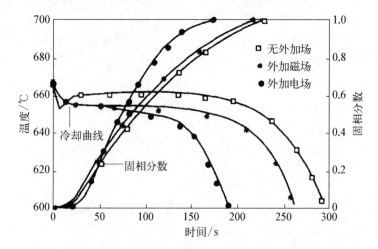

图 7.4.6　外加交流电场和磁场对纯铝凝固冷却曲线和固相分数的影响

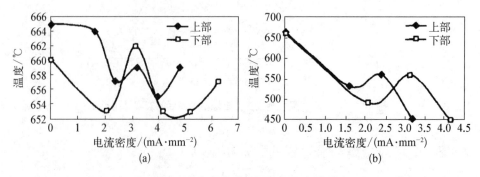

(a)　　　　　　　　　　　　　(b)

图 7.4.7　电流密度对纯铝凝固温度的影响

(a) 直流电场;(b) 交流电场

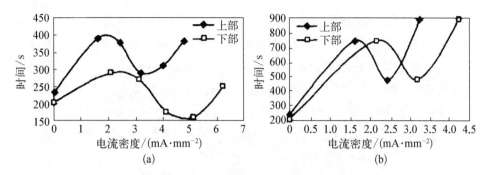

图 7.4.8　电流密度对纯铝凝固时间的影响

(a) 直流电场；(b) 交流电场

分分别固定两个热电偶测温。从图 7.4.7 和图 7.4.8 中可以看出,上部的热电偶显示,如果通入直流电流,虽然所测定的温度有所波动,但是与无电场情况相比,凝固温度是降低的。这说明过冷度增大,而凝固时间却相对延长了,反映了凝固速率降低,这应该是焦耳热的作用结果。然而,下部的热电偶测试结果变化较复杂。在交流电场中,总体上仍然表现为凝固温度降低而凝固时间延长。

2) 电迁移

外加电场促进了溶质原子的扩散,产生电迁移,因此改变了固-液界面前沿的浓度场。早在 19 世纪中叶,人们就发现溶液中的成分会因为外加电场的存在而发生变化,这是由于溶液中的离子迁移能力不同。电场对某一特定金属离子的迁移能力所产生的影响可以由下式给出[27]:

$$M_i^E = \frac{v_i}{F_i} = \frac{v_i}{q_i^* E} \tag{7.4.1}$$

式中,M_i^E 为载流子的迁移率,反映了在单位电场力作用下的漂移速度;v_i 为迁移速度;F_i 为电场力,$F_i = q_i^* E$;q_i^* 为有效电荷,$q_i^* = Z^* |e|$,其中,Z^* 为价电子数,e 为电子电量;E 为电场强度,$E = |\boldsymbol{E}|$。

带电离子的迁移速度还与扩散系数 D_i 有关:

$$v_i = \frac{D_i}{kT} \tag{7.4.2}$$

式中,k 为普朗克常数;T 为温度。

由式(7.4.1)和式(7.4.2)得到有关原子迁移流量 J_a 的能斯特-爱因斯坦方程:

$$J_a = \frac{N_i D_i}{kT} E = \frac{N_i D_i}{kT} \rho_r^1 j \tag{7.4.3}$$

式中，N_i 为单位体积的离子数；ρ_r^l 为液体的电阻率；j 为电流密度。

当电流密度在 10^3 A/cm^2 数量级时，即会产生有效的电迁移效应。电迁移会对凝固过程中的固-液界面处的溶质浓度产生显著影响。Pfann 等[28]推导了直流电场中的溶质有效分配系数 k_{eff}，证明了 k_{eff} 可以在较宽的范围内变化，甚至超出溶质平衡分配系数 k_0 的正常范围。k_{eff} 的这种变化可对凝固过程产生下列影响：① 提高区域熔炼的效率；② 在铸锭的一端产生溶质富集，并提高或者降低这一部分的凝固温度；③ 减小成分过冷的趋势。

基于这一原理，在凝固二元共晶合金时，由于两种组元离子的迁移能力不同，就有可能会使共晶两相分离在样品的两端。电迁移不仅会造成宏观成分分布的不均匀性，而且会引起凝固界面处成分的改变，从而影响固-液界面的稳定性和凝固组织的形态。

3）等离子体效应

常规的固态金属具有晶体结构，原子按照一定规律成长，并且呈有序的周期性排列。而当温度升高至熔点以上时，金属发生熔化，大多数金属原子由于热振动加剧而离开原来的平衡位置，因此在液态时形成了"短程有序、长程无序"的结构。有人把液态金属近似看作具有较高密度的"冷态等离子体"，以区别于高温时的气态等离子体。这种由自由电子和离子共同组成的冷态等离子体为电中性，并处于热平衡态。当凝固过程中施加一个电场时，在液态金属中形成一个连续稳定的电流；另外，在较低电压下的电场还会引起尚未完全电离的金属溶液发生完全电离。等离子体的导电性取决于电子散射和等离子有序的波动，而等离子波的振动频率主要取决于 4 个因素：等离子体密度、等离子体中的电子密度、热运动以及离子碰撞引起的阻尼效应。由于等离子波的传播方向与电场方向相吻合，故其振动方向为纵向。这里只需要考虑电子的振动，因为离子质量较大，其贡献很小，可以忽略不计；又因为等离子体是以一定的频率和振幅振动的，所以这个振动能有助于使所有粒子的电矢量沿纵向排列，这种排列也形成了电矢量的有序分布，因此提高了合金中原子长程无序排列结构的有序程度。这种更加有序的结构在无内部缺陷且成分均匀时促进了均匀形核，在特定的晶面上形成的大量晶核以及有序的电荷分布使离子沿一定方向排列。在凝固过程中，这种有序的排列和结构就有可能在较高的温度梯度下被保留到固态。因此，在一些特定合金（如镍基高温合金）的凝固过程中，容易形成共格有序相。

4）熔体的对流

单一的外加电场也会引起金属熔体的对流，这种对流主要来源于两个方面：

① 熔体所受的洛伦兹力,电流在熔体中必然会沿截面形成一定的分布状态,或者近似均匀分布(如稳恒电流),或者如同交变电流那样呈现趋肤效应,这样任意位置传导电流的熔体均处于其他部位电流所产生的磁场之中,因而该处熔体必然受到洛伦兹力的作用而发生运动,在整个熔体体积内产生宏观的对流;② 由于电迁移引起溶质分布的不均匀性,溶质在液相中的分布梯度也可以造成对流,但是这一问题尚未引起足够的关注。

5) 焦耳热效应

焦耳热会在很大程度上影响金属的凝固过程。一方面,焦耳热会降低金属的冷却速率,引起组织的粗化。在一些研究中也发现,如果施加的电流密度过高,则金属熔体的凝固也会发生困难。另一方面,在界面上产生的焦耳热会对界面产生扰动或者使之发生重熔,这将影响组织形态发生转变。

7.4.3　金属在脉冲电场中的结晶

1990 年,Nakada 等[29]提出一种新的凝固方法,使金属熔体在高电流密度下的脉冲电场中凝固。如果在凝固初期施加足够高的脉冲电压或电流,就会引起凝固组织的改变,这种方法称为脉冲放电(pulse electric discharging,PED)法。他们所采用的电脉冲电容器组的电压约为 3 kV,脉冲时间间隔为 20 s。对 Sn - 15%Pb 过共晶合金的研究发现,适宜的电脉冲引起宏观组织从粗大的树枝晶向细小的等轴晶转化,促使显微组织中先共晶相由枝晶状向颗粒状组织转化,而且颗粒状组织的数量随着脉冲电压的提高而增加。脉冲电场改善凝固组织的物理机制,与电脉冲在熔体中产生电磁收缩效应有关。电脉冲引起的冲击波使刚刚形成的树枝晶破碎。

有学者利用脉冲电场研究了 Pb - 60%Sn 合金的凝固过程。他们采用了两种电脉冲条件:① 2.6 kV 脉冲电压和 60 s 的脉冲间隔时间;② 30 kV 脉冲电压和 2.7 ms 的脉冲间隔时间。在高电容量条件下凝固时,富铅初晶组织由树枝状转变为颗粒状;而在高电压下凝固时,则发现共晶体晶粒沿电极方向生长,层片共晶组织也倾向平行于电场方向生长,而且层片间距减小。他们认为,除了感生磁场产生的电磁力外,晶体生长时还可能形成电偶极子,因此受到电场作用力,引起晶体生长方向基本一致;同时,由于电能的介入引起相变驱动力增大和凝固所需过冷度减小,所以层片间距减小。另外,共晶生长所需的过冷度由于电脉冲的作用而减小,这一点可以从电流对凝固过程中固、液两相化学位的影响看出。

$$\mu^{L} - \mu^{S} = (\mu_0^{L} - \mu_0^{S}) + FZ^*(\varepsilon^{L} - \varepsilon^{S}) \tag{7.4.4}$$

式中，μ 为电场中的化学位；μ_0 为正常条件下的化学位(无电场)；F 为法拉第常数；ε 为物相上某点与无限远处的电位差；上角标 L 和 S 分别表示液相和固相。

很显然，电场使带电粒子在固相中发生迁移所需的能量比在液相中的能量高，即 $\varepsilon^{L} < \varepsilon^{S}$，所以有

$$\mu^{L} - \mu^{S} < \mu_0^{L} - \mu_0^{S} \tag{7.4.5}$$

也就是说，电场引起了化学位降低，相变的驱动力下降，因而也导致凝固所需的过冷度减小，形成更细小的共晶组织。

有学者对 Pb - Sn 共晶合金在电脉冲下的凝固进行了研究。他们采用的脉冲电流密度为 $150\sim1\ 500\ \mathrm{A/cm^2}$，脉冲时间为 $60\ \mu s$。为了维持电功率基本恒定，脉冲频率的范围为从电流密度为 $150\ \mathrm{A/cm^2}$ 时的 $150\ \mathrm{Hz}$ 到电流密度为 $1\ 500\ \mathrm{A/cm^2}$ 时的 $1.5\ \mathrm{Hz}$；电脉冲被施加于凝固的全过程之中。这一过程引起两个方面的变化：① 过冷度的绝对值增大，如图 7.4.9 所示；② 共晶团尺寸显著减小，如图 7.4.10 所示。在实验中并未发现电脉冲对共晶层片间距以及先共晶富铅树枝晶有明显的影响。从这个意义上说，电磁收缩效应在凝固过程中所起

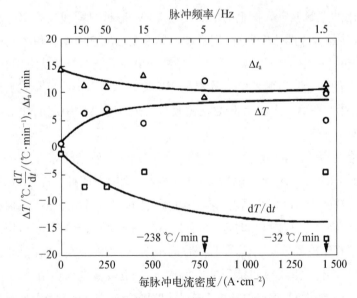

ΔT—过冷度；$\mathrm{d}T/\mathrm{d}t$—自最低过冷温度至集热温度的平均温升速率；
Δt_a—集热时间。

图 7.4.9　电脉冲对 $\mathrm{Sn_{60}Pb_{40}}$ 合金凝固冷却曲线特征的影响

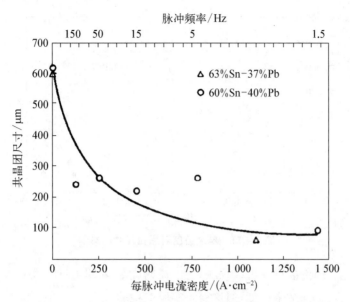

图 7.4.10　电脉冲条件对 Sn - Pb 合金共晶团尺寸的影响

的作用不是很大,而电脉冲主要通过降低液、固两相的自由能差或者提高液-固界面能来影响共晶团形核率。

　　有学者考虑到电流对凝固过程的形核率和后续晶粒长大的影响,建立的铸件凝固后晶粒尺寸的数学模型方程为

$$d_{c}=d'_{0}\exp\left(\frac{\vartheta_{j}^{2}}{3kT}\right) \tag{7.4.6}$$

其中

$$\vartheta=\left[\frac{3}{2}\ln\left(\frac{b}{a}\right)-\frac{65}{48}-\frac{5}{48}\xi\right]\mu_{m}b^{2}\xi\Delta V \tag{7.4.7}$$

式中, d'_{0} 为无电流时凝固的晶粒尺寸; ϑ 为常数,取决于晶核与熔体的几何形状和物理性质; j 为电流密度; b/a 为形状因子; μ_{m} 为磁化率; ξ 为系数, $\xi=\dfrac{\sigma_{e}^{L}-\sigma_{e}^{S}}{\sigma_{e}^{S}+\sigma_{e}^{L}}$,其中的 σ_{e}^{L} 和 σ_{e}^{S} 分别为液、固两相的电导率; ΔV 为核心的体积。

　　利用上述模型计算的 Sn - Pb 合金电场中凝固的晶粒尺寸与实测值的对比如图 7.4.11 所示,理论值与计算值较为吻合,这也支持了电流主要影响形核率这一观点。

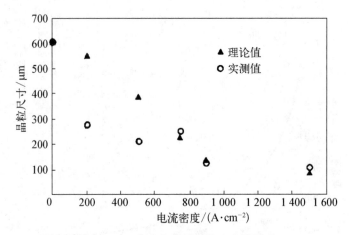

图 7.4.11　电流密度对晶粒尺寸的影响

　　根据上述理论模型还可以预测,当电流密度足够高时($j \approx 10^4$ A/cm²),晶粒尺寸可以减小到纳米尺度,但这需要实验的检验。

参考文献

[1] 张伟强.金属电磁凝固原理与技术[M].北京:冶金工业出版社,2004.

[2] Zhang W Q, Liu Q M, Zhu Y F, et al. Study on structures of Al - CuAl₂ eutectic solidified under electromagnetic stirring[J]. Acta Metallurgica Sinica (English Letters), 1997, 10(6): 461.

[3] Zhang W, Yang Y, Liu Q, et al. Effects of forced flow on morphology of Al - CuAl₂ eutectic solidified with electromagnetic stirring[J]. Journal of Materials Science Letters, 1997, 16(23): 1955 - 1957.

[4] 张伟强.共晶合金在电磁力和离心力复合作用下的凝固规律[D].沈阳:中国科学院金属研究所,1997.

[5] Jackson K A, Hunt J D. Lamellar and rod eutectic growth[M]//Dynamics of Curved Fronts. Cambridge: Academic Press, 1988: 363 - 376.

[6] Chadwick G A, Yue T M. Principles and applications of squeeze casting[J]. Metals and Materials Bury St Edmunds, 1989, 5(1): 6 - 12.

[7] 王学东,张伟强,时海芳.电磁搅拌技术的国内外发展现状[J].辽宁工程技术大学学报(自然科学版),2001, 20(1): 82 - 84.

[8] Vives C. Effects of forced electromagnetic vibrations during the solidification of aluminum alloys: Part Ⅱ. solidification in the presence of colinear variable and stationary magnetic fields[J]. Metallurgical and Materials Transactions B, 1996, 27(3): 457 - 464.

［9］ 张勤，路贵民，张北江. Effects of electromagnetic intensity on the sump shapes and structures of aluminum alloy produced by crem process［J］.金属学报，2002，38(9)：956 - 960.

［10］ Vives C. Elaboration of semisolid alloys by means of new electromagnetic rheocasting processes［J］. Metallurgical Transactions B，1992，23(2)：189 - 206.

［11］ Radjai A，Miwa K. Effects of the intensity and frequency of electromagnetic vibrations on the microstructural refinement of hypoeutectic Al - Si alloys［J］. Metallurgical and Materials Transactions A，2000，31(3)：755 - 762.

［12］ Radjai A，Miwa K. Structural refinement of gray iron by electromagnetic vibrations［J］. Metallurgical and Materials Transactions A，2002，33(9)：3025 - 3030.

［13］ Radjai A，Miwa K，Nishio T. An investigation of the effects caused by electromagnetic vibrations in a hypereutectic Al - Si alloy melt［J］. Metallurgical and Materials Transactions A，1998，29(5)：1477 - 1484.

［14］ Tewari S N，Shah R，Song H. Effect of magnetic field on the microstructure and macrosegregation in directionally solidified Pb - Sn alloys［J］. Metallurgical and Materials Transactions A，1994，25(7)：1535 - 1544.

［15］ Lehmann P，Moreau R，Camel D，et al. Modification of interdendritic convection in directional solidification by a uniform magnetic field［J］. Acta Materialia，1998，46(11)：4067 - 4079.

［16］ Moreau R，Laskar O，Tanaka M，et al. Thermoelectric magnetohydrodynamic effects on solidification of metallic alloys in the dendritic regime［J］. Materials Science and Engineering：A，1993，173(1 - 2)：93 - 100.

［17］ 刘晴.定向凝固 Al - Cu 合金中的热电磁流体动力学效应［D］.阜新：辽宁工程技术大学，2003.

［18］ Vashchenko K I，Chernega D F，Vorobev S L，et al. Effect of electric current on the solidification of cast iron［J］. Metal Science and Heat Treatment，1974，16(3)：261 - 265.

［19］ Misra A K. A novel solidification technique of metals and alloys：under the influence of applied potential［J］. Metallurgical Transactions A，1985，16(7)：1354 - 1355.

［20］ Misra A K. Effect of electric potentials on solidification of near eutectic Pb - Sb - Sn alloy［J］. Materials Letters，1986，4(3)：176 - 177.

［21］ Ahmed S，Bond R，Mckannan E C. Solidification processing superalloys in an electric field［J］. Advanced Materials and Processes，1991，140(4)：30 - 32.

［22］ 顾根大，徐雁允，安阁英，等.电场作用下 Sn - 5% Bi 合金的胞晶生长［J］.机械工程学报，1991，27(5)：37 - 41.

［23］ Chang G W，Yuan J P，Wang Z D，et al. Effect of electric current density on columnar crystal spacing during continuous unidirectional solidification［J］. Acta Metallurgica Sinica，2000，36(1)：30 - 32.

［24］ Asai S，Yasui K，Muchi I. Effects of electromagnetic forces on solidified structure of metal［J］. Transactions of the Iron and Steel Institute of Japan，1978，18(12)：

754 - 760.

[25] Prodhan A, Sivaramakrishnan C S, Chakrabarti A K. Solidification of aluminum in electric field[J]. Metallurgical and Materials Transactions, 2001, 32(2): 372.

[26] Crossley F A, Fisher R D, Metcalfe A G. Viscous shear as an agent for grain refinement in cast metal[J]. Transactions of the Metallurgical Society of AIME, 1961, 221(2): 419 - 420.

[27] Conrad H. Influence of an electric or magnetic field on the liquid-solid transformation in materials and on the microstructure of the solid[J]. Materials Science and Engineering: A, 2000, 287(2): 205 - 212.

[28] Pfann W G, Wagner R S. Principles of field freezing [J]. Transactions of the Metallurgical Society of AIME, 1962, 224(6): 1139.

[29] Nakada M, Shiohara Y, Flemings M C. Modification of solidification structures by pulse electric discharging[J]. ISIJ International, 1990, 30(1): 27 - 33.

第8章 金属和合金的再结晶与晶体生长

金属的再结晶现象已为人们所熟知。为了更好地了解再结晶的过程,掌握金属再结晶的本质,有必要对再结晶的概念做一定的描述[1]。

8.1 金属再结晶的基本过程

冷变形金属在回复过程中只发生位错的移动和重新组合。因此,再结晶与回复有着明显的差别。回复阶段发生各种组织结构变化,以及相应的各种性能变化,都不涉及大角晶界的迁移,温度升高造成的热激活可以立即引起回复现象的出现而不需要孕育期。人们通过对大量金属再结晶过程的分析和归纳而逐渐确定下来的再结晶概念即通常所指的静态初次再结晶。人们在日常讨论再结晶时,有时实际上把再结晶的概念进一步推广,即把能使晶体能量降低的所有晶界的移动过程都概括到再结晶的范畴内;而有时也把某种特殊形式的强回复过程也归纳到再结晶的范畴内。因此,这里应该注意上述细节上的差别。

在讨论再结晶现象之前,应该把再结晶过程与其他过程区分开。首先,要分清再结晶与回复的区别。其次,要区别所研究的过程是在变形过程中进行的(即动态回复和动态再结晶),还是在冷变形之后的加热过程中进行的(即静态回复和静态再结晶)。习惯上,人们在讨论回复与再结晶时指的就是静态回复与静态再结晶,只是通常不再提"静态"两字。

8.1.1 再结晶的定义

再结晶可以理解成冷变形金属在加热的条件下生成一种全新的组织结构的过程。这一生成过程一般涉及大角度晶界的迁移,进而消除变形的结构。

当再结晶在冷变形量很高的金属的加热过程中出现时,首先能够观察到的是变形基体内出现一些非常细小的晶粒。这些晶粒随后逐渐长入变形基体,直至它们互相接触并完全取代了变形组织结构。这个过程是形核和晶粒长大过程,通常称为初次再结晶。初次再结晶之后,变形金属内的位错密度大大降低。

由于在这一过程中金属的位错密度不是同时降下来的,而是通过各个分离的晶粒的生长逐渐地或不连续地降下来,所以借助相变过程的相应概念,人们也把这一过程称为不连续再结晶。

在冷变形金属的加热过程中,有时也可以观察到完全不同的另一种生成全新组织结构的过程,尤其是在冷变形量极高的情况下,或当晶界迁移过程受到诸如析出物等障碍极强的阻碍时,金属中也可能只发生极强的特殊回复过程。在这种回复过程中,不仅生成通常的小角度晶界,而且还会生成大角度晶界。此时,尽管没有发生大角度晶界的迁移,但也生成了全新的组织结构。因此,这一过程称为原位再结晶。与其他回复过程一样,当发生原位再结晶时,金属组织结构的各个地方同时发生变化。为了与不连续的初次再结晶相区别,在一些情况下,原位再结晶也称为连续再结晶。冷变形量很低的金属在加热时经常根本不出现形核现象,而只是已有的晶界发生移动以形成低位错密度区,这也称为应变诱发的晶界移动。这种晶界移动是两晶粒内储存能的差别造成的。当变形量较低时,这种较大的差别经常出现。

过饱和的金属固溶体冷变形后,在其加热过程中会发生析出相变,进而形成另一种特殊的再结晶过程。析出物借助晶界上的扩散而产生,因而在晶界迁移而扫过的变形基体内会留下低位错密度的固溶体基体及第二相。图 8.1.1 给出了这一过程的示意图。尽管这一过程的本质是再结晶,但也常称之为不连续析出过程。在这一过程中,不仅有因冷变形而造成的再结晶驱动力,而且有推进析出相变的化学驱动力,因此,再结晶的速度非常快。

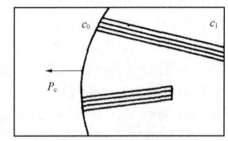

图 8.1.1 金属再结晶过程中
伴随的析出行为

8.1.2 再结晶的驱动力

一般来讲,当晶界迁移造成自由能下降时,晶界会承受某种促其迁移的驱动力。设面积为 $\mathrm{d}A$ 的晶界在压力 p 的作用下移动一个小距离 $\mathrm{d}x$,则压力所做的功应与随之造成的自由能的变化 $\mathrm{d}G$ 相等,即

$$\mathrm{d}G = -p\,\mathrm{d}A\,\mathrm{d}x = -p\,\mathrm{d}V \tag{8.1.1}$$

式中,$\mathrm{d}V$ 是晶界扫过的晶体体积。所以有

$$p = -\frac{dG}{dV} \tag{8.1.2}$$

式中,p 即是驱动力,它可以理解成单位体积内自由能的增量(J/m^3),也可以理解成单位晶界面积上所承受的力(N/m^2),即晶界所受的压力。

变形组织结构中主要以位错形式保留的储存能是初次再结晶的驱动力。通常,非变形状态金属内的位错密度约为 $1 \times 10^{10}/m^2$;而高变形状态金属内的位错密度为 $1 \times 10^{16}/m^2$。也就是说,当晶界在再结晶过程中扫过变形晶体内某一区域时,这一区域内的位错密度会从 $1 \times 10^{16}/m^2$ 降至 $1 \times 10^{10}/m^2$,即大约降至原来位错密度的百万分之一。如果忽略残留下来的百万分之一的位错密度,则晶界所承受的压力 p_d 可以记为

$$p_d = \rho E \approx \frac{1}{2}\rho\mu b^2 \tag{8.1.3}$$

若取位错密度 ρ 为 $1 \times 10^{16}/m^2$,μ 约为 5×10^4 MPa,b 约为 2×10^{-10} m,则有 $p_d \approx$ 10 MPa,即 1×10^7 J/m^3。这一数值与实测的变形金属局部储存能相当。

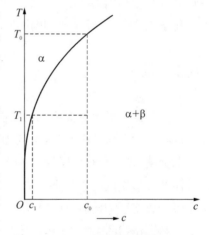

冷变形的过饱和金属固溶体在再结晶过程中会同时发生不连续析出,即相变。这时大角度晶界扫过之后不仅使基体缺陷密度降低,而且也留下了少量析出物。因此造成相变的化学驱动力也可以推动晶界的迁移,从而促进再结晶的进程。设温度为 T_0 时,固溶体的平衡浓度为 c_0,温度为 T_1 时的平衡浓度为 c_1(见图 8.1.2),当浓度为 c_0

图 8.1.2　引起化学驱动力的固溶体过饱和度

的 α 固溶体在 T_1 保温时,与浓度密切相关的自由能差所引起的相变化学驱动力为

$$p_c = 1/\Omega\{Qc_0(1-c_0) + kT_1[c_0\ln c_0 - (1-c_0)\ln(1-c_0)]$$
$$- Qc_1(1-c_1) + kT_1[c_1\ln c_1 - (1-c_1)\ln(1-c_1)]\} \tag{8.1.4}$$

式中,Q 为原子相变潜热;Ω 为原子体积。Q 可通过固溶体的溶解度曲线和关系式

$$c = \exp\left(\frac{-Q}{kT}\right) \tag{8.1.5}$$

求得。当浓度很低,且 $c_1 \ll c_0$ 时,参考式(8.1.5),可由式(8.1.4)求得

$$p_c \approx \frac{1}{\Omega} k\left[(T_1 - T_0)c_0 \ln c_0\right] \tag{8.1.6}$$

例如,对铜-银合金,当温度上升到 780 ℃ 以上时,银在铜基固溶体内的溶解度为 5%(原子百分比),淬火后可形成过饱和固溶体。若将其在 300 ℃ 回火,由式(8.1.6)可算出其化学驱动力 p_c 约为 600 MPa。这比储存能造成的初次再结晶的驱动力要高得多。

另外,其他因素也可以成为推进晶界迁移的驱动力。例如,弹性应变能造成的驱动力,即弹性能约为 2×10^{-5} MPa,磁化能约为 10^{-3} MPa,表面能约为 2×10^{-3} MPa,晶界能约为 3×10^{-2} MPa 等。但它们与变形储存能(约为 10 MPa)和化学能(约为 600 MPa)相比要小得多,所以对初次再结晶过程的影响很小。

8.2 回复

虽然冷变形会造成不稳定的位错结构,但当变形温度较低时,这种变形结构可以在变形后保留下来,这是因为从力学角度看这种结构尚且稳定。如果加热变形金属,则这种热力学稳定性会逐渐消失。温度的升高使得热激活过程增强,进而使变形生成的过高空位浓度降低,而且这时位错也会具有足够的活动能力,克服金属变形结构对它的钉扎作用而做某种运动。这种运动表现为螺位错的交滑移和刃位错的攀移,这里起主要作用的是刃位错的攀移。攀移可使刃位错从一个滑移面变换到另一个滑移面上以获得自由滑移的机会,从而调整位置,滑移出晶粒或使正、负刃位错互相抵消。这种过程可以造成变形晶粒转变到能量较低的状态,通常称为回复。在这个过程中,位错密度会有所下降,并形成某种特殊的位错结构。这种位错结构表现为小角度位错晶界网,即多边形化的结构。

8.2.1 回复现象

温度升高造成的热激活可以立即引起回复现象的出现而不需要孕育期,这也是回复与再结晶的本质区别之一。在很短的加热时间内就可以观测到明显的回复现象(如金属物理性能的变化),随后这种变化逐渐减弱。而再结晶则往往

经过较长时间的加热后才开始出现,并在非常短的时间内完成。图 8.2.1 示意性地给出了这两种过程所引起的金属某些物理性能变化上的差异。通常,回复与再结晶产生相同的性能变化趋势。因此,在加热过程中测量到某种性能变化时,尚需注意区别该变化是由回复造成的还是由再结晶造成的。在某些特定的条件下,冷变形金属材料中的回复过程非常强,以致借助大角度晶界移动来完成的再结晶现象根本不可能出现,这也就是上面提到的原位再结晶或连续再结晶。另外,应该注意的是回复过程同时也往往是初次再结晶形核过程的开始,两者通常混在一起。

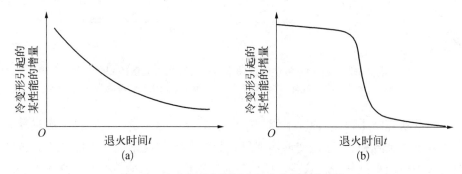

图 8.2.1　冷变形金属退火过程中性能的变化

(a) 回复;(b) 再结晶

8.2.2　储存能量的变化

利用灵敏的量热计可以测得回复过程中储存能的变化。在低变形量金属中总储存能较少,其中多半会在回复过程中释放出来,因而使再结晶只能在较高的温度下发生。当金属变形量较高时,在回复过程中通常只有很少的储存能被释放出来,大部分保留下来的储存能可造成高变形量金属在较低温度下发生再结晶。图 8.2.2 给出了两种变形量的高纯铜在回复中释放储存能的过程[2]。分析表明,根据变形量的差异,冷变形铜在回复过程中会有 3%~10% 的储存能被释放出来。同时,大多数变形时产生的空位也都会因扩散出晶体而散失。冷变形镍中空位的扩散要比铜中空位的扩散困难,因而需要在较高的温度进行[3]。可是对于铝则正相反,冷变形铝中空位扩散能力很强,在室温就可以逸出晶体点阵。如上所述,回复中会有空位的扩散及位错组态的改变和调整,两者都可以释放一定的储存能。显而易见,变形铝回复时,储存能的散失主要是由位错结构变化造成的。

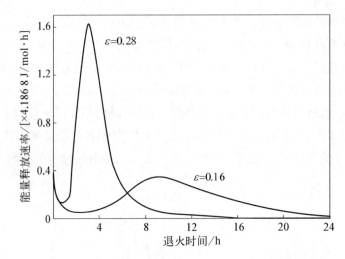

图 8.2.2　高纯 Cu 能量释放速率与退火时间的关系（99.999%
纯铜试样，拉伸到两种应变量，在 189.7 ℃ 等温退火）

　　一些研究结果显示，冷变形铝回复过程中散失的能量与其在再结晶过程中散失的能量大致相当，而冷变形镍回复过程中散失的能量甚至可能高于其再结晶过程中所散失的能量。这些金属回复时所造成的储存能散失明显高于冷变形铜回复时的储存能散失。分析指出，这一现象实际上与金属的层错能密切相关。层错能低的金属回复时，位错难以通过攀移和交滑移而调整其结构，层错能极低的金属在再结晶开始之前实际上只可能有空位的扩散发生。而对高层错能金属来说，位错结构可以借助攀移和交滑移做较大的调整，所以高层错能金属在回复过程中就会散失很多储存能。由此可见，高层错能金属（如铝）会有很强的回复过程，而低层错能金属（如银或铜合金等）的回复过程则往往不大明显。

8.2.3　回复的位错机制

　　回复的位错机制是基于位错长程应力场之间的交互作用。刃位错的切应力场为

$$\tau = \frac{\mu}{2\pi(1-v)}\ \frac{b}{r}\cos\varPhi\cos 2\varPhi \tag{8.2.1}$$

　　当 $\varPhi = 0°$ 时，τ 表示滑移面上与位错距离为 r 处的切应力。已知伯格斯矢量为 $\bar{\boldsymbol{b}}_1$ 的位错作用于伯格斯矢量为 $\bar{\boldsymbol{b}}_2$ 的位错的力 F 为

$$F = \frac{\mu b_1 b_2}{2\pi r(1-v)}\cos\varPhi\cos 2\varPhi \tag{8.2.2}$$

　　这里 r 与 $\varPhi$ 表示位错 $\bar{\boldsymbol{b}}_1$ 相对于位错 $\bar{\boldsymbol{b}}_2$ 的位置。如果这两个位错互相平行，同为正刃位错或同为负刃位错，而且处于同一个滑移面（$\varPhi=0°$），则式(8.2.2)所示的力始终为正，即两位错互相排斥。若两位错不同时为正，则它们之间的作用力为负，即两位错相吸。在后一种情况下，两位错互相吸引到一起，并互相对消〔见图 8.2.3(a)〕。螺位错也有类似的情况，在回复过程中，位错的这种调整运动造成了位错密度的降低。假如两个互相平行且互为反号的刃位错不在同一个滑移面上，而在相邻的滑移面上，则两者不能立即对消，而是形成一种位错偶极子〔见图 8.2.3(b)〕，同时产生一列空位。这种偶极子的出现已使体系的能量比两个位错单独存在时降低了很多。通过位错的攀移，即空位的扩散，这两个位错最终可对消。在高压电镜中，已观察到铜和镍单晶回复过程中位错结构的这种变化。

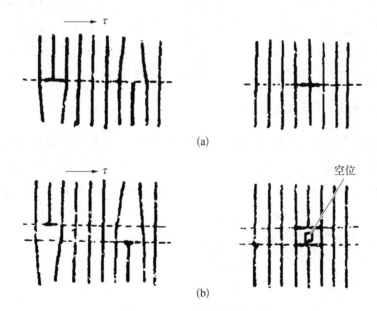

图 8.2.3　正、负刃位错的对消

(a) 两位错不同时为正；(b) 相邻的滑移面互相平行且互为负号的刃位错

　　当上述两刃位错的滑移面间的距离较大，以致 $\varPhi$ 大于 $45°$ 时，根据式(8.2.2)可知两位错相斥，因而会互相远离。这时两个同号位错会互相吸引。这种相吸的结果造成两位错在垂直于滑移面的方向上排列，并达到稳定状态。这时 $\varPhi=90°$，因而 $F=0$。位错的这种排列方式在能量上是有利的，如果大量位错按这种方式周期性地顺序排列，则会使能量状态愈加有利。分析表明，大量刃位错的这种周期性排列引起的位错间交互作用,使得位错应力场的作用范围缩小到这种排列方式中位错间距 d 的范围。位错应力场作用范围的缩小也意味着每个位错所具有能量的下降。在刃位错上述排列方向上,若单位长度内有 N_d 个位错,则这些位错所排成的平面上单位面积的能量为

$$\gamma_{sa} = Nd\left[\frac{\mu b_2}{4\pi(1-v)}\ln\left(\frac{d}{r_0}\right) + E_c\right] \tag{8.2.3}$$

位错的这种排列方式正好在晶体内形成了小角度晶界。而式(8.2.3)中的 γ_{sa} 即是这种小角度晶界的界面能。上面分析的只是刃位错形成小角度晶界的机制。这种分析也可用于螺位错和混合位错,即这类位错也可以形成低能状态的稳定结构,只是这种结构通常是网状结构。由于刃位错、螺位错及混合位错组态的改变,在三维空间内形成封闭网状结构,即各种稳态小角度晶界,改变了冷变形状态下晶体内位错的杂乱分布状态,并因释放一定能量而变得较为稳定。随着小角度晶界内位错的增多,即 d 变小,θ 变大,位错的能量会继续降低。当亚晶进一步长大和互相吞并,也可以生成大角度晶界。

8.2.4 多边形化及亚晶的形成

冷变形后金属的各个滑移面上排列有许多位错,它们的应力场会使金属点阵发生畸变[见图 8.2.4(a)]。回复过程使位错结构发生变化,进而形成如图 8.2.4(b)所示的一系列小角度晶界。这些小角度晶界把晶体划分成许多无畸变

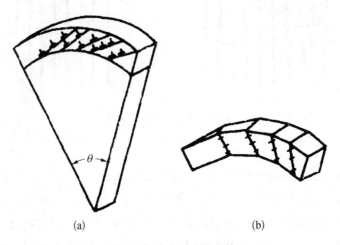

(a)   (b)

图 8.2.4 冷变形金属晶体

(a) 冷变形后金属点阵奇变;(b) 回复时出现多边形化

的亚晶,晶界上位错应力场涉及的范围很短,这一过程称为多边形化。这一过程可以在弯曲变形的 Fe - 3.25%Si 单晶体内清楚地观测到。另外,冷变形生成的胞状结构也会在回复过程中转变成亚晶结构。这主要表现为在回复过程中胞壁变薄,而且胞壁也因其位错结构较规则而显得更加清晰。同时,胞的尺寸逐渐变大,胞内的位错密度也会进一步降低。

8.2.5　回复动力学

冷变形金属材料在回复过程中,其物理或其他性质会发生变化,如储存能的释放、电阻率下降、硬度降低、X 射线衍射花样的变化等。在开始阶段,这些性质的变化非常快,然后随着回复的进行逐渐变缓。对这些性质变化的观测结果表明,等温回复速率反比于回复时间,即

$$\frac{\mathrm{d}x}{\mathrm{d}t} = \frac{a}{t} \tag{8.2.4}$$

式中,x 是材料已回复部分的体积分数,它可由回复过程中某一性质相对于全回复过程变化总量的分数反映出来;t 是时间;a 是与回复温度有关的常数。在给定的温度下,将式(8.2.4)积分,有

$$x = a \ln t + b \tag{8.2.5}$$

式中,b 也是与温度有关的常数。回复是一个热激活过程,所以应该有

$$\frac{\mathrm{d}x}{\mathrm{d}t} = \frac{a}{t} = A \exp\left(-\frac{Q_r}{kT}\right) \tag{8.2.6}$$

式中,Q_r 是与回复过程有关的激活能;A 是速率常数。式(8.2.6)两边取对数,有

$$\ln\left(\frac{\mathrm{d}x}{\mathrm{d}t}\right) = \ln\left(\frac{a}{t}\right) = \ln A - \frac{Q_r}{kT} \tag{8.2.7}$$

由上式可得,$\ln(1/t)$ 与 $1/T$ 成线性关系,斜率为 $\frac{Q_r}{k}$。图 8.2.5 给出了在单晶锌上实测到的 $\ln(1/t)$ 与 $1/T$ 的线性关系[4]。可以发现,在 $x = 0.1 \sim 0.4$ 的范围内,所有直线斜率都相同,这表明在这个范围内的回复激活能大致相等。

实际金属的回复过程往往比较复杂,受回复程度影响,回复激活能也不一定

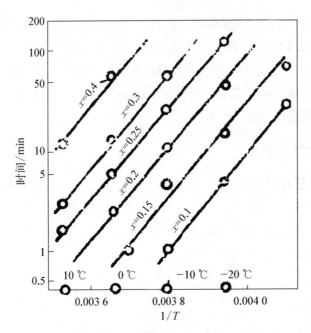

图 8.2.5 应变硬化回复所需时间与温度的
关系(单晶锌在 50 ℃发生纯切变)

是常数。通常,可以认为激活能与回复相对量之间成线性关系[5],即

$$Q_r = Q_0 - n(1-x) \tag{8.2.8}$$

式中,n 是常数;Q_0 是回复过程完成时的回复激活能。将式(8.2.8)代入式
(8.2.7),有

$$x = \frac{\dfrac{kT}{n}\ln t + \dfrac{kT}{n}\ln A}{a} - \frac{Q_0 - n}{n} \tag{8.2.9}$$

可见,式(8.2.9)与式(8.2.5)的形式相同。图 8.2.6 给出了单晶铝拉伸变形后回
复激活能与相对残余加工硬化的线性关系。一般认为,图 8.2.5 与图 8.2.6 所反
映的回复激活能上的差异是由于材料与实验条件不同。

如前所述,回复过程中位错的攀移可使位错偶极子对消,进而降低位错密度
ρ。这一过程一般认为是二级动力学过程,因此可以表达为

$$\frac{d\rho}{dt} = \frac{A}{t^2} \tag{8.2.10}$$

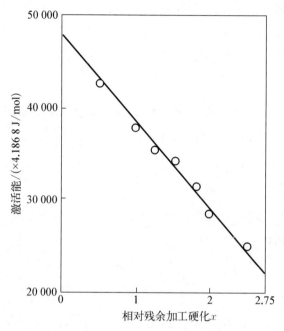

图 8.2.6　加工硬化回复激活能与回复程度的关系

式中，A 是与温度有关的常数。分析一些金属的回复过程，的确可以观察到二级动力学过程。

8.3　再结晶形核

再结晶形核是一个比较复杂的过程，这一过程可能从几十个或几百个原子范围的微观尺度开始发生，并常常局限于变形基体的局部。从实验角度来讲，光学显微镜的分辨率不够大，且不便确定晶粒的取向；而电子显微镜分辨率高，但令观察的试样范围很小。因此，人们难于捕捉到再结晶形核过程的起始行为。金属再结晶形核的理论至今还很不完善，尚有不同的理论来描述这一过程。下面介绍几种常见的理论。

8.3.1　经典形核

经典形核理论认为，在变形结构中借助点阵结构的能量起伏可以形成具有长大能力的核。这也是所谓的均匀形核或自发形核过程。在这一过程中，一方面由于低位错密度结构的形成，自由能降低；另一方面由于生成的新核与基体的

界面,自由能升高。设生成的核为球状,其半径为 R,则生成这种核所造成的自由能的变化为

$$\Delta G = -\frac{4}{3}\pi R^2 \Delta G_V + 4\pi R^2 \gamma \tag{8.3.1}$$

式中,ΔG_V 是变形基体与新生核之间的自由能差;γ 是相应的界面能。当 $\mathrm{d}\Delta G = 0$,即 ΔG 达到其极大值 ΔG_c 时,相应的核半径 R_c 即为临界核尺寸,且有

$$R_c = \frac{2\gamma}{\Delta G_V} \tag{8.3.2}$$

半径大于 R_c 的核可以自发长大。生成临界 R_c 所需的临界形核功 ΔG_c 可用如下计算式求得:

$$\Delta G_c = \frac{16\pi\gamma^3}{3(\Delta G_V)^2} \tag{8.3.3}$$

由于冷变形材料的位错密度约为 $1 \times 10^{16}/\mathrm{m}^2$,所以可以相应设 ΔG_V 为 10 MPa。另外,可设 $\gamma \approx 1 \ \mathrm{J/m}^2$,根据式(8.3.2)和式(8.3.3)可求出核的临界半径 $R_c = 200 \ \mathrm{nm}$,临界形核功 $\Delta G_c \approx 1.675\ 5 \times 10^{-13} \ \mathrm{J}$。根据能量起伏的观点,形核率应与 $\exp\left(-\dfrac{\Delta G_c}{kT}\right)$ 成正比,由此关系计算出的形核率太低,因而实际金属不可能依靠这种机制形核。

上述分析表明,再结晶的形核过程不可能是经典的自发形核过程,但是经典形核理论提供了一个临界形核尺寸的概念,即再结晶晶核必须大于某一尺寸才能自发生长。由于能量起伏实际不能生成再结晶晶核,因此,人们不得不设想大于临界尺寸的再结晶晶核已存在于变形基体内。

8.3.2 应变诱发晶界移动形核

解释再结晶形核过程通常要说明再结晶晶核与变形基体之间是怎样形成可动性好的大角度晶界的。变形金属通常是多晶体,因此常常会有许多大角度晶界。由于各晶粒取向的差别,当冷变形量很低时,不同取向的晶粒所经受的变形量可能不同,因而它们的位错密度会有所差别。晶界两侧位错密度的这种差别在一定条件下会造成该晶界向高位错密度一侧移动。当变形量较高时,大角度晶界两侧的位错密度没有本质区别,因而不会出现上述驱使晶界单

向移动的驱动力。如果大角度晶界两侧的晶体由于取向或其他因素的影响，在回复过程中进行了不同的结构调整，从而造成位错密度上的差异，则驱使晶界单向移动的驱动力也会因此而产生，进而形成再结晶晶核。这一形核过程可以晶界弓弯的方式进行。如图 8.3.1 所示，2a 长度上晶界弓弯成半径为 R 的前球冠形，弓弯晶界继续移动，造成相应界面能的上升和体积自由能的降低。由此，借助经典形核理论并参考式(8.3.2)，可求出临界弓弯半径 R 与晶界弓弯长度 a 之间的关系为

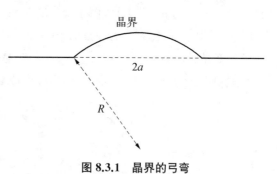

图 8.3.1　晶界的弓弯

$$a = R_c = \frac{2\gamma}{\Delta G_V} \tag{8.3.4}$$

采用通常设定的 γ 和 ΔG_V 值可知，R_c 应为 200 nm。这一尺寸明显小于变形结构中存在的晶粒尺寸，因此原则上讲，晶界形核完全是可能的。

晶界弓弯的条件是驱使大角度晶界向两侧移动的驱动力不同。在加热时，位错的对消和结构调整可以引起大角度晶界两侧局部区域的不平衡。例如，这种不平衡可以是由不平衡的亚晶长大造成的。此时，较大尺寸的亚晶与近邻晶粒的较小尺寸的亚晶接壤，这样就具备了下面几个有利于晶界移动的条件：首先，两亚晶之间是大角度晶界，有较好的可动性；其次，较大的亚晶尺寸可能大于相应的临界尺寸；最后，由于较大尺寸亚晶的位错结构调整比较彻底，位错密度比较小，因而造成晶界向小尺寸亚晶方向移动的单向驱动力，在这种晶界上得以生成可以长大的再结晶晶核。

在一些情况下，晶界形核并不是重要的形核方式，例如，冷变形的单晶也会发生再结晶。另外，当变形量极强时，变形金属中会出现非常锋锐的变形织构，变形基体内保留大角度晶界的概率较小，这时上述大角度晶界弓弯形核的机制不容易出现。

8.3.3　亚晶形核

在冷变形金属的亚晶结构中，如果一个不与大角度晶界邻接的亚晶吞并与之邻接的其他亚晶而以不连续的方式长大时，它也可以成为再结晶晶核。这种吞并

的驱动力来自亚晶界面的减少,同时这种吞并过程也使得长大的亚晶与近邻亚晶的取向差变大。图 8.3.2 展示了亚晶吞并长大的过程。在这一设想的过程中,小角度倾侧晶界上的刃位错通过攀移而离开亚晶界,造成亚晶的消失,从而使两个小亚晶变成一个大亚晶。一方面,由于长大的亚晶与环境之间取向差的加大,减少了亚晶随后连续生长的困难。另一方面,在非均匀变形区出现的亚晶长大比较容易生成大角度晶界。例如,在剪切带上,长条状亚晶在其不连续的吞并长大过程中可以很快地积累起与环境较大的取向差,进而生成易动的大角度晶界。

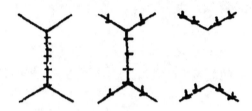

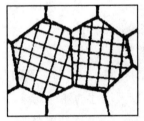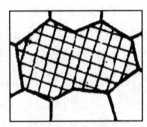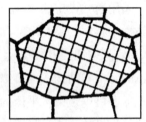

图 8.3.2　亚晶长大示意图

由于根据亚晶的逐步吞并长大而估算出的形核速度明显低于实际测量到的形核速度,因此有人设想了更快的亚晶长大模型。如图 8.3.3 所示,由于亚晶界交点上界面张力的作用,为保持张力的平衡,亚晶界会发生相应转动[6]。这样,较长的条状亚晶的两侧界面会在转动中互相接触并消失。如果两侧的亚晶尺寸也比较大,则这个过程比较容易进行,这相当于三个较大亚晶同时合并。这个过程可以不断进行,因此在界面张力的促进下可以明显加速亚晶长大成核的过程。设长条状亚晶长为 d_c,宽为 d_t,近邻亚晶的长度为 d_r,弯转亚晶界能为 γ_t,近邻亚晶间界面能为 γ_r,则可推导出亚晶快速吞并的条件为

$$d_c > \frac{4}{3}\left(d_r + d_t \sqrt{4\frac{\gamma_t^2}{\gamma_r^2} - 1}\right) \tag{8.3.5}$$

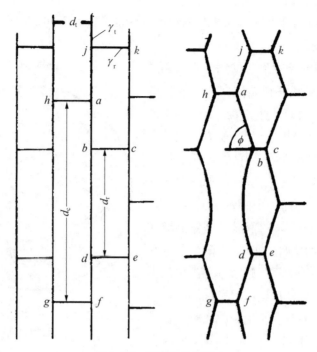

图 8.3.3　亚晶的快速长大

　　把实测 d_r、d_t 的平均值和较大亚晶的尺寸 d_c 代入式(8.3.5)，可以发现通常的情况能够满足这一关系式。分析与实际观测表明，剪切带变形区可以提供良好的形核和核长大的条件。通常剪切带具有较高的储存能，有利于快速形核。另外，剪切带区内亚晶取向的多样性也为不同取向核的生成创造了条件，从而增大了大角度晶界产生的可能性，有利于亚晶进一步快速长大。

8.3.4　孪生形核

　　孪生形核是影响较大的一种点阵转变形核机制。孪生产生的孪晶与其基体之间有一个镜面，称为孪晶面。在面心立方金属中，这一平面是{111}晶面。基体与孪晶之间的取向关系可以表示成绕相应的{111}面法线转 60°。面心立方点阵的基体可以有四种孪晶关系，因为面心立方点阵有四个{111}面。这四个孪晶取向称为基体的第一代孪晶，基体的孪晶可以再产生进一步的孪晶。如第一代孪晶的孪晶称为第二代孪晶，依此类推，可有更高代次的孪晶出现。第一代孪晶的孪晶只有三个可能的新取向位置，因为第四个取向位置即是产生第一代孪晶的基体本身。由此可见，由基体出发，经过不同代次的孪生繁衍，可以达到几乎所有可能的取向,即调整不同孪晶的代次和孪晶方向几乎可获得与基体所有可能的取向关系。

在铜单晶拉伸变形时的动态再结晶过程中,可以观察到从初始取向开始发生的一系列不同代次的孪生过程。图8.3.4给出了相应的{111}极图[7-8]。所有出现的取向构成了一个孪晶系列,它们包括基体以及第一、第二和第三代孪晶。极图中所示的第二代孪晶是组织图中较大的再结晶晶粒 a。这个迅速长大的孪晶与基体的取向关系为绕二者共有的⟨111⟩轴转30°,或写成30°⟨111⟩转动关系。通过孪晶产生的再结晶晶核,不仅可以具有大角度晶界,而且可以实现特定的有利于生长的取向关系。

电镜观察也可以证实孪晶形核的存在。在面心立方金属再结晶的初始阶段,

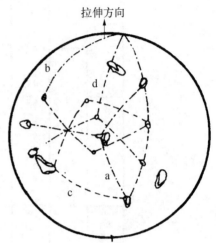

拉伸方向

图 8.3.4　冷拉铜单晶再结晶后的孪晶取向

胞壁内的位错会造成某些半位错扩展到相邻的胞结构内的某{111}面上,当这种由胞壁萌生的半位错在相应胞结构内扫过时,可生成孪晶取向。分析表明,当这样的孪晶碰到取向有所偏差的其他亚晶时,会失去与周围环境60°⟨111⟩的孪晶关系,因而形成通常可动性较高的大角度晶界。

8.3.5　位错塞积形核

变形金属中存在的某些位错塞积区也可以成为有利于再结晶晶核生成的部位。例如,再结晶晶核可以在第二相析出物上形成,也可以在三个或三个以上的晶界相交处形成。一方面,冷变形过程中析出物或多个晶界交接处附近会有较高的位错密度,这些区域对形核较为有利。另一方面,现存的析出物相界或晶界也可以成为核的一部分界面,从而降低形核的阻力。一般认为,如果在变形过程中,金属组织中的任何缺陷结构不被位错滑移及其他变形机制切过或消除,则会在其周围出现位错塞积的现象,进而形成高位错密度区,即高储能区。变形组织中坚硬的第二相颗粒及多个晶界交接处就属于这种情况。这种缺陷结构在加热时容易首先发生变化,从而提供形核的机会。

冷变形后的金属处于不稳定状态,有很强的再结晶倾向。再结晶一般都是

由形核及核的生长开始,但从上面的分析来看,虽然各种形核理论都获得了实际观测证据的支持,但金属中并没有一个统一的形核机制。

原则上,传统的自发形核理论不能成为再结晶形核的机制,因为它的形核功太大,实际上不可能有这种形核过程。孪生形核时会产生不同的孪晶界,它通常在低层错能金属中出现。在析出物上形核也只有当金属中的合金元素以析出形式出现时才有可能。亚晶吞并长大形核往往需要金属在形核时有比较明显的多边形化过程以形成亚晶,或有较为鲜明的胞状结构,这些都要求金属的层错能不能太低。由此可见,不同的金属再结晶形核时,其形核的方式会有不同的倾向,实际金属再结晶的形核过程中总是要采用一种最容易实现的形核方式。另外,形成的再结晶晶核必须具备较强的生长能力,也就是说,它必须具有足够大的尺寸和低的缺陷密度,同时与周围环境的界面必须是大角度晶界。

8.4　再结晶晶粒长大

金属再结晶过程总是在一定温度下完成的。从理论上来说,冷变形金属处于不稳定状态,在任何一个高于绝对零度的温度下,冷变形金属都可以借助热激活完成再结晶过程。只是随着温度的降低,完成再结晶所需的时间会成指数关系增长,直至达到天文数字。因此,通常所说的再结晶温度指的是在有实际意义的时间内完成再结晶过程所需的温度。热激活决定了形核和再结晶过程,所以温度的微小变化会使再结晶完成所需的时间有很大的变化。初次再结晶一般是通过再结晶晶核的生长及相应大角度晶界的移动来进行的。

8.4.1　晶界迁移

晶界一侧的原子在热激活作用下会跳到晶界另一侧晶粒的点阵上,这一过程一般不会造成晶界的移动。当晶界承受某种驱动力时,则晶界两侧的原子会出现定向跳动的现象。若设一个原子的体积为 b^3,则每个原子的这种定向跳动所释放出的自由能为 pb^3。这样就可以计算晶界移动速度为

$$v = b\nu c_{eb}\left[\exp\left(-\frac{\Delta G_w}{kT}\right) - \exp\left(-\frac{\Delta G_w + pb^3}{kT}\right)\right] \tag{8.4.1}$$

式中,ν 为原子振动频率(约为 $10^{13}/s$);c_{eb} 为晶界上的空位密度;b 为原子垂直于晶界跳动的距离;ΔG_w 为原子于晶界上扩散跳动时所需克服的能垒。

前面已估算出再结晶的驱动力 p 约为 10 MPa,如果参考常见的金属,设 $b=2.5\times10^{-10}$ m,$T=500$ K,则可算出 $\dfrac{pb^3}{kT}$ 约为 $0.02(k=1.381\times10^{-23}$ J/K$)$。

一般情况下可以认为 pb^3 远小于 kT,因此将式(8.4.1)中的 $\exp\left(-\dfrac{pb^3}{kT}\right)$ 项展开成幂级数时,可近似地只取前两项,进而将式(8.4.1)改变为

$$v \approx b\nu c_{\text{eb}}\exp\left(-\frac{\Delta G_{\text{w}}}{kT}\right)\left(1-1+\frac{pb^3}{kT}\right)$$

$$= b^4\nu c_{\text{eb}}\frac{1}{kT}\exp\left(-\frac{\Delta G_{\text{w}}}{kT}\right)p = mp \tag{8.4.2}$$

式中,m 为迁移率,表示为

$$m = \frac{b^2 D}{fkT} = \frac{b^2 D_0}{fkT}\exp\left(-\frac{Q_{\text{m}}}{kT}\right) = m_0\exp\left(-\frac{Q_{\text{m}}}{kT}\right) \tag{8.4.3}$$

由此可见,晶界迁移的激活能与晶界自扩散激活能相同。在高纯金属中实测到的这两个激活能也确实很接近。如在高纯铝中实测的晶界自扩散激活能 Q_{D} 为 1.057×10^{-19} J,晶界迁移激活能 Q_{m} 为 1.089×10^{-19} J。可见式(8.4.2)所示的晶界迁移速度也只适用于高纯金属。当金属中含有杂质原子,哪怕含量很少,都会使晶界实际的迁移速度和迁移率明显偏离式(8.4.2)和式(8.4.3)给出的关系。一般来说,可以认为晶界迁移速度 v 与 p^n 成正比,而且 $1\leqslant n\leqslant12$。当然,除了杂质原子外,还会有其他影响因素使实际晶界的迁移速度偏离式(8.4.2)和式(8.4.3)所表达的关系。

式(8.4.2)和式(8.4.3)中没有考虑晶界两侧晶粒取向变化对晶界迁移速度的影响。实验表明,两晶粒取向变化时,它们之间晶界的迁移率会发生某种规则性变化。在铝中发现当一晶粒取向绕它的某一〈111〉轴转大约40°可到达其相邻晶粒的取向上时,两晶粒间的晶界有很高的可动性。它们之间的取向关系可以简化地表达成40°〈111〉。在锌中观察到的这一关系为30°〈0001〉,在 Fe-3%Si 合金中为27°〈110〉。另外,晶界的方位对其迁移率也有一定影响,如铝中倾侧特性高的晶界易于迁移。

有人对纯铅做了研究,发现另外一种与晶粒取向有关的晶界迁移运动。研究表明,低倒易密度的重合点阵晶界具有较好的迁移特性。当材料的纯度提高时,则晶界的迁移速度受晶粒取向的影响会减弱[9]。一般认为晶界上杂

质原子的作用造成了这一现象。晶界上通常或多或少吸附着一些杂质原子，由于低倒易密度的重合点阵原子排列的规则性，相应的晶界上往往不能吸附很多杂质原子。当杂质原子含量增加时，非低倒易密度重合点阵晶界的可动性明显下降，因此，可以推断纯金属中所有大角度晶界都应有相似的迁移率。这一推断在双晶铝的实验观测中得到了证实（见图 8.4.1）。由图 8.4.1 可见，高纯铝中大角度晶界的迁移激活能与晶粒取向基本无关，而杂质原子数略高的纯铝中若干重合点阵位置处的晶界有较低的迁移激活能。但是当杂质含量进一步提高（99.97% Al）时，这一规律又变得不明显，因此这种推断尚未被普遍接受。

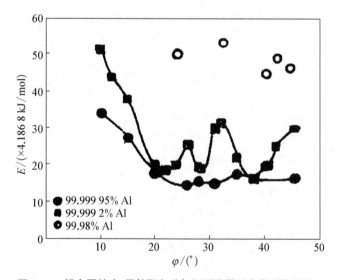

图 8.4.1　铝金属纯度、晶粒取向差与倾侧晶界迁移激活能的关系

8.4.2　再结晶生长动力学

初次再结晶是通过再结晶晶核的生成及其生长来完成的，这一过程受到形核率 N 和线生长速率 v 的影响。这两个参数可以定义如下：

$$N = \frac{\dfrac{\mathrm{d}z}{\mathrm{d}t}}{1-x} \tag{8.4.4}$$

$$v = \frac{\mathrm{d}R}{\mathrm{d}t} \tag{8.4.5}$$

式中,x 为材料中已再结晶的晶体体积分数;t 为时间;R 为再结晶晶粒的半径;z 为单位体积内新生成的晶核数。

因此,N 是材料未再结晶的晶体在单位时间、单位体积内新生成的晶核数。这里要强调的是,z 只表示那些最终能够生长成晶粒的晶核。因为在很多情况下,晶体内会有更多的晶核形成,但其中一部分会在再结晶的初期被其他生长更快的晶核所吞并,而最终并不能被观测到或对材料性能产生重大影响。这里把晶粒的生长简化成等轴晶的生长,所以晶粒半径设为 R。图 8.4.2 给出了经 5% 拉伸的纯铝在 400 ℃时,加热时间 t 与晶体再结晶量 x 的关系[10]。这一关系通常可以表达成

$$x = 1 - \exp\left[-\left(\frac{t}{t_R}\right)^s\right] \tag{8.4.6}$$

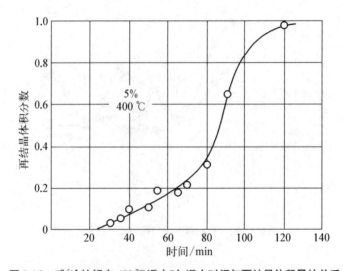

图 8.4.2 5%冷拉铝在 400 ℃退火时,退火时间与再结晶体积量的关系

式中,t_R 为再结晶时间;s 为时间指数。由式(8.4.6)可算出,当 t 大于 t_R 时,有 63% 以上的晶体完成了再结晶,设再结晶过程中再结晶晶粒在互相接触之前为等轴状,且各向同性生长,再结晶晶核均匀分布在变形基体内,生长速率 v 与形核率 N 在整个再结晶过程中始终保持为常数。由此可做如下推导。

当再结晶时间 $t > 0$ 时,在 $t_0 < t$ 时生成的核的体积为

$$V = \frac{4}{3}\pi\left[(t - t_0)v\right]^3 \tag{8.4.7}$$

且体积增长微量为

$$dV = 4\pi(t - t_0)^2 v^3 dt \tag{8.4.8}$$

再结晶晶核的这种生长过程只能在材料未再结晶的那一部分中进行,这一部分的体积百分数可表示为 $1 - x(t)$。 因此,再结晶晶粒体积的实际增长量应为

$$dV' = [1 - x(t)]dV = 4\pi v^3 (t - t_0)^2 [1 - x(t)]dt \tag{8.4.9}$$

由于形核率 N 是常数,所以由 t_0 开始在 dt_0 时间内单位体积中新生成的晶核数为 $N dt_0$。 这样,这些核在 t 时刻产生的体积增量为

$$dx_0 = 4\pi v^3 (t - t_0)^2 [1 - x(t)]dx N dt_0 \tag{8.4.10}$$

若考虑 0 到 t 时刻之间所有新生成的晶粒对已再结晶晶体体积增量 $dx(t)$ 的影响,则有

$$dx(t) = \int_0^t dx_0 dt_0 = \frac{4}{3}\pi v^3 t^3 N[1 - x(t)]dt \tag{8.4.11}$$

由此可知,对任意时刻 t,相应再结晶晶体体积的总分数为

$$x(t) = \int_0^t dx(t) = 1 - \exp\left(-\frac{\pi}{3}Nv^3 t^4\right) \tag{8.4.12}$$

这一关系式与图 8.4.2 所示的曲线本质上一样。在再结晶的初始阶段,各再结晶晶粒互相独立生长,这时式(8.4.12)可简化为

$$x(t) \approx 1 - \left(1 - \frac{\pi}{3}Nv^3 t^4\right) \approx Nv^3 t^4 \propto t^4 \tag{8.4.13}$$

因此,x 与 t 呈四次抛物线形曲线关系。随着时间的延长,当再结晶晶粒不断生长并互相接触时,x 的增长量会逐渐降低。由式(8.4.12)可以看出,当 t 趋于无穷大时,$x(t)$ 趋于常数 1。因此,式(8.4.12)定性地描述了图 8.4.2 所示的关系。图 8.4.3 所示为再结晶温度与再结晶时间的关系。

把式(8.4.6)代入式(8.4.12)即可求出再结晶时间为

$$t_R = \sqrt[4]{\frac{3}{\pi Nv^3}} \tag{8.4.14}$$

利用式(8.4.5)可求出再结晶晶粒尺寸为

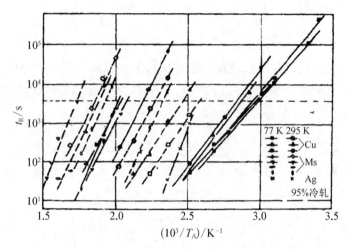

图 8.4.3 不同材料再结晶温度与再结晶时间的关系(Ms 表示黄铜)

$$d = 2R = 2\int_0^{t_R} v\mathrm{d}t = 2vt_R = 2\sqrt[4]{\frac{3v}{\pi N}} \tag{8.4.15}$$

可见,再结晶时间 t_R 和再结晶晶粒尺寸 d 均由形核率 N 和生长速率 v 决定。晶界移动和再结晶晶核形成都是热激活过程,如果这两者的激活能分别是 Q_V 和 Q_N,则有

$$v = v_0 \exp\left(-\frac{Q_V}{kT}\right) \tag{8.4.16}$$

$$N = N_0 \exp\left(-\frac{Q_N}{kT}\right) \tag{8.4.17}$$

式中,常数 v_0、N_0 与温度无关。把式(8.4.16)和式(8.4.17)代入式(8.4.14),则可得出再结晶时间与再结晶温度的关系为

$$t_R = \sqrt[4]{\frac{3}{\pi N_0 v_0}} \exp\left(\frac{3Q_V + Q_N}{4kT}\right) \tag{8.4.18}$$

可见,当再结晶温度下降时,再结晶时间 t_R 呈指数上升。图 8.4.3 给出了不同面心立方金属冷轧后所测得的再结晶时间与再结晶温度的关系。由图可以看出,$\lg t_R$ 与 $1/T$ 成线性关系。由这些直线的斜率可以算出形式上的初次再结晶激活能为 $\dfrac{3Q_V + Q_N}{4}$。

把式(8.4.16)和式(8.4.17)代入式(8.4.15)即可求出再结晶晶粒尺寸 d 与温度 T 的关系为

$$d = \sqrt[4]{\frac{48v_0}{\pi N_0}} \exp\left(\frac{Q_N - Q_V}{4kT}\right) \tag{8.4.19}$$

由式(8.4.15)与式(8.4.19)可以看出,再结晶的形核及长大两个过程对再结晶晶粒有相反的影响。形核率升高会造成组织细晶,而当生长速率增大时,则会造成组织粗晶。

在许多情况下,激活能 Q_V 与 Q_N 基本上相等,因此,根据式(8.4.19),初次再结晶晶粒尺寸应与再结晶温度无关。这一点也经常可以在金属的再结晶过程中观察到。在有些情况下(例如铝),形核激活能 Q_N 很高,因此也可能出现初次再结晶晶粒尺寸随再结晶温度升高而变小的现象。

冷变形量的增加同时会造成形核率和生长速率的增加,根据式(8.4.14)可知,这会引起再结晶时间的缩短。但冷变形量对形核率的影响较大,因此,根据式(8.4.15)可知,冷变形量的增加会造成再结晶晶粒尺寸的减小。

合金元素和杂质原子对形核率和生长速率亦有重要影响,溶质原子会降低生长速率,一般也会降低形核率。当溶质原子含量很少时,它们对 v 值和 N 值的影响往往基本相同,因而对再结晶晶粒尺寸的影响不大,但会明显影响再结晶时间。当合金元素或杂质原子含量较高时,形核率会升高,其原因往往在于与纯金属冷变形结构上的差异。

在实际金属的再结晶过程中,用于推导式(8.4.12)所用的假设通常并不能够完全满足。一般观测到的晶核生长速率往往随时间的延长而降低,而且其生长也不可能完全各向同性。同时,再结晶初期的形核率很低,且随时间的延长而迅速增加。图 8.4.4 给出了铝拉伸变形后形核率与退火时间的关系。由图可见,不同再结晶时间的形核率可以是极不相同的。此外,在很多情况下形成的晶核经常不均匀地分布在变形基体之中。尽管这些现象偏离了为推导式(8.4.12)所建立的前提,但由此推导出来的种种关系式仍有助于定性分析再结晶过程,并且常常起着十分重要的指导作用。

8.5　合金的再结晶

人们熟知,工业上能够遇到的金属都不是纯金属。即使是溶质原子量很小

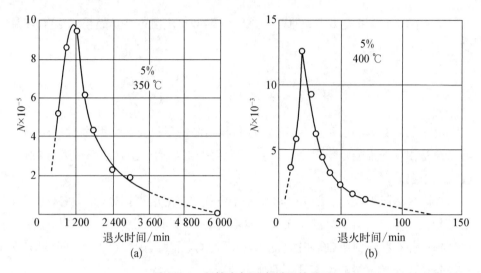

图 8.4.4 形核率与退火时间的关系

(a) 350 ℃退火；(b) 400 ℃退火

的固溶体,其再结晶行为也会明显区别于相应纯金属的再结晶行为。进行再结晶的温度和时间是描述固溶体再结晶行为的重要参数,在这方面人们对铝基固溶体的研究最为深入、细致且系统化。

8.5.1 单相固溶体的再结晶

如上一节所述,再结晶是一个热激活过程。这也意味着在这一过程中,任何小的再结晶温度波动都会对应很大的再结晶时间(成指数关系)的改变。当金属纯度提高时,金属的最低再结晶温度会降低。尤其是对于高纯铝,它在室温以下就会发生再结晶,所以这种金属在室温下不能保持变形结构。如果二元合金中微量的第二元素原子以析出物的形式存在,则它对金属初次再结晶的影响也会发生某种变化。

8.5.1.1 固溶体再结晶的一般规律

图 8.5.1 给出了纯铝以及含 0.01%(原子百分数)不同元素的二元铝基固溶体再结晶温度与再结晶时间的关系。比较纯铝和铝-铁固溶体可以看出,在相同再结晶时间的前提下,Al－0.01%Fe 固溶体所需的再结晶温度比纯铝高 200 ℃以上。如果设定相同的再结晶温度,则再结晶时间的差别会更大。如纯铝在150 ℃的再结晶时间约为 50 s,而对 Al－0.01%Fe 固溶体,在同样温度推算出来的再结晶时间约为 5×10^{17} s,这相当于 158.5 亿年。这么长的时间实际表明

Al-0.01%Fe 固溶体在 150 ℃不会发生再
结晶。

　　对铝-铁二元铝合金的研究表明,固
溶态的铁原子比析出态铁原子对再结晶
的影响要大很多。在区域熔炼纯铝中加
入 25 ppm 的铁,600 ℃固溶处理并冷轧
后测得再结晶的形核率 N 和生长速率 v
分别为 $N = 3 \times 10^8/(\text{m}^3 \cdot \text{s})$, $v = 7 \times 10^{-8}$ m/s。而同样材料在 400 ℃时效处理
并冷轧后测得其 N 和 v 值分别为 $N = 1.9 \times 10^9/(\text{m}^3 \cdot \text{s})$, $v = 10^{-6}$ m/s。由此可
见,外来原子从固溶体析出后提高了再结
晶的形核率和生长速率[11]。根据式
(8.4.14) 可知,这会加快再结晶过程。

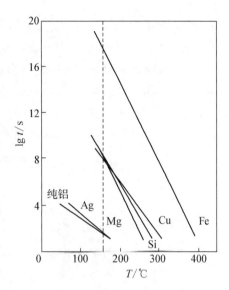

**图 8.5.1　微量第二组元对纯铝再
结晶温度的影响**

　　原则上讲,杂质原子对再结晶的形核和随后的长大都会有影响,但从实验角
度讲,很难判断杂质原子对哪一个过程影响大一些。因为在再结晶时,这两个过
程都在进行。例如,测定形核率,当人们看到某些小晶核时,实际上这些晶核已
经生长了一段时间,因而掺进了生长的因素。一般的实验观察认为,溶质原子主
要影响再结晶晶粒的生长。图 8.5.2 给出了利用电子显微镜分析获得的铝中杂
质元素含量对亚晶生成温度(如多边形化)及亚晶生长温度的影响[12]。这里的

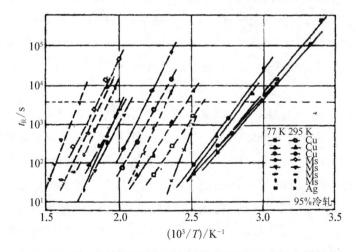

图 8.5.2　铝中杂质元素对亚晶生成温度及亚晶生长温度的影响

亚晶生长实际上是指一种再结晶晶核的生成和生长。图8.5.2表明杂质元素对亚晶生长温度的影响要比对亚晶生成温度的影响强得多,尤其是在低杂质含量时,这一倾向更为明显。人们常常会观察到溶质原子对金属再结晶行为相反的影响。图8.5.3显示了铝基固溶体中镁含量对再结晶的影响。当镁含量很低时,形核率和生长速率都随镁含量的上升而降低,其中生长速率的变化十分明显。但当镁含量大于0.5%时,生长速率略呈上升趋势,而形核率却急剧上升。

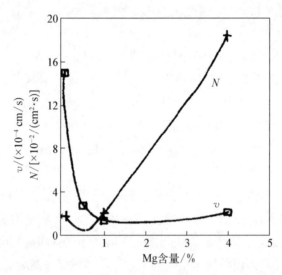

图8.5.3 铝中镁含量对形核率 N 和生长速率 v 的影响

溶质原子与溶剂原子的化学交互作用和弹性交互作用(如固溶体层错能的变化)使溶质原子在冷变形时就会对金属结构有较复杂的影响,再加上再结晶加热过程中可能产生的形核行为的复杂化和多样化,对固溶体形核行为进行分析较为困难。至今尚无统一的理论以解释溶质原子对固溶体再结晶形核的影响。

在铜基固溶体中,溶质原子的影响与在铝基固溶体中相似[13]。例如,在电解铜中加质量百分数为0.02%的银、0.01%的磷或少许砷都会提高再结晶激活能和再结晶温度。在铜基固溶体中,银含量的增加直至饱和状态始终可使再结晶温度不断升高。分析表明,溶质原子银降低了初次再结晶的形核率和生长速率。铜基固溶体中的铝原子也有类似的影响。在铜中加入原子百分比为0.04%的铝,可以提高开始再结晶温度,但若进一步加入铝原子,则这种效应就不再明显加强。若加入原子百分比为0.04%的铍,其再结晶温度的升高特别明显,并且再结晶温度会随铍含量的增加而进一步上升。一般认为,这些溶质原子在位错附近的偏聚会阻碍空位的扩散,因而造成对回复、形核及再结晶晶粒生长过程的阻碍。

除了溶质原子对再结晶温度的一般影响外,在镍基固溶体中的间隙原子,尤其是碳原子,对再结晶行为的影响较小,而在铁基固溶体中,少量碳、氮原子会减弱冷变形金属的回复效应,同时也会降低再结晶的形核率。其中,氮的作用略比碳强一些。在 Fe-3%Si 合金中,人们发现由于溶质原子在小角度晶界上的偏聚,两个相邻亚晶间的取向差变小,因此再结晶形核速度下降。对六方晶系钛基固溶体的研究表明,在铁、铅、粗、锡和铬等几种溶质原子中,铬对再结晶的阻碍作用最大,而在氮、碳、氧、硼、铍、铝等溶质原子中,固溶强化效果明显的原子促使再结晶温度升高的作用也大。在镁基固溶体中,与镁原子半径相差大的溶质原子可能会更明显地促进再结晶温度的升高[14]。

8.5.1.2　固溶体晶界迁移理论

1) 溶质原子的分布状况

多晶各晶粒内原子的排列是十分规则的。而在晶界上,这种规则性受到较为明显的破坏,并造成晶界上能量的升高。晶界的这种结构状态使得与溶剂原子直径有各种差异的溶质原子倾向于保留在晶界附近。这样,一方面溶质原子的加入不会使溶剂原子的排列受到较大的扰动,即不会造成体系能量的明显升高;另一方面又可以缓解晶界上原子不规则排列引起的弹性能的升高。由此可见,晶界应是溶质原子分布的有利位置。通常认为,除溶质原子与晶界的弹性交互作用能以外的其他交互作用能可以忽略。根据这种分析可知,溶质原子与晶界有某种亲和力 F,且可以表示为

$$F(x) = \frac{dG(x)}{dx} \tag{8.5.1}$$

式中,x 是溶质原子与晶界的距离;$G(x)$ 是两者交互作用的自由能。当 x 为无穷大时,$G=0$。图 8.5.4 给出了函数 $G(x)$、$F(x)$ 和溶质原子浓度分布函数 $c(x)$ 与 x 的关系。可见,溶质原子富集于晶界($x=0$)附近。溶质原子趋向分布于晶界附近也是与温度有关的热激活过程,所以有

$$c_{GB} = c_0 \exp\left(\frac{G}{kT}\right) \tag{8.5.2}$$

式中,c_{GB} 是晶界溶质原子浓度;c_0 是材料溶质原子的平均浓度。

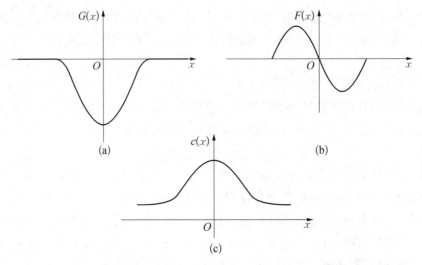

图 8.5.4 晶界附近杂质原子的自由能 G 与晶界交互作用力 F 及原子浓度分布函数

(a) 自由能 $G(x)$；(b) 晶界交互作用力 $F(x)$；(c) 原子浓度分布函数 $c(x)$

在一定温度下,溶质原子可以在晶体的点阵内做扩散运动,因此当晶界迁移时,富集其上的溶质原子会随之拖曳而动。这会造成晶界迁移的反向作用力,因此会阻碍晶界的移动。上一节给出了晶界迁移速度 v 与驱动力 p 的关系。对于初次再结晶,驱动力 p 主要由冷变形生成的位错造成,考虑到溶质原子的作用

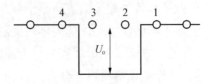

$$v = m(p - p_F) \qquad (8.5.3)$$

式中,p_F 为溶质原子造成的对晶界迁移的拖曳力。

2) 晶界迁移时的溶质气团理论

设晶界为平面,原子垂直于晶界进行扩散运动。图 8.5.5 给出了 A、B 两个晶粒及它们之间的晶界[15]。白方块为 A、B 两晶粒晶体点阵上的原子,影线区为两个原子间距厚度的晶界区。当晶界向右移动一个原子距离时,晶界上一个原子会跳入 A 晶粒的点阵上(见单 * 号所示的原子);同时,B 晶粒点阵上

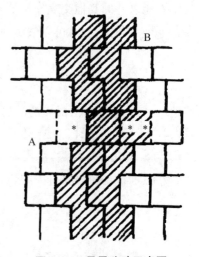

图 8.5.5 晶界移动示意图

一个原子会跳入晶界区(见双 ∗ 号所示的原子)。溶质原子也会做相同的运动，但它的自由能比正常的溶质原子低，两者的差值为 ΔG_0。 当晶界扫过溶质原子向右移动时，溶质原子的自由能状态如图 8.5.5 所示的简化过程，按 1、2、3 和 4 的位置顺序发生起伏变化。设相应位置上溶质原子的浓度为 c_1、c_2、c_3 和 c_4，当晶界右移时，有 $\Delta G_A = [(c_2 - c_3) + (c_3 - c_4)]\Delta G_0 = (c_2 - c_4)\Delta G_0$；晶界左移时，有 $\Delta G_B = (c_3 - c_1)\Delta G_0$。 晶界迁移是热激活过程，参考式(8.4.1)的推导可知有图 8.5.6 所示的能量关系，进而可以推导出

$$
\begin{aligned}
v &= bv\left[\exp\left(-\frac{\Delta G_W + \Delta G_B}{kT}\right) - \exp\left(-\frac{\Delta G_W + pb^3 + \Delta G_A}{kT}\right)\right] \\
&= bv\exp\left(-\frac{\Delta G_W}{kT}\right)\left[\exp\left(-\frac{\Delta G_B}{kT}\right) - \exp\left(-\frac{pb^3 + \Delta G_A}{kT}\right)\right] \\
&\approx bv\exp\left(-\frac{\Delta G_W}{kT}\right)\frac{1}{kT}(pb^3 + \Delta G_A - \Delta G_B) \\
&= \frac{b^4 v}{kT}\exp\left(-\frac{\Delta G_W}{kT}\right)\left[p - (c_3 + c_4 - c_1 - c_2)\frac{\Delta G_0}{b^3}\right]
\end{aligned}
\tag{8.5.4}
$$

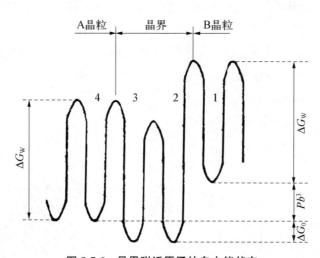

图 8.5.6　晶界附近原子的自由能状态

令晶界扩散系数为 D_B，$D_B = b^2 v\exp\left(-\dfrac{\Delta G_W}{kT}\right)$，晶界移动阻力 $p_F = (c_3 + c_4 - c_1 - c_2)\dfrac{\Delta G_0}{b^3} = \Delta c\dfrac{\Delta G_0}{b^3}$，则晶界移动速度为

$$v = \frac{b^2}{kT} D_{\mathrm{B}}(p - p_{\mathrm{F}}) \tag{8.5.5}$$

根据 $v = m(p - p_{\mathrm{F}})$，可以认为晶界迁移率 $m = \dfrac{b^2 D_{\mathrm{B}}}{kT}$。当晶界静止时，溶质原子在晶界附近对称分布，因而有 $c_3 + c_4 = c_1 + c_2$，且使 $p_{\mathrm{F}} = 0$，即没有溶质原子造成的阻力。当晶界离开原位置后，有 $c_3 + c_4 \neq c_1 + c_2$，即 $\Delta c \neq 0$，进而造成对晶界迁移的阻力 p_{F}。在这种情况下，晶界两侧的溶质原子浓度差越大，则晶界迁移的阻力也越大。由此可见，当晶界迁移，原子在晶界上跳动时也会伴随着溶质原子在晶粒内的扩散。

随晶界迁移速度 v 的升高，Δc 会增大，造成阻力 p_{F} 的升高。当迁移速度高于某一临界值时，参见图 8.5.4 可知，Δc 反而会逐渐降低，因为溶质原子不能通过扩散跟上晶界的迁移，以致最终阻力 p_{F} 降至零。如果把溶质原子在晶界的偏聚看作某种溶质气团，则 p_{F} 为零表示这种气团实际上已经消失，晶界克服了气团的钉扎和阻滞作用而成为像纯金属中那样的自由晶界。分析表明，当温度较低或溶质原子与晶界交互作用较强时（即晶界与晶内溶质原子浓度梯度很大），这种气团效应十分明显。这时晶界迁移明显地受到了溶质原子的阻碍，但当晶界以很小的速度迁移时就可以甩开气团，从而自由迁移。

图 8.5.7 给出了晶界迁移速度与驱动力 p 的关系曲线[16]。图中 $v = mp$ 所表达的直线反映了纯金属中 v 与 p 的关系。当金属中有溶质原子时，参照式 (8.5.5) 及随后的分析可知

$$p(v) = \frac{v}{m} + p_{\mathrm{F}}(v) \tag{8.5.6}$$

此时，p 与 v 不再成线性关系。图 8.5.7 还给出了 $c_1 < c_2 < c_3$ 三种溶质含量固溶体中 p 与 v 的关系曲线。可见溶质原子的存在使 p 与 v 偏离了线性关系。溶质原子含量越高，这种偏离现象越严重。浓度的增加使阻力 p_{F} 也增加，甚至可达到某一最大极限（参见 c_3 曲线）。超过

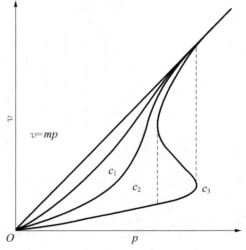

图 8.5.7　晶界迁移速度 v、驱动力 p 及杂质浓度 c 的关系

这一极限后,溶质原子气团效应不再增强(晶界溶质浓度达到饱和值),即晶内与晶界上溶质浓度差不再增长或反而减小,甚至可使晶界高速迁移时的情况与纯金属相差无几。在图 8.5.7 的 c_3 曲线上还可以看到一个不稳定区。当驱动力 p 增大到一定临界值时(见图 8.5.7 中右虚线),即使 p 值不再增长,也会引起晶界迁移速度 v 的自发上升,因为溶质原子的气团效应已被克服,进一步高速迁移所需的驱动力会呈现恒定甚至下降趋势。当驱动力 p 重新下降到某一临界值时(见图 8.5.7 中左虚线),溶质原子的扩散速度将大于晶界的迁移速度,从而在晶界附近又恢复了溶质原子的气团,进而重新阻止晶界的快速迁移。可以发现这一临界驱动力低于使晶界摆脱气团所需的驱动力。因此,在这两个临界驱动力之间有一个中间区,在这个中间区内,一个驱动力值对应两个稳定的晶界迁移速度(见图 8.5.7),分别代表晶界在有气团效应时和克服了气团效应时的迁移速度。

由式(8.5.6)出发,对晶界迁移阻力作进一步细致推导可得[17]

$$p(v) = \frac{v}{m} + \frac{\alpha c_0 v}{1 + \beta^2 v^2} \qquad (8.5.7)$$

式中,α、β 为常数,α 与溶质原子在晶界附近分布时的能量状态有关,β 与溶质原子在晶界附近的扩散系数有关。

与溶质原子晶内扩散相比,当晶界迁移速度很低时,可以近似得到

$$p(v) \approx \frac{v}{m} + \alpha c_0 v \qquad (8.5.8)$$

此时,v 与 $p(v)$ 成线性关系,$1/v$ 与 c 成线性关系。低驱动力和高溶质浓度都会使晶界迁移速度减慢。当与溶质原子扩散相比,晶界迁移速度极高时,可近似有

$$p(v) \approx \frac{v}{m} \qquad (8.5.9)$$

此时,固溶体晶界就如同纯金属中的晶界,可以不受溶质原子拖曳力的影响而自由迁移。这些关系都可以在图 8.5.7 中得到定性的解释。当与溶质扩散相比晶界的迁移速度不是很高也不是很低时,驱动力 $p(v)$ 与速度 v 呈现复杂关系。这一关系通常表现为式(8.5.7)与式(8.5.9)所表达的两种关系之间的某种过渡状态。

8.5.2 两相合金的再结晶

在工业中实际应用的许多金属材料都是多相合金。多相合金指组织结构由两种或两种以上的相组成的金属材料。多相合金涉及的范围十分广泛,其中影响再结晶行为的因素也比纯金属和单相合金要复杂得多。已有的多相合金再结晶方面的研究工作很多,其中多数是对两相合金的研究,主要包括以铝、铜、铁、镍、金、银、铬、钨等金属为基体的各种合金及钢[15]。人们通常从单相金属再结晶的规律出发,分析第二相对合金再结晶行为的影响。这里所说的第二相可以是非共格的析出相、共格析出相或大体积分数的第二相。另外,也可能有某种亚稳相在再结晶过程中发生相变。各种不同的情况加上再结晶自身的各种规律性,使得问题十分繁杂。同时再考虑到合金的多样性及合金化原理的差别,两相合金再结晶的研究工作不得不面临重重困难,人们目前也难以总结出普遍性的规律和较为通用的理论。本节着重介绍两相合金中第二相对基体相再结晶过程的种种影响,并对其规律作适当的讨论。

8.5.2.1 非共格第二相

1) 对变形组织的影响

许多合金中的第二相与可塑变基体没有共格关系(称为非共格第二相)。这种第二相不论成分如何,在合金的塑性变形过程中通常不易发生变形。合金变形时,位错在基体内移动时遇到第二相又不能切过该第二相,因而位错扫过之后会在第二相周围留下一个位错环。随着变形量的增加,第二相附近位错环的积累会逐渐增多,从而造成变形组织中第二相附近的高位错密度区和较大的取向梯度。在铝基合金中,直径为 $0.5~\mu m$ 的 $NiAl_3$ 颗粒附近可以观测到 $18°$ 的取向差。在 40% 变形的 $Al - 4\%Cu$(原子百分比)合金中也可以在直径为 $0.4~\mu m$ 的析出物附近 $20~\mu m^2$ 范围内看到 $18°\sim25°$ 的取向差。这一取向差所涉及的范围相当于第二相颗粒间距的范围。在与基体成分相同且具有同样冷变形量的单相固溶体中,同样的范围内只能观察到 $5°$ 的取向差[16]。

第二相对变形组织的上述影响与第二相颗粒尺寸密切相关。颗粒尺寸变小,则上述效应会变弱。当颗粒尺寸小到一定程度,则测不到上述效应,如同第二相也随之变形了一样。但此时合金的位错密度会比无第二相时高,变形组织的胞状结构会变得模糊,且在高变形量时才能形成。另外,胞状结构的尺寸也会变小。

第二相颗粒间距同样会对变形组织有影响。例如,当间距很小时,第二相颗粒附近的特殊变形结构会互相影响,形成变形交接区,进而影响合金的再结晶行为。第二相颗粒间距、合金中第二相百分比 f 与颗粒半径 r 密切相关,因此很难区分颗粒间距和颗粒尺寸的不同影响。目前还没有学者系统地研究颗粒尺寸和颗粒间距的不同影响,而且不同研究者对颗粒间距和颗粒尺寸的表述方法也不尽相同,这使得各种研究结果的可比性成为问题,有时甚至会出现互相矛盾的结果。

2) 对再结晶形核的影响

大量研究表明,与单相合金相比,非共格第二相的存在既可能加速再结晶的过程,也可能阻碍再结晶的过程。其中,第二相颗粒间距对再结晶过程有特殊且重要的影响。图 8.5.8 给出了铝基合金中第二相颗粒间距与再结晶形核率及相应生长速率的关系。当颗粒间距极大时,相当于单相合金。由图 8.5.8(从右向左)可见,当颗粒间距在一定范围内变小时,合金的形核率明显上升,同时晶界移动速度没有下降趋势,从而促进了再结晶过程的进行;当第二相颗粒间距进一步减小时,形核率 N 和生长速率 v 都会明显下降,因此再结晶过程会受到明显的阻碍。由此可以推断,当第二相颗粒促进再结晶时(见图 8.5.8,第二相颗粒间距在一定范围内,形核率以提高为主)会造成最终较细的晶粒组织;而当第二相颗粒阻碍再结晶时,由于形核率下降速度更快(见图 8.5.8 左侧,第二相颗粒间距较小),则可能造成最终较粗的晶粒组织。

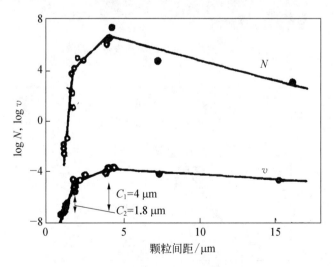

图 8.5.8　铝基合金第二相颗粒间距对形
核率 N 和生长速率 v 的影响

在第二相颗粒间距较大的一定范围内,随着第二相颗粒数目的增多,形核率的增长主要是由于非自发形核的机会增大了。图 8.5.9 给出了在冷轧 60% 的铁基固溶体内观察到的氧化物颗粒附近的非自发形核现象[17]。在变形过程中,第二相周围区域的高位错密度和高取向梯度使得它成为形核的有利位置。高取向梯度使再结晶晶核与基体容易形成可动性好的大角度晶界。另一方面,已知高的位错密度(ΔG_v 高)可以降低核的临界尺寸,进而推动核的生成。需要指出的是,第二相颗粒必须有足够大的尺寸才能在变形过程中在其周围形成高位错密度和高取向差区,并因此促进形核。但这一点并不能在图 8.5.8 所示的关系中反映出来,因为它只考虑了颗粒间距的作用。图 8.5.10 给出了铝基和铜基单相固溶体中观察到的第二相颗粒周围的取向差与颗粒直径的关系。由图可见,只有

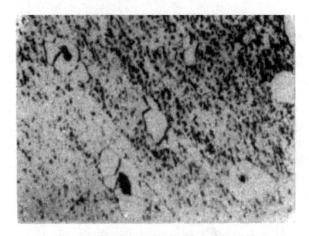

图 8.5.9　铁基合金中的非自发形核现象

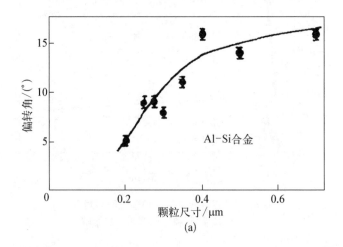

(a)

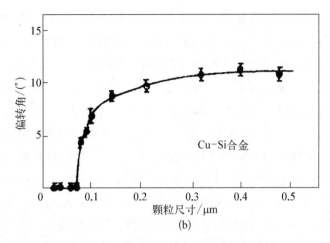

(b)

图 8.5.10　第二相颗粒附近点阵的最大偏转与晶粒尺寸的关系

(a) Al‑Si 合金；(b) Cu‑Si 合金

足够大的第二相颗粒才会造成较大的取向差。实际观察表明,在铝基或铜基固溶体中能引起非自发形核的最小第二相颗粒尺寸为 1 μm,在铁基合金中约为 0.8 μm。图 8.5.11 给出了第二相颗粒附近形核现象与颗粒直径及变形量的关系[18]。由此可见,变形量和颗粒尺寸的增大都有利于非自发形核。

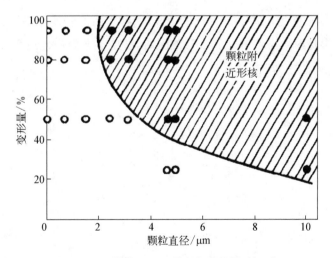

图 8.5.11　冷轧 Al‑Si 合金中变形量、第二相颗粒直径与颗粒附近形核的关系

比较图 8.5.10 与图 8.5.11 可以发现,能够造成较大取向差的颗粒尺寸与实际能够引起颗粒附近形核的颗粒尺寸之间相差一个数量级,即实际能够引起非自发形核的颗粒尺寸要大得多。可见,足够大的取向差并不是造成颗粒附近形核的充分条件。利用高压电子显微镜对铝基固溶体内硅颗粒(直径约为 4 μm)附近非自发形核过程的连续观察和分析表明,形核是由第二相颗粒附近的亚晶生长引起的。这种亚晶并不一定与第二相直接邻接。亚晶界快速移动,直至第二相颗粒附近的高位错密度和高取向差变形区完全被消耗掉。随后,其大角度晶界会移向固溶体基体,或不再生长。分析显示,这里第二相颗粒必须具有足够大的尺寸才能形成它附近如上述较大的特殊变形区,进而使得颗粒附近形成的再结晶晶核的尺寸也比较大。例如,形成的核的尺寸比变形基体内的亚晶尺寸大,进而具有足够强的长入基体的能力,并起到加速再结晶进程的作用。一些分析表明,当大尺寸的第二相颗粒间距变小时,颗粒间变形交接区内所生成的核的尺寸大于单个第二相颗粒附近生成的核。因而这种核更有可能大于临界晶核尺寸,成为具有较强生长能力的再结晶晶核。

　　一般认为,当第二相颗粒很小时,再结晶的形核行为与单相固溶体相似。第二相的存在总会引起变形组织内位错密度升高,这样就导致对具有生长能力的再结晶晶核尺寸有某种特殊要求。设细小第二相造成变形过程中位错密度的上升量为 $\Delta\rho$,再结晶驱动力约为 $\dfrac{(\rho + \Delta\rho)\mu b^2}{2}$。但细小第二相颗粒的存在会阻碍生成具有生长能力的再结晶晶核的生成,这种作用可表现为齐纳(Zener)阻力 p_z(如亚晶形核时对亚晶界位错迁移的阻碍,参见下文分析),且有

$$p_z = \frac{3f\gamma}{2r} \tag{8.5.10}$$

因此

$$R_c = \frac{2\gamma}{\dfrac{1}{2}(\rho + \Delta\rho)\mu b^2 - \dfrac{3f\gamma}{2r}} \tag{8.5.11}$$

一般认为,当第二相颗粒较小时,$\dfrac{\Delta\rho\mu b^2}{2} < 3f\gamma/2r$,且位错密度分布比较均匀。另外,细小颗粒造成模糊的胞状结构也会使形核变得困难。

　　在一般含有第二相的合金中,第二相颗粒的尺寸与间距总有一定关系,因此两者并不是互相独立的。在实际材料的研究与应用中,人们往往不得不分开讨论颗粒尺寸与间距的影响,但只有同时考虑两者的影响才能对再结晶行为做出

正确的判断。这方面有待于进一步全面、深入研究。

　　第二相颗粒的存在无疑会阻碍晶界移动。如图 8.5.12 所示,设晶界移动方向为 x,当晶界扫过半径为 r 的球形第二相颗粒时,颗粒会在与 x 方向夹角为 ω 的方向上对晶界有拖曳力,其大小与晶界能 γ 相等。这个拖曳力在晶界移动方向的分力为 $\gamma\cos\omega$。由于这个力在颗粒与晶界相交的环线上起作用,环线周长为 $2\pi\gamma\sin\omega$,所以总作用力 F_x 为 $2\pi r\gamma\cos\omega\sin\omega$,即 $\pi r\gamma\sin 2\omega$。当 $\omega=45°$ 时,这个拖曳力达到最大值,即 $\pi r\gamma$。设单位界面上的第二相颗粒数目为 n_s,单位体积内颗粒数目为 n_V,f 为第二相总体积分数,因此有 $n_V=\dfrac{3f}{4\pi r^3}$。根据体视学的基本方程可知,单位体积内第二相的体积分数等于任一单位截面上第二相的截面积分数。如果第二相都是半径为 r 的球形,则可由此推导出 $n_V\dfrac{4}{3}\pi r^3=n_s\overline{s}$,其中,$\overline{s}$ 为球形第二相在截面上的平均截面积,$\overline{s}=\dfrac{1}{r}\displaystyle\int_0^r(r^2-x^2)\mathrm{d}x$。这样可求出 $2rn_V=n_s$。因此,单位晶界面积所受的拖曳力 p_z 为 $\pi r\gamma n_s$,可以推导出式(8.5.10)所表达的关系。这个力通常称为齐纳力。

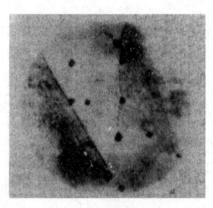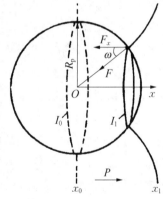

图 8.5.12　第二相颗粒对晶界的钉扎

　　参考式(8.5.10)和式(8.5.11)可知,晶界迁移的速度为

$$v=m(p_d+\Delta p_d-p_z)=m\left[\dfrac{1}{2}(\rho+\Delta\rho)b\mu^2-\dfrac{3f\gamma}{2r}\right]\qquad(8.5.12)$$

　　从式(8.5.12)中可以看出,当 f 值确定,第二相颗粒变大(即 r 值上升)时,或 r 值确定第二相总体积量减少(即 f 值下降)时,都会使晶界迁移速度加快。

另外,当 Δp_d 大于 p_z 时,合金的再结晶整体上呈加快趋势。同时,当 f 值增加或 r 值下降,且 Δp_d 小于力 p_z 时,再结晶过程整体上会减慢。

8.5.2.2 共格第二相

有一些两相合金,其第二相与基体相之间保持着共格关系。与非共格的第二相相比,这种第二相通常具有更细小的尺寸,而且其颗粒间距也比较小。由于与基体保持共格,在变形过程中位错可以从基体相直接经滑移而扫过第二相颗粒。因此,非共格第二相颗粒附近在变形时形成的特殊位错结构及相应的取向梯度在这里不会出现。

对铜-钴、镍-铝等有共格第二相析出的合金所进行的研究表明,共格第二相的存在(尺寸为 $0.01\sim0.1~\mu\mathrm{m}$)会明显地阻滞再结晶的过程[19]。分析表明,由于变形时共格第二相附近不会产生高位错密度和取向梯度,因而不能显著促进非自发形核。另外,由于第二相尺寸很小[即 r 值小,参照式(8.5.12)],因此,也不会出现对晶界迁移阻力较小的情况。由此可见,在含有共格第二相的合金中,再结晶过程不会由于共格析出相的存在而加快。共格第二相也会使冷变形组织中胞状结构模糊、位错缠结严重,因而阻碍通过多边形化和亚晶生长等方式形核的过程,使得再结晶温度明显升高。在有共格第二相的合金中,由于基体固溶体内共格析出行为的不彻底性,溶质原子的分布往往也是不均匀的,会有许多偏聚区出现。因而与均匀的固溶体相比,晶界在基体内的迁移会受到更大的阻力。这种偏聚区内位错密度较高时,很容易在再结晶前继续出现析出行为,进而阻碍再结晶形核,并降低再结晶的驱动力。通常,在这种合金的再结晶之后,总可以观察到共格第二相增多的现象。

8.5.2.3 大体积第二相

当第二相的体积分数 f 很高甚至接近第一相的体积量时,合金的再结晶行为会与含少量弥散第二相的合金所对应的再结晶行为有所不同。这种合金实际上是由两种不同的固溶体或其他相以一定方式混合在一起的,其中一相基体内还可能在事先的冷却过程中析出细小的另一相颗粒。它的再结晶行为涉及均匀固溶体的再结晶、第二相的影响及两种大体积相之间的影响。这两种相的力学性能、冷变形机制、在冷变形过程中形成的组织结构等可能大不相同,因而在同样的再结晶条件下,它们的再结晶行为也会有很大差异。再加上第二相颗粒的影响,这些都使得这种合金的再结晶过程变得很复杂。例如,对铜-锌、银-镁等两相合金的研究发现,再结晶时,一种相可能在晶内形核,而另一种相则在晶界形核。一种相先发生再结晶,另一种相后发生再结晶,甚至不发生再结晶,即不同的相,其容易发生再结晶的温度范围可能有较大差异。另外,各相的相对含量、冷变形量、加热冷却的方式等会对合金的再结晶行为有复杂的影响。同时,各相的成分、弹性极限、再结晶加热时组织状态偏离相平衡态的程度等也会影响再结晶过程。

由于影响因素较多、较复杂,研究工作比较困难,人们尚难于发现这类合金中带有普遍性的再结晶规律。目前有关这类合金的研究资料比较少见,因此不做进一步讨论。

8.5.3　伴随相变的再结晶

两相合金中的第二相颗粒不一定都是在冷变形及再结晶之前就已经存在。在过饱和的冷变形合金固溶体的一定加热温度范围内,不仅会出现再结晶现象,也会有析出现象发生。因此,合金的析出行为以及相应的组织变化必然会影响再结晶过程的进行。

8.5.3.1　伴随析出行为的再结晶过程

再结晶与析出都是热激活过程,而且都有一定的孕育期。其中,再结晶的孕育期 τ_R 与再结晶激活能 Q_R 有一定联系。这里 Q_R 是变形合金位错密度 ρ 的函数。析出过程的孕育期也与相应激活能 Q_p 有类似的联系,但 Q_p 不仅是 ρ 的函数,也是过冷度 ΔT、界面能 γ 和相应扩散激活能 Q_D 的函数。由此可见,在不同温度条件下,这两个过程所需的孕育期可能各不相同。

图 8.5.13 给出了析出过程与再结晶过程在孕育期上的差别[20]。由图 8.5.13(a)可知,某浓度为 c_0 的 α 固溶体冷变形后,在不同温度加热可出现不同的情形。由图 8.5.13(b)可以看出,这种不同的情况大致可以分成三个区。温度高于 T_1 时为第 I 区,在这个区内合金没有析出行为,因此,再结晶可以在析出物出现之前完成,能够影响再结晶的可能因素是 α 固溶体内溶质原子可能的偏聚现象。温度低于 T_1 且高于 T_2 时为第 II 区,在这里虽然再结晶首先开始,但在再结晶过程中会出现析出现象,因而要对再结晶的继续进行产生影响。T_2 温度以下称为第 III 区,在第 III 区内,合金的析出行为在再结晶开始之前出现,因此析出行为会阻碍合金回复时位错的移动、再结晶晶核的生成以及晶界的迁移。在一定情况下,再结晶的析出行为也会有利于再结晶过程。例如,合金析出过程完成后,固溶体内溶质原子减少,接近于纯金属状态,溶质原子对变形基体再结晶的阻碍作用会明显减弱。这时析出物的间距很大,以致不会明显阻碍晶界迁移,则从整体上看,可以认为析出行为促进了再结晶过程。

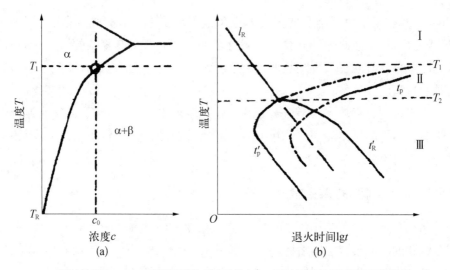

t_R—再结晶开始；t_p—未变形固溶体析出开始；t'_R—再结晶开始(受析出行为影响)；t'_p—已变形固溶体析出开始。

图 8.5.13 合金析出与再结晶行为的交互作用

在含铁量很低的铝-铁合金中可以观察到上述过程。纯铝固溶体中只可能固溶很少量的铁，且在 655 ℃时达到其溶解度的最大值，即 0.052%Fe，多余的铁将以 $FeAl_3$ 的形式析出。只有加入硅等其他元素才可以使固溶体的铁含量进一步提高。在纯铝的生产中总会带入少量铁原子，继续提纯会使成本变得很高。从经济的角度考虑，人们往往不得不使用含少量铁的纯铝，因此要考虑铁原子的影响。

图 8.5.14 给出了高纯 Al‐0.04%Fe(原子百分比)合金冷变形后，在不同温度退火时测得的电阻率变化[21]。分析表明，300 ℃退火[见图 8.5.14(a)]相当于图 8.5.13(b)中的第Ⅲ区加热。再结晶在析出行为发生之后开始进行，电阻率单调下降，其对时间对数的导数 $\left[-\dfrac{d\rho}{d(\ln t)} \right]$ 只有一个峰。当退火温度为 500 ℃时[见图 8.5.14(b)]，相当于图 8.5.13(a)中第Ⅱ区加热。析出行为在再结晶完成之后发生，电阻率呈阶梯状下降，其对时间对数的导数有两个峰。另外，比较图 8.5.14(a)与(b)也可以看出，再结晶前的析出行为会阻滞再结晶的进程，使孕育期变长。这类合金中铁对再结晶行为的影响也可以从再结晶织构的变化中反映出来。图8.5.15给出了不同含铁量的高纯铝合金固溶处理并冷轧 95%后，在不同温度退火时形成的立方织构含量[22]。立方织构是

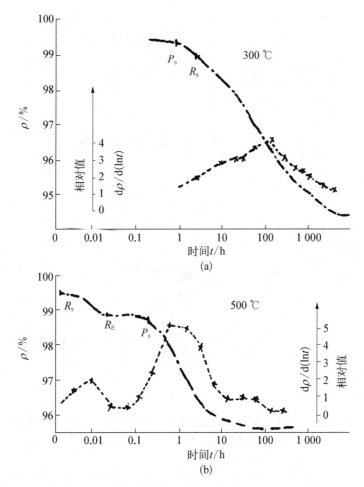

图 8.5.14　50％冷变形 Al‑0.04％Fe 合金退火时电阻率的变化

(a) 退火温度为 300 ℃；(b) 退火温度为 500 ℃

高纯铝中最主要的再结晶织构,它的多少可以反映再结晶的不同过程。分析指出,280 ℃加热属于第Ⅲ区加热。由于过饱和度较大[见图 8.5.13(a)],再结晶前 FeAl₃析出较充分,并可能有所聚集并长大,使基体接近于纯金属态,因而在基体内可通过正常的不连续再结晶产生较多的立方织构[见图 8.5.15(a)]。在 360～400 ℃加热时,情况比较复杂。含铁量很高时(如原子百分比为 0.04％Fe),析出行为已先于再结晶开始,但尚不彻底。析出物弥散分布使正常的再结晶过程受到极大的阻碍,以致基本上只能发生连续再结晶(原位再结晶),造成再结晶后极弱的立方织构。随着含铁量的降低,析出物的数量也会减少,这样变形组织中不连续再结晶的部分会不断增多,

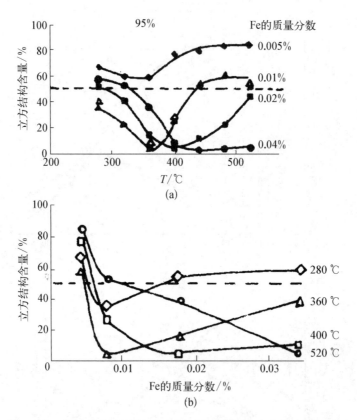

图 8.5.15 再结晶温度、铝中铁含量对再结晶后立方织构含量的影响

(a) 再结晶温度的影响；(b) 铝中铁含量的影响

造成立方织构的增加。当含铁量很低时(如原子百分比为 0.005％Fe)，可能的析出行为很弱，因此再结晶仍相当于纯金属时的不连续再结晶，其结果是立方织构很强，析出物影响很小。在 480～500 ℃加热时，各种合金基本上都是以单一固溶体的形式再结晶，因此仍是不连续再结晶。但是随着含铁量的增多，溶质原子对再结晶过程的阻碍作用以及铁原子在固溶体中的偏聚倾向的增加都促使立方织构量减少，引起再结晶后织构组分上的差异。

8.5.3.2 与相变行为同时进行的再结晶过程

在一些合金的再结晶处理过程中，再结晶与某种相变过程密切地联系在一起，两者同时进行。在这些合金中，也可以把相应的相变直接理解成再结晶过程的一个组成部分。这时的相变过程与上述析出行为有所不同，它总是起着推动再结晶进程的作用。

在镍铬铝合金中即可观察到包含相变的再结晶过程。图 8.5.16 给出了 Ni－

16％Cr - 6.3％ Al(原子百分比)合金固溶处理、淬火并冷轧后进行再结晶退火时,Ni_3Al 随晶界移动的析出相变行为及其示意图[23]。这时转变的驱动力不仅有变形基体内的高位错密度所引起的再结晶驱动力 p_c,也有相变引起的化学驱动力 p_d,而且 p_c 比 p_d 高很多。这时总的驱动力表现为

$$p = p_d + p_c \qquad (8.5.13)$$

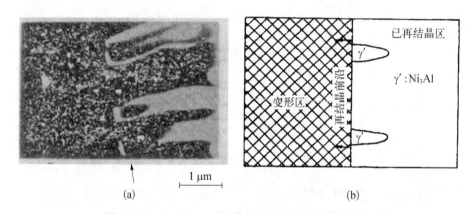

图 8.5.16　Ni‐Cr‐Al 相变与再结晶同时进行的现象

(a) Ni_3Al 随晶界移动的析出相图片;(b) 相变示意图

可想而知,在这样的驱动力作用下,再结晶的速度会非常快。

当变形基体中已有第二相,而且在再结晶加热的温度下,这些第二相不发生明显变化时,它们的存在往往会阻碍再结晶的进程。但是当再结晶的加热温度高于两相合金的固溶线时,情况就会大不一样。这时不仅变形基体是不稳定的,而且第二相的存在也是不稳定的。

抛开纯再结晶过程,上面讨论的是两个互逆的相变过程,即由单相转变成双相,或由双相转变成单相。因此,这个过程必然伴随着原子的大量扩散。这里快速的再结晶过程必须具备快速的原子扩散机制,而在再结晶前沿处于变形基体与再结晶晶粒之间、移动着的晶界正好为快速扩散提供了良好的通道。

8.5.3.3　以相变为主的再结晶过程

如图 8.5.17 所示,许多合金在高温时可能形成某一单相(如 γ 相),在很低的温度时可转变成另一相(如 α 相),在这两者之间的某一温度范围内有一个两相区,例如铁镍合金就属于这一类合金。铁镍合金是常见的两相合金,它通常由体心立方的 α 相和面心立方的 γ 相组成。高温时可形成单一的 γ 相合金,淬火冷

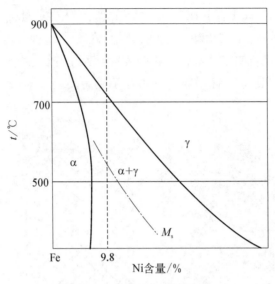

图 8.5.17　铁镍相图(局部)

却至很低的温度(在马氏体转变温度以下)可发生马氏体类型的相变,生成 α 相。这种 α 相在冷变形后的加热过程中会有特殊的再结晶行为。

　　把冷变形 α 相加热到 α 与 γ 两相区以后,首先,由于层错能很高,变形基体会发生很强的回复过程,借助位错的移动而形成小角度晶界。然后,在这些亚晶界上会生成 γ 相的核。由于式(8.5.13)所示的两种驱动力的作用,γ 相核会很快长入 α 相基体内,从而压制通常的 α 相中借助大角度晶界迁移而进行的再结晶过程。最后,由于 γ 相的生成造成了合金的两相结构。在其余保留下来的 α 相内所能发生的也只是强烈的回复过程,或称为原位再结晶。由此可见,这种再结晶过程是以 γ 相变为主的再结晶过程。

参考文献

[1] 毛卫民.金属的再结晶与晶粒长大[M].北京:冶金工业出版社,1994.
[2] 中国金属学会编译组.物理冶金进展评论[M].北京:冶金工业出版社,1985.
[3] Prinz F, Argon A S, Moffatt W C. Recovery of dislocation structures in plastically deformed copper and nickel single crystals[J]. Acta Metallurgica, 1982, 30(4): 821 - 830.
[4] Drouard R, Washburn J, Parker E R. Recovery in single crystals of zinc[J]. Transactions of the American Institute of Mining and Metallurgical Engineers, 1953, 197(9): 1226 - 1229.

[5] Kuhlmann D, Masing G, Raffelsieper J. Zur theorie der erholung[J]. International Journal of Materials Research, 1949, 40(7): 241 - 246.

[6] Dillamore I L, Morris P L, Smith C J E, et al. Transition bands and recrystallization in metals[J]. Proceedings of the Royal Society of London, Series A, Mathematical and Physical Sciences, 1972, 329(1579): 405 - 420.

[7] Gottstein G, Zabardjadi D, Mecking H. Dynamic recrystallization in tension-deformed copper single crystals[J]. Metal Science, 1979, 13(3 - 4): 223 - 227.

[8] Gottstein G. Annealing texture development by multiple twinning in fcc crystals[J]. Acta Metallurgica, 1984, 32(7): 1117 - 1138.

[9] Aust K T, Palumbo G. Interface Control in Materials[C] // Proceedings of the International Symposium on Advanced Structural Materials, Pergamon, 1989: 215 - 226.

[10] Anderson W A, Mehl R F. Recrystallization of aluminum in terms of the rate of nucleation and the rate of growth[J]. Trans AIME, 1945, 161: 140.

[11] Mishra S, Därmann C, Lücke K. On the development of the goss texture in iron - 3% silicon[J]. Acta Metallurgica, 1984, 32(12): 2185 - 2201.

[12] Perryman E C W. Recrystallization characteristics of superpurity base Al - Mg alloys containing 0 to 5 pet Mg[J]. JOM, 1955, 7(2): 369 - 378.

[13] Suzuki T. Precipitation hardening in maraging steels-on the martensitic ternary iron alloys[J]. Transactions of the Iron and Steel Institute of Japan, 1974, 14(2): 67 - 81.

[14] Cotterill P, Mould P R. Recrystallization and grain growth in metals[M]. New York: Wiley, 1976.

[15] Lücke K, Stüwe H P. On the theory of impurity controlled grain boundary motion[J]. Acta Metallurgica, 1971, 19(10): 1087 - 1099.

[16] Cahn J W. The impurity-drag effect in grain boundary motion[J]. Acta Metallurgica, 1962, 10(9): 789 - 798.

[17] Gordon P, Vandermeer R A. In recrystallisation, grain growth and textures[R]. Ohio: ASM International Metals Park, 1966: 205.

[18] Humphreys F J. Recrystallization mechanisms in two-phase alloys[J]. Metal Science, 1979, 13(3): 136 - 145.

[19] Leslie W C, Michalak J T, Aul F W. Iron and its dilute solid solutions[M]. New York: Interscience, 1963: 119.

[20] Burke J E, Turnbull D. Recrystallization and grain growth[J]. Progress in Metal Physics, 1952, 3: 220 - 292.

[21] Gleiter H, Hornbogen E. Theorie der wechselwirkung von versetzungen mit kohärenten geordneten zonen (I)[J]. Physica Status Solidi (b), 1965, 12(1): 235 - 250.

[22] Ito K, Musick R, Lücke K. The influence of iron content and annealing temperature on the recrystallization textures of high-purity aluminium-iron alloys [J]. Acta Metallurgica, 1983, 31(12): 2137 - 2149.

[23] Smidoda K, Gottschalk W, Gleiter H. Diffusion in migrating interfaces[J]. Acta Metallurgica, 1978, 26(12): 1833 - 1836.

第**9**章 薄膜制备过程中的晶体生长

9.1 薄膜晶体生长概述

薄膜晶体的生长过程直接影响薄膜的结构及性能[1]。图 9.1.1 所示为薄膜沉积中原子的运动状态及薄膜的生长过程。射向基板表面或薄膜表面的原子、分子与表面相碰撞,其中一部分被反射,另一部分在表面上停留。停留于表面的原子、分子,在自身所带能量及基板温度所产生的能量作用下,发生表面扩散(surface diffusion)及表面迁移(surface migration),一部分再蒸发,脱离表面,一部分落入势能谷底,被表面吸附,即发生凝结过程。凝结伴随着晶核的形成与生长过程,岛(即均匀、细小且可以运动的原子团)的形成、合并与生长过程,最后形成连续的膜层。

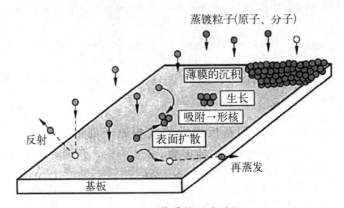

图 9.1.1　薄膜的形成过程

所谓"薄膜",很难用一句话来严格定义。有时为了与厚膜相区别,将厚度小于 1 μm 的膜称为薄膜,但若着眼于生长过程或形态,则具有图 9.1.2(f)所示断面形状的膜,更符合一般意义上薄膜的概念。而图 9.1.2(a)所示的形状则难以称为薄膜,在形成薄膜初期的岛状结构阶段,或者在 10^3 Pa(约为 10 Torr[①]左

---

① Torr(托),压力的非法定单位,1 Torr=1 mmHg=1.333 22$\times 10^2$ Pa。

右的较高气压下蒸发镀膜的场合(称为烟雾蒸镀),会出现这样形状的膜。一般说来,薄膜也包含具有特异形状的膜。换句话说,薄膜对于厚度并没有特殊的限制,例如所谓的"薄"膜也可能具有岛状结构。

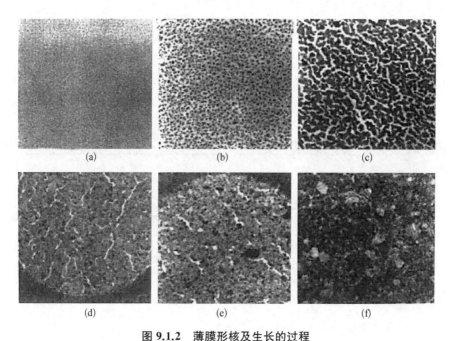

图 9.1.2　薄膜形核及生长的过程
(a) 5 nm;(b) 8 nm;(c) 11 nm;(d) 15 nm;(e) 19 nm;(f) 22 nm

　　通常我们眼睛看到、手接触到的物体,都是在温度缓慢变化、几乎处于热平衡的状态下制造的(即使是淬火处理,基体金属仍然是这样制造的)。因此,其内部缺陷少,而形状也多是块体状。但是,在真空中制造薄膜时,真空蒸镀需要进行数百摄氏度以上的加热蒸发,在溅射镀膜时,从靶材表面飞出的原子或分子所具有的能量通常高于蒸发原子。这些气化的原子或分子一旦到达基板表面,在极短的时间内就会凝结为固体。也就是说,薄膜沉积伴随着从气相到固相的急冷过程,因此从结构上看,薄膜中必然会保留大量的缺陷。

　　此外,薄膜的形态也不是块体状的,其厚度与表面尺寸相差甚远,可近似为二维结构,薄膜的表面效应势必十分明显。

9.2　薄膜的形核与生长

　　薄膜与常见的物体具有较大差异。薄膜结构和性能的差异与薄膜形成过程中的许多因素密切相关。虽然薄膜的制备方法多种多样,薄膜形成的机制也各不相同,但是在许多方面仍具有共性[2]。

9.2.1 薄膜形核与生长特点

薄膜的形核和生长有其自身的特点,下面主要介绍薄膜形成的几种模式以及物理过程。

9.2.1.1 薄膜形成的三种模式

如图 9.2.1 所示,薄膜的形成与成长有三种模式[3]。

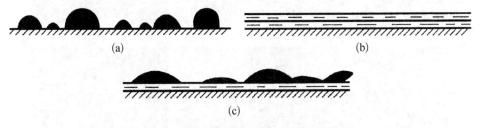

(a) (b)

(c)

图 9.2.1　薄膜形成与生长的三种模式

(a) 岛状生长模式(Volmer-Weber 型);(b) 层状生长模式(Frank-van der Merwe 型);(c) 先层状后岛状的复合生长模式(Stranski-Krastanov 型)

1) 岛状生长模式(Volmer-Weber 型)

如图 9.2.1(a)所示,成膜初期按三维形核方式,生长为一个个孤立的岛,再由岛合并成薄膜,例如 SiO_2 基板上的 Au 薄膜。该生长模式表明,被沉积物质的原子或分子更倾向于彼此相互键合起来,而避免与衬底原子键合,即被沉积物质与衬底之间的浸润性较差。

2) 层状生长模式(Frank-van der Merwe 型)

如图 9.2.1(b)所示,从成膜初期开始保持二维层状生长,当被沉积物质与衬底之间浸润性很好时,被沉积物质的原子更倾向于与衬底原子键合。因此,薄膜从形核阶段开始即采取二维扩展模式。显然,只要保持沉积物原子与衬底原子间的键合倾向仍大于形成外表面的倾向,则薄膜生长将一直保持这种层状生长模式,例如在 Si 基板上沉积 Si 薄膜。

3) 先层状后岛状的复合生长模式(Stranski-Krastanov 型)

如图 9.2.1(c)所示,此模式又称为层状-岛状中间生长模式。在成膜初期,按二维层状生长,形成数层之后,生长模式转变为岛状生长模式,例如 Si 基板上沉积 Ag 薄膜。导致这种模式转变的物理机制比较复杂,在此可列举以下三种情况:

（1）在 Si 的（111）晶面上外延生长 GaAs 时，由于第一层拥有五个价电子的 As 原子，Si 晶体表面的全部原子键将得到饱和，而且 As 原子自身也不再倾向于与其他原子发生键合。这有效地降低了晶体的表面能，使得其后的沉积过程转变为三维的岛状生长。

（2）开始时的生长是外延式的层状生长，但由于存在晶格常数不匹配，因而随着沉积原子层的增加，应变能逐渐增加。为了松弛这部分能量，当薄膜生长到一定厚度之后，生长模式转变为岛状模式。

（3）层状外延生长表面是表面能较高的晶面，为了降低表面能，薄膜力图将暴露的晶面转变为低能面，因此，薄膜在生长到一定厚度之后，生长模式会由层状模式向岛状模式转变。

显然，在上述各种机制的描述都具有一个共性，即开始的时候层状生长的自由能较低，但随后岛状生长在能量方面反而变得更加有利。

9.2.1.2　形核与生长的物理过程

核形成与生长的物理过程如图 9.2.2 所示，从图中可看出核的形成与生长有四个步骤：

（1）从蒸发源蒸发出的气相原子入射到基体表面，其中有一部分因能量较大而弹性反射回去，另一部分则吸附在基体表

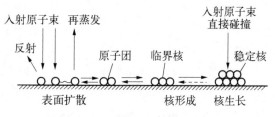

图 9.2.2　形核与生长的物理过程

面。在吸附的气相原子中，有一小部分因能量稍大而再蒸发出去。

（2）吸附在基体表面上的气相原子继续扩散迁移，互相碰撞结合成原子对或小原子团，并凝结在基体表面。

（3）上述原子团与其他吸附原子碰撞结合，或者释放一个单原子。这个过程反复进行，一旦原子团中的原子数超过某一个临界值，原子团进一步与其他吸附原子碰撞结合，只向着长大方向发展形成稳定的原子团。含有临界值原子数的原子团称为临界核，稳定的原子团称为稳定核。

（4）稳定核继续捕获其他吸附原子，或者与入射气相原子相结合，使它进一步长大成小岛。

核形成过程若在均匀相中进行，则称为均匀形核；若在非均匀相或不同相中进行，则称为非均匀形核。在固体或杂质的界面上发生的形核都是非均匀形核。在用真空蒸镀法制备薄膜的过程中，核的形成与水滴在固体表面的凝结过程相

类似,均属于非均匀形核。

9.2.1.3 形核与生长的观察

图 9.1.2 所示为薄膜形核与生长过程的电子显微镜图像。基板表面上往往存在原子量级的凹坑、棱角、台阶等,其作为中心可捕获原子团而形成晶核。该晶核与陆续到达的原子以及相邻晶核的一部分或者全部合并而生长,达到某一临界值后开始变得稳定。一般认为,临界核约包含 10 个原子,但这样大小的晶核很难用电子显微镜观察到;随着基片上形成许多晶核,互相接触、合并(coalescence),形成岛状结构(island stage),当尺寸增加至 5～8 nm 便可

以用电子显微镜观察;继续生长,形成岛与通道结构(channel stage),如图 9.1.2 中 11～15 nm 阶段所示;通道再进一步收缩,成为孔穴结构(hole stage),如图 9.1.2 中 19 nm 阶段所示;经过这些阶段,最终生长成均匀而连续的薄膜,如图 9.1.2 中 22 nm 阶段所示。在岛状结构的阶段,则会出现如图9.2.3所示的花纹,通常称为装饰纹(decoration),装饰纹的形貌因基板表面捕获中心分布的不同而异[4]。

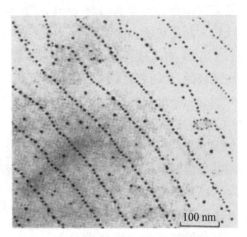

100 nm

图 9.2.3 薄膜形核及生长中出现的装饰纹变化

由此可知,在成膜晶体原子之间的凝聚力大于它们与基板原子之间结合力的情况下,会出现上述的形核及生长模式(以水为例,类似于水不浸润基板的情况)。在碱金属卤化物基板上沉积金属膜也会产生此生长模式。

在真空蒸镀和溅射镀膜两种情况下,膜的生长模式是不同的。在溅射镀膜情况下,在岛状结构阶段,岛的尺寸小且数目多(密度大),其晶体学取向从一开始就是确定的。与此相对应,在真空蒸镀的情况下,岛的尺寸大(密度小),在岛合并时,其晶体学取向会发生变化,例如在 NaCl 单晶基板上沉积金膜。

9.2.1.4 单层生长

薄膜生长并非均服从上述形核与生长模式。实际上还存在由蒸镀的单原子层或单分子层,一层一层地重叠覆盖形成的薄膜,如图 9.2.1(b)所示。出现这种单层生长所需要的条件如下:组成薄膜的物质与构成基底的材料具有相似的化学性质;组成薄膜的原子之间的凝聚力小于与基底原子之间的结合力;组成薄膜

的物质与构成基底的材料具有相近的点阵常数；基底表面清洁、平整、光滑；沉积温度高等。以水类比，此处意指基底为亲水性物质。在金基板上沉积银膜，在钯基底上沉积金膜等均属于这种情况。

9.2.2　吸附界面能理论

吸附界面能理论的基本思想是将一般气体在固体表面上凝结成微液滴的形核与生长理论（类似于毛细管湿润）应用到薄膜形成过程。这种理论采用蒸气压、界面能和湿润角等宏观物理量，从热力学角度定量分析形核条件、形核率以及核生长速率等，属于唯象理论。

9.2.2.1　新相的自发形核理论

在薄膜沉积过程的最初阶段，都需要有新相的核心形成。新相的形核过程可以分为两种类型，即自发形核与非自发形核。自发形核是指整个形核过程完全是在相变自由能的推动下进行的；非自发形核是指除了有相变自由能作推动力之外，还有其他因素起到帮助新相核心形成的作用[5]。

讨论自发形核，可以考虑从过饱和气相中凝结出一个球形的固相核心过程。设新相核心的半径为 r，因而形成一个新相核心时体自由能将变化 $(4/3)\pi r^3 \Delta G_V$，其中 ΔG_V 是单位体积的固相在凝结过程中的相变自由能之差。由物理化学可知

$$\Delta G_V = -\frac{kT}{\Omega} \ln \frac{p_v}{p_s} \qquad (9.2.1)$$

式中，p_s、p_v 分别为固相的平衡蒸气压和气相实际的过饱和蒸气压；Ω 为原子体积。式(9.2.1)还可以写成

$$\Delta G_V = -\frac{kT}{\Omega} \ln(1+S) \qquad (9.2.2)$$

式中，$S = (p_v - p_s)/p_s$ 是气相的过饱和度。当过饱和度为零时，$\Delta G_V = 0$，这时将没有新相的核心可以形成，或者已经形成的新相核心不能长大。当气相存在过饱和现象时，$\Delta G_V < 0$，其是新相形核的驱动力。在新的核心形成的同时，还将伴随新的固-气相界面的生成，导致相应界面能的增加，其数值为 $4\pi r^2 \gamma$，其中 γ 为单位面积的界面能。综合上面两项能量之后，我们得到系统的自由能变化为

$$\Delta G = \frac{4}{3}\pi r^3 \Delta G_V + 4\pi r^3 \gamma \tag{9.2.3}$$

将式(9.2.3)对 r 微分,求出使得自由能 ΔG 为零的条件为

$$r^* = -\frac{2\gamma}{\Delta G_V} \tag{9.2.4}$$

式中,r^* 为能够平衡存在的最小固相核心半径,又称为临界核心半径。

当 $r < r^*$ 时,在热涨落过程中形成的这个新相核心处于不稳定状态,将可能再次消失。相反,当 $r > r^*$ 时,新相的核心处于可以继续稳定生长的状态,并且生长过程使得自由能下降。将式(9.2.4)代入式(9.2.3)后,可以求出形成临界核心时系统的自由能变化为

$$\Delta G^* = \frac{16\pi\gamma^3}{3\Delta G_V^2} \tag{9.2.5}$$

图 9.2.4 所示是形核自由能随新相核心半径的变化曲线。可以得知,形成临界核心的临界自由能变化 ΔG^* 实际上就相当于形核过程的能垒。热激活过程提供的能量起伏将使得某些原子团产生 ΔG^* 大小的自由能涨落,从而使新相核心形成[6]。

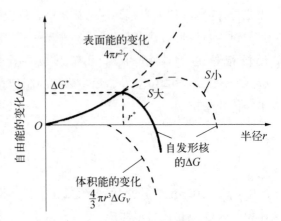

图 9.2.4　新相形核过程的自由能变化 ΔG 随晶核半径 r 的变化趋势

在新相核心的形成过程中,同时存在许多个核心的形成。新相核心的形成速率 $\mathrm{d}N_n/\mathrm{d}t$ 与三个因素成正比,其表达式为

$$\frac{\mathrm{d}N_n}{\mathrm{d}t} = N_n^* A^* J \tag{9.2.6}$$

式中,N_n^* 为临界半径为 r^* 的稳定核心的密度;A^* 为每个临界核心的表面积,$A^* = 4\pi r^{*2}$;J 为单位时间内流向单位核心表面积的原子数目。

由统计热力学的理论,我们知道

$$N_n^* = n_s \mathrm{e}^{-\frac{\Delta G^*}{kT}} \tag{9.2.7}$$

式中，n_s 为所有可能的形核点的密度；J 为气相原子流向新相核心的净通量，计算式为

$$J = \frac{\alpha_c (p_V - p_S) N_A}{\sqrt{2\pi\mu RT}} \tag{9.2.8}$$

式中，μ 为气相分子的摩尔质量；α_c 为描述原子附着于固相核心表面能力大小的常数。可得

$$\frac{dN_n}{dt} = \frac{4\alpha_c \pi r^{*2} n_s (p_V - p_S) N_A}{\sqrt{2\pi\mu RT}} e^{-\frac{\Delta G^*}{kT}} \tag{9.2.9}$$

式中，产生较大影响的是指数项，它是气相过饱和度 S 的函数（见图 9.2.4）。当气相过饱和度大于零时，气相中开始均匀地自发形核。

在某些情况下，例如在材料外延生长过程中，期望新相的核心在特定衬底上可控地形成，则需要严格控制气相的过饱和度，使其不要过大；此外，例如在制备超细粉末或多晶、微晶薄膜时，又期望在气相中同时能凝结出大量足够小的新相核心，则需要提高气相的过饱和度，以促进气相的自发形核。

自发形核过程一般只发生在一些特定的环境中，而大多数固体相变的过程，特别是薄膜沉积的过程，其形核一般均为非自发形核过程。

9.2.2.2　非自发形核过程的热力学

图 9.2.5 所示是一个原子团在衬底上形成初期的自由能变化，此时原子团的尺寸较小，热力学的角度处于不稳定的状态。可能进一步吸收外来原子而长大，但也可能失去已拥有的原子而消失。

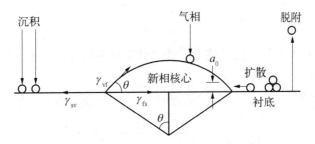

图 9.2.5　薄膜非自发形核核心的示意图

形成此原子团的自由能变化为

$$\Delta G_{非} = a_3 r_{非}^3 \Delta G_V + a_1 r_{非}^2 \gamma_{vf} + a_2 r_{非}^2 \gamma_{fs} - a_2 r_{非}^2 \gamma_{sv} \tag{9.2.10}$$

式中，γ_{vf}、γ_{fs}、γ_{sv} 分别为气相(v)、衬底(s)与薄膜(f)三者之间的界面能；a_1、a_2、a_3 为与核心具体形状有关的常数。

对于图 9.2.5 中的冠状核心，$a_1 = 2\pi(1-\cos\theta)$，$a_2 = \pi\sin^2\theta$，$a_3 = \pi(2-3\cos\theta+\cos^3\theta)/3$，核心形状的稳定性要求各界面能之间满足条件：

$$\gamma_{sv} = \gamma_{fs} + \gamma_{vf}\cos\theta \tag{9.2.11}$$

式中，θ 只取决于各界面能之间的数量关系。由式(9.2.11)也可以说明薄膜的三种生长模式。

当 $\theta > 0$，即

$$\gamma_{sv} < \gamma_{fs} + \gamma_{vf} \tag{9.2.12}$$

此时为岛状生长模式。

当 $\theta = 0$，即

$$\gamma_{sv} = \gamma_{fs} + \gamma_{vf} \tag{9.2.13}$$

此时生长模式转变为层状生长模式或中间模式。

由式(9.2.10)对原子团半径 $r_{\text{非}}$ 微分为零的条件,可知形核自由能 $\Delta G_{\text{非}}$ 取得极值的条件为

$$r_{\text{非}}^* = -\frac{2(a_1\gamma_{vf} + a_2\gamma_{fs} - a_2\gamma_{sv})}{3a^3\Delta G_V} \tag{9.2.14}$$

结合式(9.2.11),仍可证明上式等于式(9.2.4),即

$$r_{\text{非}}^* = -\frac{2\gamma_{vf}}{\Delta G_V} \tag{9.2.15}$$

因此,虽然非自发形核过程的核心形状与自发形核时有所不同,但两者所对应的临界核心半径相同。

将式(9.2.11)代入式(9.2.10)后,得到相应过程的临界自由能变化为

$$\Delta G_{\text{非}}^* = -\frac{4(a_1\gamma_{vf} + a_2\gamma_{fs} - a_2\gamma_{sv})^3}{27a_3^2\Delta G_V^2} \tag{9.2.16}$$

非自发形核过程 $\Delta G_{\text{非}}$ 随 r 的变化趋势也如图 9.2.4 所示。在热涨落作用下,半径 $r < r^*$ 的核心会由于 $\Delta G_{\text{非}}$ 降低的趋势而倾向于消失,而半径 $r > r^*$ 的核心则可随着自由能的下降而长大。

非自发形核过程的临界自由能变化也可表达为两部分之积的形式:

$$\Delta G_{\text{非}}^* = \frac{16\pi\gamma_{\text{vf}}^3}{3\Delta G_V^2}\frac{(2-3\cos\theta+\cos^3\theta)}{4} \tag{9.2.17}$$

式中,第一部分是自发形核过程的临界自由能变化,而后一部分则是非自发形核相对自发形核过程能垒的降低因子。

由式(9.2.15)和式(9.2.16)可以看出,非均匀形核时的临界晶核尺寸 $r_{\text{非}}^*$ 与均匀形核临界晶核尺寸 r^* 相同,而非均匀形核的临界自由能变化则与接触角密切相关。当固相晶核与基底完全浸润时,$\theta=0$,$\Delta G_{\text{非}}^*=0$。 当部分浸润时,$\theta=10°$,$\Delta G_{\text{非}}^*=10^{-4}\Delta G^*$;$\theta=30°$,$\Delta G_{\text{非}}^*=0.02\Delta G^*$;$\theta=90°$,$\Delta G_{\text{非}}^*=0.5\Delta G^*$。 当完全不浸润时,$\theta=180°$,此时 $\Delta G_{\text{非}}^*=\Delta G^*$。 其关系如图 9.2.6 所示。因此,非均匀形核的临界自由能变化低于均匀形核的临界自由能变化,如图 9.2.7 所示。这表明,接触角 θ 越小,即衬底与薄膜的浸润性越好,则非自发形核的能垒降低得越多,非自发形核的倾向越大,越容易实现层状生长。

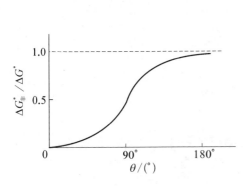

图 9.2.6　$\Delta G_{\text{非}}^*/\Delta G^*$ 与 θ 的关系

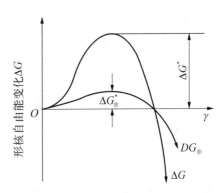

图 9.2.7　非均匀形核与均匀形核自由能变化对比

9.2.2.3　薄膜的形核率

下面讨论在气相沉积过程中形核最初阶段的物理过程。由图 9.2.5 可知,新相形成所需要的原子可能来自两个方面[7]:

(1)气相原子的直接沉积。

(2)衬底吸附的气相原子沿表面的扩散。

在形核的最初阶段,已有的核心数极少,因而后一来源为原子的主要来源。沉积的气相原子将被衬底所吸附,其中一部分会返回气相,另一部分经表面扩散到已有的核心处,使得该核心得以长大。表面吸附原子在衬底表面停留的平均时间 τ_a 取决于脱附活化能 E_d:

$$\tau_a = \frac{1}{\nu} e^{\frac{E_d}{kT}} \qquad (9.2.18)$$

式中,ν 为表面原子的振动频率。

在单位时间内,单位表面上由临界尺寸的原子团长大的核心数目就是形核率。新相核心的形成速率 dN_n/dt 与三个因子成正比,即

$$\frac{dN_n}{dt} = N_n^* A_{\textsf{非}}^* \omega \qquad (9.2.19)$$

式中,N_n^* 为单位面积上临界原子团的密度;$A_{\textsf{非}}^*$ 为每个临界原子团接受扩散来的吸附原子的表面积;ω 为从上述表面积扩散迁移来的吸附原子的通量。

单位面积上临界原子团的出现概率仍由式(9.2.7)确定为

$$N_n^* = n_s e^{-\frac{\Delta G_{\textsf{非}}^*}{kT}} \qquad (9.2.20)$$

式中,n_s 为可能的形核点的密度。

每个临界原子团接受迁移原子的外表面积如图 9.2.5 所示,等于围绕冠状核心一周的表面积:

$$A_{\textsf{非}}^* = 2\pi r_{\textsf{非}}^* a_0 \sin\theta \qquad (9.2.21)$$

式中,a_0 为原子直径。

迁移来的吸附原子通量 ω 应等于吸附原子密度 n_a 与原子扩散的发生概率 $\nu e^{-E_d/kT}$ 的乘积。在衬底上吸附的原子密度为

$$n_a = J\tau_a = \frac{\tau_a p N_A}{\sqrt{2\pi\mu RT}} \qquad (9.2.22)$$

即沉积气相撞击衬底表面的原子通量与其停留时间的乘积。

$$\omega = \frac{\tau_a \nu p N_A}{\sqrt{2\pi\mu RT}} e^{-\frac{E_D}{kT}} \qquad (9.2.23)$$

因此得到

$$\frac{dN_n}{dt} = \frac{2\pi r_{\textsf{非}}^* a_0 n_s p N_A \sin\theta}{\sqrt{2\pi\mu RT}} e^{\frac{E_d - E_D - \Delta G^*}{kT}} \qquad (9.2.24)$$

故薄膜最初的形核率与临界形核自由能 $\Delta G_\text{非}^*$ 密切相关，$\Delta G_\text{非}^*$ 的降低将显著提高形核率。而高的脱附活化能 E_d、低的扩散激活能 E_D 都有利于气相原子在衬底表面的停留和运动，因而会提高形核率。

9.2.2.4　衬底温度和沉积速率对形核过程的影响

沉积速率 R 与衬底温度 T 是影响薄膜沉积过程以及薄膜组织的两个最重要的因素。下面从自发形核的角度，阐明沉积速率 R 与衬底温度 T 这两个因素对临界核心半径 r^* 以及临界形核自由能 ΔG^* 的影响，从而说明两者的变化对薄膜沉积过程以及薄膜组织的影响。

首先，讨论沉积速率 R 对薄膜组织的影响，依据式（9.2.1），将气相凝结成固相时的相变自由能改写为以下形式：

$$\Delta G_V = -\frac{kT}{\Omega}\ln\frac{R}{R_\text{e}} \tag{9.2.25}$$

式中，R_e 为凝结核心在温度 T 时的平衡蒸发速率；R 为实际沉积速率。当蒸发速率与沉积速率相等时，气相与固相的变化处于平衡状态，此时 $\Delta G_V = 0$；而当 $R_\text{e} > R$，即薄膜沉积时，$\Delta G_V < 0$。因此，结合式（9.2.4）和式（9.2.25）可得

$$\left(\frac{\partial r^*}{\partial R}\right)_\text{T} = \left(\frac{\partial r^*}{\partial \Delta G_V}\right)\left(\frac{\partial \Delta G_V}{\partial R}\right) = \frac{r^*}{\Delta G_V}\frac{kT}{\Omega R} < 0 \tag{9.2.26}$$

类似地，由式（9.2.5）和式（9.2.26）可得

$$\left(\frac{\partial r^*}{\partial R}\right)_\text{T} = \left(\frac{\partial \Delta G^*}{\partial \Delta G_V}\right)\left(\frac{\partial \Delta G_V}{\partial R}\right) = \frac{2\Delta G^*}{\Delta G_V}\frac{kT}{\Omega R} < 0 \tag{9.2.27}$$

因此，随着薄膜沉积速率 R 的提高，临界核心半径和临界形核自由能均减小。由此可知，较高的沉积速率将导致形核速率增大，并同时形成更细小的薄膜组织。

其次，讨论衬底温度 T 对薄膜组织的影响。根据式（9.2.4）对于温度的导数，即

$$\left(\frac{\partial r^*}{\partial T}\right)_\text{R} = r^*\left(\frac{1}{\gamma}\frac{\partial \gamma}{\partial T} - \frac{1}{\Delta G_V}\frac{\partial \Delta G_V}{\partial T}\right) \tag{9.2.28}$$

由此可知，临界核心半径随温度的变化率由新相表面能 γ 和相变自由能 ΔG_V 两者随温度的变化而决定。由于薄膜核心的形成需要有一定的过冷度，即

衬底温度要低于 T_e，而 T_e 为薄膜结晶核心与其气相保持平衡时的温度。因此，若将 $\Delta T = T_e - T$ 作为薄膜沉积时所需的过冷度，则在平衡温度 T_e 附近，相变自由能可以表达为

$$\Delta G_V(T) = \Delta H(T) - T\Delta S(T) \approx \Delta H(T_e)\frac{\Delta T}{T_e} \tag{9.2.29}$$

式中，将薄膜沉积的热焓变化以及熵的变化用其在平衡温度处的数值代替，即 $\Delta H(T) \approx \Delta H(T_e)$，$\Delta S(T) \approx \Delta S(T_e) = \Delta H(\Delta T)/T_e$，结合式(9.2.28)和式(9.2.29)可得，当衬底温度 T 在 T_e 以下的温度区间时，有

$$\left(\frac{\partial r^*}{\partial T}\right)_R > 0 \tag{9.2.30}$$

同理，结合式(9.2.5)与式(9.2.29)可得

$$\left(\frac{\partial r^*}{\partial T}\right)_R = \Delta G_V\left(\frac{3}{\gamma}\frac{\partial \gamma}{\partial T} - \frac{2}{\Delta G_V}\frac{\partial \Delta G_V}{\partial T}\right) > 0 \tag{9.2.31}$$

即随着温度上升，或随着相变过冷度的减小，新相临界核心半径增加，因而新相核心的形成将更加困难。

式(9.2.26)、式(9.2.27)、式(9.2.30)和式(9.2.31)四个不等式所得结果与实验观察的衬底温度和沉积速率对薄膜沉积过程中形核影响的实验规律相吻合。衬底温度越高，所需的临界核心尺寸就越大，同时形核的临界自由能势垒也越高，这与高温时沉积的薄膜首先形成粗大的岛状组织相吻合；衬底温度越低，临界形核自由能下降，形成的核心数目增加，有利于形成晶粒细小且连续的薄膜组织。同样，沉积速率的增加将导致临界核心尺寸减小，临界形核自由能降低，在某种程度上等同于降低了衬底温度，使得薄膜组织的晶粒发生细化。

因此，要想得到晶粒粗大甚至是单晶结构的薄膜，一个必要的手段通常是适当地提高衬底温度，同时降低沉积速率。相反地，低温沉积和高速沉积通常得到多晶态的薄膜组织。

图 9.2.8 给出了在 NaCl 衬底上沉积 Cu 时得到的组织与衬底温度及沉积速率之间的关系。采用相同的方法也可以作出在沉积参数发生变化时，不同薄膜组织与衬底温度及沉积速率之间的关系图。此外，若沉积物质属于非金属材料，高速低温的沉积方式往往会得到非晶态的薄膜组织。

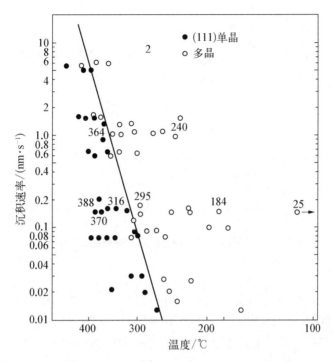

图 9.2.8　在 NaCl(111)衬底上沉积 Cu 时薄膜组织与
衬底温度及沉积速率之间的关系

9.2.3　原子聚集理论

在热力学界面能理论中,对形核分析有两个基本假设:① 当核尺寸变化时,其形状不发生变化;② 核的表面自由能和体积自由能与块体材料具有相同数值。对于块体材料,例如熔融金属的凝固,其形核尺寸较大,一般由 100 个以上原子组成,此时热力学界面能理论完全适用。而对于薄膜沉积来说则不然,其临界形核尺寸较小,一般为原子量级,即只含有几个原子。因此,热力学界面能理论研究薄膜沉积过程的形核,其适用性受到质疑。

原子聚集理论或统计理论则着眼于一个一个的原子,认为原子之间的作用只有键合能,并利用聚集体原子间的键合能以及聚集体原子与基体表面原子间的键合能代替毛吸理论中的热力学自由能。

在原子聚集理论中,临界核和最小稳定核的所需原子数与键合能之间的关系如图 9.2.9 所示。从图中的键合能数值看出,它是以原子对的键合能为最小单位且呈不连续变化。

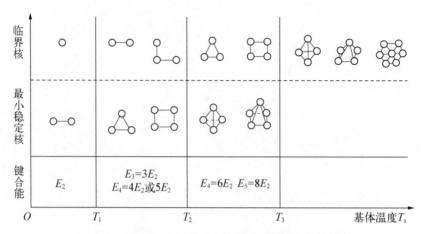

图 **9.2.9** 临界核和最小稳定核原子数与键合能的关系

9.2.3.1 临界核

如图 9.2.9 所示,当临界核尺寸较小时,键合能 E_i 将呈现不连续变化,且几何形状不会保持不变。因此,无法得到临界核大小的数学解析式,但可以分析它含有一定原子数目时可能产生的形状,然后利用试差法确定哪种形式的原子团是临界核[8]。下面以面心立方结构金属为例进行分析,假设沉积速率恒定不变,分析临界核大小随衬底温度的变化。

（1）在较低衬底温度 T_1 下,临界核是吸附在基体表面上的单个原子。此时,每个吸附原子一旦与其他吸附原子相结合,都可形成相对稳定的原子对形状的最小稳定核。由于在临界核原子周围的任何位置都可与另一个原子相碰撞结合,所以稳定核原子对将不具有单一的方向性。

（2）当衬底温度升高至 T_2 时,临界核为原子对。此时若每个原子只受到单键的约束,将处于不稳定状态,必须具有双键才能形成稳定核。因此,在这种情况下,最小稳定核是三原子的原子团,稳定核将以(111)面平行于基片。而另一种可能存在的最小稳定核是四原子的方形原子团,但出现这种情况的概率较小。

（3）当温度升高至大于 T_2 之后,临界核是三原子团或四原子团。此时双键已不能使原子稳定在核中,因此形成的最小稳定核,其每个原子至少要有三个键。故其最小稳定核是四原子团或五原子团。

（4）当温度再进一步升高达到 T_3 之后,临界核显然是四原子团或五原子团,有的甚至可能是七原子团。

上述情况均呈现在图 9.2.9 中,图中的温度 T_1、T_2 和 T_3 称为转变温度或临界温度。而在热力学界面能成核理论中,描述核形成条件采用的是临界核半

径概念。由此可看到两种理论在描述临界核方面的差异。详细的理论计算可求得 T_1 和 T_2:

$$T_1 = \frac{-(E_d + E_2)}{k\ln(\tau_0 J/n_s)}$$

$$T_2 = \frac{-\left(E_d + \frac{1}{2}E_3\right)}{k\ln(\tau_0 J/n_s)} \tag{9.2.32}$$

9.2.3.2 形核速率

前面已经指出,成核速率等于临界核密度乘以每个核的捕获范围,再乘以吸附原子向临界核扩散迁移的通量。对于临界核密度 n_i^* 的计算如下:首先,假设基体表面上有 n_s 个可以形成聚集体的位置,在任何一个位置上都吸附若干个单原子;其次,假设有 $n(n_s \geqslant n)$ 个单原子,分别被 n_1 个单原子形成的聚集体吸附,被 n_2 个双原子组成的聚集体吸附,被 n_3 个三原子组成的聚集体吸附,……,被 n_i^* 个 i 原子组成的聚集体吸附。因此有

$$\sum(n_i^* \times i) = n \tag{9.2.33}$$

对于 n_i^* 来说,若在 n_s 个任意吸附位置上有 n_i^* 个和 $(n_s - n_i^*)$ 个聚集体,则 n_i^* 的衰减量为

$$n_s C_{n_i^*} = \frac{n_s!}{n_i^*!\,(n_s - n_i^*)!} \tag{9.2.34}$$

如果 $n_s \gg n_i^* \gg 1$,那么上式近似等于 $n_s^{n_i^*}/n_i^*!$。如果 $n_s \gg \sum n_i^*$,那么上式对所有 i 都成立。

若单原子吸附时键合能为 E_i,i 个原子组成聚集体时键合能为 E_i^*,则处于这种聚集体的状态数为

$$W_i = \frac{n_s^{n_i^*}}{n_i^*!}\,\exp\left(\frac{n_i^* E_i^*}{kT}\right) \tag{9.2.35}$$

全部聚集体的状态数为

$$W = \prod_i \frac{n_s^{n_i^*}}{n_i^*!}\,\exp\left(\frac{n_i^* E_i^*}{kT}\right) \tag{9.2.36}$$

假设 W 达到的最大值 n_s 就是实际状态，薄膜系统中的总原子数为 n，则可得

$$\sum i \times n_i^* = n \tag{9.2.37}$$

故计算临界核密度 n_i^* 就是求解公式（9.2.37）条件下 W 或 $\ln W$ 的最大值。为此，假设 C 为某一未知常数，并令

$$\ln W + n \ln C = L \tag{9.2.38}$$

转而变成求解 L 的最大值。如果将 W 和 n 值代入式（9.2.38）中，再对其求导，则可得

$$\frac{\partial L}{\partial n_i^*} = \ln n_s + \frac{E_i^*}{kT} - \ln n_i^* + i \ln C \tag{9.2.39}$$

令 $\dfrac{\partial L}{\partial n_i^*} = 0$，可得

$$n_i^* = \left[n_s \exp\left(\frac{E_i^*}{kT}\right) \right] C \tag{9.2.40}$$

假设 $i = 1$，可得

$$C = \frac{n_1}{n_s} \exp\left(\frac{-E_i^*}{kT}\right) \tag{9.2.41}$$

将式（9.2.41）代入式（9.2.40）中，可得

$$n_i^* = n_s \left(\frac{n_1}{n_s}\right)^i \exp\left(\frac{E_i^* - iE_i}{kT}\right) \tag{9.2.42}$$

因为 E_i 是单原子吸附状态下的势能，若将其作为能量基准（零点），则临界核密度可表示为

$$n_i^* = n_s \left(\frac{n_1}{n_s}\right)^i \exp\left(\frac{E_i^*}{kT}\right) \tag{9.2.43}$$

上式与热力学界面能理论得到的临界核密度公式[式（9.2.7）]相对应。

吸附原子向临界核扩散迁移的通量仍可用式（9.2.23），临界核捕获范围为 A^*，则形核速率为

$$\frac{\mathrm{d}n_i}{\mathrm{d}t} = n_i^* \omega A^*$$

$$= n_s \left(\frac{n_1}{n_s}\right)^i \exp\left(\frac{E_i^*}{kT}\right) J a_0 \exp\left(\frac{E_d - E_D}{kT}\right) A^*$$

$$= A^* J n_s a_0 \left(\frac{J\tau_a}{n_s}\right)^i \exp\left(\frac{E_i^* + E_d - E_D}{kT}\right)$$

$$= A^* J n_s a_0 \left(\frac{J\tau_a}{n_s}\right)^i \exp\left[\frac{E_i^* + (i+1)E_d - E_D}{kT}\right] \tag{9.2.44}$$

形核速率与热力学界面能理论成核速率[见式(9.2.24)]相对应。从式(9.2.44)可以看出,随着临界原子团尺寸增加,形核速率以 J^{i+1} 指数关系增加。

由于基本原理的相似性,故吸附界面能理论与原子聚集理论所推导的结果之间存在相似性也不足为怪。但一般说来,前者给出的临界晶核尺寸较大,而形核速率较低;后者给出的临界晶核尺寸较小,而形核速率较高。造成这种区别的原因在于,唯象的吸附界面能理论是基于参量的连续变化,即原子团尺寸连续变化,化学自由能、表面能、界面能连续变化等;而原子聚集理论或统计理论则是基于参量的不连续变化,即原子团尺寸不连续变化,吸附原子及原子间的键合能不连续变化等。显然,前者适用于凝聚能较小或过饱和度较小,从而得到临界晶核较大的沉积情况;而后者则适用于原子键合能较高或过饱和度较大,从而得到临界晶核较小的沉积情况。

9.3　连续薄膜的形成

形核初期形成的孤立核心随着时间的推移逐渐长大,这一过程除了包括吸收单个气相原子之外,还包括核心之间相互吞并、联合的过程。下面讨论三种核心相互吞并可能的机制。

9.3.1　奥斯瓦尔多吞并过程

奥斯瓦尔多(Ostwald)吞并过程以气相转移机制为主。设想在形核过程中已经形成了不同大小的核心,并且随着时间延长,较大的核心将依靠吸收和消耗较小的核心而进一步长大。这一过程的驱动力源自薄膜结晶过程中岛状结构倾向于降低自身表面自由能的趋势。图 9.3.1 所示为岛状结构的长大机制。

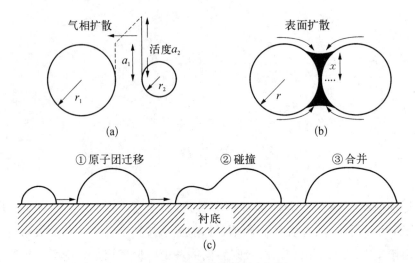

图 9.3.1　岛状结构的长大机制

(a) Ostwald 吞并；(b) 熔结；(c) 岛的迁移

图 9.3.1(a)是吞并过程的示意图。假设衬底表面存在着两个大小不同的岛，两者并不直接接触。为简单起见，可以认为它们近似为球状，球的半径分别为 r_1 和 r_2，两个球的表面自由能分别为 $G_s = 4\pi r_i^2 \gamma (i = 1, 2)$。两个岛分别含有的原子数为 $n_i = 4\pi r_i^3 / 3\Omega$，其中，$\Omega$ 代表一个原子的体积。由上面的条件可以求出岛中每增加一个原子引起的表面自由能增加为

$$\mu_i = \frac{\mathrm{d}G_s}{\mathrm{d}n_i} = \frac{2\gamma\Omega}{r_i} \tag{9.3.1}$$

由化学位定义，可写出每个原子的自由能为

$$\mu_i = \mu_0 + kT\ln a_i \tag{9.3.2}$$

得到表征不同半径核心中原子活度的吉布斯-汤姆孙(Gibbs-Thomson)关系：

$$a_i = a_\infty \mathrm{e}^{\frac{2\Omega\gamma}{\gamma_i kT}} \tag{9.3.3}$$

式(9.3.3)表明，较小的核心中的原子将具有较高的活度值，因而其平衡蒸气压也将较高。因此，当两个尺寸不同的核心邻近时，尺寸较小核心中的原子有自发蒸发的倾向，而较大的核心则会因其平衡蒸气压较低而吸收较小核心蒸发来的原子。结果是较大的核心吸收原子而长大，而较小的核心则失去原子而消失。Ostwald 吞并的自发进行会导致薄膜中保持存在尺寸相近的岛状结构。

9.3.2 熔结过程

熔结过程以表面扩散机制为主。如图 9.3.1(b)所示,熔结过程是两个相互接触的核心相互吞并的过程[9]。以 Au 核心的吞并为例,图 9.3.2 表现了两个相邻的 Au 核心相互吞并时的具体过程,注意观察每张照片中心部位的两个晶核的变化过程。在极短的时间内,两个相邻核心之间产生直接接触,并且很快地完成相互吞并的过程。在这一熔结过程中,表面自由能降低的趋势仍提供整个过程的驱动力。而原子的扩散可能通过两种途径进行,即体扩散和表面扩散,但很显然,表面扩散机制对熔结过程的贡献应该更大。

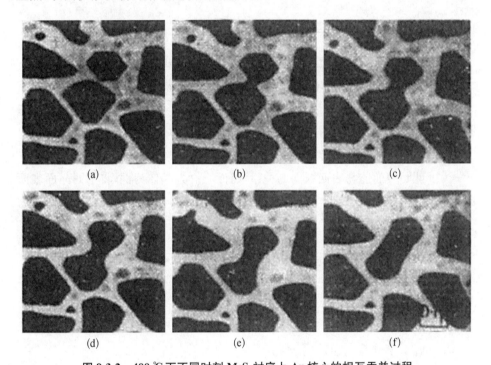

图 9.3.2   400 ℃下不同时刻 MoS₂ 衬底上 Au 核心的相互吞并过程

(a) $t = 0$;(b) $t = 0.06$ s;(c) $t = 0.18$ s;(d) $t = 0.50$ s;(e) $t = 1.06$ s;(f) $t = 6.18$ s

9.3.3 原子团迁移

原子团迁移以热运动机制为主。在薄膜生长初期,岛的相互合并还涉及第三种机制,即岛的迁移过程。位于衬底上的原子团还具有一定的活动能力,其行为类似于液珠在桌面上的运动。用场离子显微镜可以观察到含有两三个原子的原子团迁移现象。同时,电子显微镜观察也发现,当衬底温度不是很低时,含有 50~100 个原子的原子团也可以发生自由的平移、转动和跳跃运动。

原子团的迁移将导致原子团间的相互碰撞和合并,如图 9.3.1(c)所示。而原子团的迁移是由热激活过程所驱动,其激活能 E 应与原子团的半径 r 有关。原子团越小,激活能越低,原子团的迁移也越容易。

显然,要明确区分上述三种原子团合并机制在薄膜形成过程中的相对重要性是很困难的。但同时也是在上述三种机制的共同作用下,原子团之间发生相互合并的过程,并最终形成了连续的薄膜组织。

9.3.4　决定表面取向的乌尔夫理论

晶体中取向不同的晶面,原子面密度不同,解离时每个原子形成的断键不同,因而表面增加的能量也不相同。实验和理论计算都已证明,晶体的不同晶面具有不同的表面能,正如能量最低的晶面常显露于单晶的表面之外一样。沉积薄膜时,能量最低的晶面也往往显露于外表面。

9.3.4.1　表面能与薄膜表面取向

为了证明表面能与表面取向的关系,以面心立方晶体为例,将不同晶面表面能相对比值列于表 9.3.1 中,a 为晶格常数。其中(111)晶面的表面能相对值为最低值,仅为 1。

表 9.3.1　面心立方晶体主要晶面表面能相对比值

晶面	断键密度/cm^{-2}	表面能相对比值
(111)	$6/\sqrt{3}a^2$	1
(100)	$4/a^2$	1.154
(110)	$6/\sqrt{2}a^2$	1.223
(210)	$14/\sqrt{10}a^2$	1.275

表 9.3.1 中的断键密度指的是最近邻原子,即 $\frac{1}{2}\langle 110 \rangle$ 的断键密度。从上到下断键密度逐渐增大,表面能相对比值也逐渐增大。需要说明,晶体中不同晶向原子排列的线密度以及不同晶面原子排列的面密度是不同的。

晶面间距大的晶面,原子排列的面密度较大;晶面间距小的晶面,原子排列的面密度较小。面心立方晶体中原子排列的一级近邻沿 $\frac{1}{2}\langle 110\rangle$,二级近邻沿 $\langle 100\rangle$,三级近邻沿 $\frac{1}{2}\langle 112\rangle$ 等,其他结构的晶体中也存在类似的情况。

9.3.4.2　乌尔夫理论推测薄膜生长模式及表面取向

表面能因晶体表面的取向不同而不同,因此不同晶面的表面能是不同的。采用乌尔夫理论,根据表面能的方向性推测薄膜生长模式及表面取向。乌尔夫理论的优点在于其作图方法简明直观。

设在基体 B 上生成膜物质 A 的三维晶核,晶核中含有 n 个 A 原子(见图 9.3.3),其形核的自由能变化可表示为

$$\Delta G_{3D}(n) = -n\mu + \sum \gamma_j S_j + (\gamma^* - \gamma_B) S_{AB} \tag{9.3.4}$$

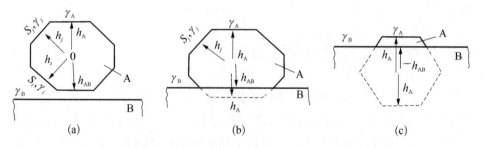

图 9.3.3　A、B 间界面结合能(亲和力)由小变大,薄膜形核长大,逐渐由三维(岛状)向二维(层状)过渡

(a) $\beta = 0$, $h_{AB} = h_A$;(b) $0 < \beta < \gamma_A$, $h_{AB} < h_A$;(c) $\gamma_A < \beta < 2\gamma_A$, $|h_{AB}| < h_A$

式中,γ_B 为 B 的表面能;γ^* 为 A 与 B 之间的界面能;S_j 为晶核 j 面的表面积;γ_j 为晶核 j 面的表面能;S_{AB} 为 A、B 的接触面积。

式(9.3.4)中,$-n\mu$ 是气相到固相释放的化学自由能,为成膜的动力; $\sum \gamma_j S_j$ 是除 A、B 界面之外对 A 所有表面能求和;最后一项是扣除原 B 表面的表面能之外的界面能。由形核条件可以导出乌尔夫定理的表达式:

$$\frac{\gamma_i}{h_i} = \frac{\gamma_A}{h_A} = \frac{\gamma^* - \gamma_B}{h_{AB}} = \frac{\gamma_A - \beta}{h_{AB}} \tag{9.3.5}$$

由式(9.3.5)可知，针对 β，即界面结合能或 A、B 表面间的亲和力大小不同，可以有代表性地分为下列四种情况：

(1) $\beta=0$ 时，$h_{AB}=h_A$，相当于图 9.3.3(a)；

(2) $0<\beta<\gamma_A$，即 A、B 间的亲和力逐渐增大，$h_{AB}<h_A$，相当于图 9.3.3(b)；

(3) $\gamma_A<\beta<2\gamma_A$，$h_{AB}<0$，$|h_{AB}|<h_A$，相当于图 9.3.3(c)；

(4) $\beta\to 2\gamma_A$，$h_{AB}\to h_A$。

由以上分析可以看出，薄膜与基体之间的亲和力较小时，薄膜按三维岛状形核生长，随着亲和力增加，薄膜逐渐由三维方式向二维方式过渡。这与前面用界面能得出的结果完全一致。

根据式(9.3.5)，$\dfrac{\gamma_i}{h_i}$ 为常数，说明垂直于哪个方向的晶面表面能大，则该方向生长得快，趋势是降低总表面能。换句话说，能显著降低总表面能的那些高表面能晶面将优先生长，并逐渐被掩盖，从而暴露出表面能最低的晶面，且与膜面平行。

9.4 薄膜生长过程与薄膜结构

薄膜沉积过程中，入射的气相原子首先被衬底或薄膜表面所吸附。若这些原子具有足够的能量，将在衬底或薄膜表面进行扩散运动，除了可能脱附的部分原子之外，大多数被吸附原子将扩散到生长中的薄膜表面的某些低能位置。如果衬底温度条件允许，则原子还可能经历一定的体扩散过程。因此，原子的沉积包含三个过程，即气相原子的沉积或吸附、表面扩散以及体扩散过程。由于这些过程均受到过程的激活能控制，因此薄膜结构的形成将与沉积时衬底相对温度 T_s/T_m 以及沉积原子自身的能量密切相关。其中，T_s 为衬底温度，而 T_m 为沉积物质的熔点。下面以溅射方法制备的薄膜为例，讨论沉积条件对薄膜组织的影响。

9.4.1 薄膜生长的晶带模型

如图 9.4.1(a)所示，溅射方法制备的薄膜组织可依沉积条件不同而出现四种形态。对薄膜组织的形成具有重要影响的因素除了衬底温度之外，溅射气压也会直接影响入射在衬底表面的粒子能量，即气压越高，入射到衬底上的粒子受到的碰撞越频繁,粒子能量也越低,故溅射气压对薄膜结构也存在很大影响。衬底相对温度 T_s/T_m 和溅射时氩气气压对于薄膜组织的综合影响如图 9.4.1(b)所示。

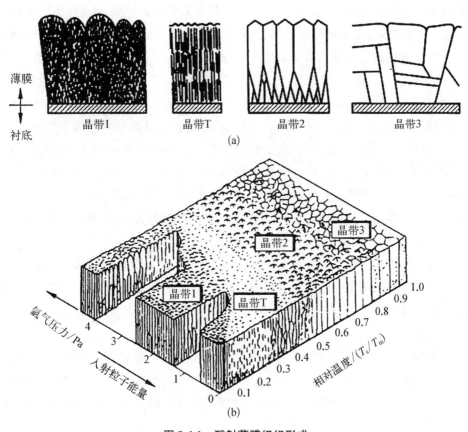

图 9.4.1　溅射薄膜组织形成

(a) 薄膜组织的四种典型断面结构;(b) 衬底相对温度 T_s/T_m 和溅射气压对薄膜组织的影响

在温度较低、气压较高的情况下,入射粒子的能量较低,原子表面扩散能力有限,形成的薄膜组织为晶带 1 型组织。在低的沉积温度下,薄膜的临界核心尺寸很小,在沉积进行的过程中会不断产生新的核心。同时,原子的表面扩散及体扩散能力很弱,即沉积在衬底上的原子已失去扩散能力。由于这两个原因,加上沉积阴影效应的影响,沉积组织呈现细纤维状形态,晶粒内缺陷密度很高,而晶粒边界处的组织明显疏松,细纤维状组织由孔洞所包围,力学性能很差。在薄膜较厚时,细纤维状组织进一步发展为锥状形态,表面形貌发展为拱形,锥状组织之间夹杂较大的空洞。

晶带 T 型组织是介于晶带 1 与晶带 2 之间的过渡型组织。沉积过程中临界核心尺寸仍然较小,但原子开始具有一定的表面扩散能力。因此,虽然在沉积薄膜阴影效应的影响下组织仍保持细纤维状的特征,但晶粒边界明显较为致密,机械强度提高,孔洞和锥状形态消失。晶带 T 与晶带 1 的分界明显依赖于气压,即溅射压力越低,入射粒子能量越高,则两者的分界越向低温区域移动。表明入射粒子能量的提高有抑制晶带 1 型组织出现而促进晶带 T 型组织出现的作用。

当 $T_s/T_m = 0.3 \sim 0.5$ 时,形成的晶带 2 是表面扩散过程控制的生长组织。此时原子的体扩散尚不充分,但表面扩散能力已经较高,可进行相当距离的扩散,因而沉积阴影效应的影响减弱。组织形态为各个晶粒分别外延生长而形成的均匀柱状晶组织,晶粒内部缺陷密度低,晶粒边界致密性好,力学性能高。同时,各晶粒表面开始呈现晶体学平面的特有形貌。衬底温度的继续升高 $(T_s/T_m > 0.5)$ 将使得原子的体扩散开始发挥重要作用,晶粒开始迅速长大,直至超过薄膜厚度,组织是经过充分再结晶的粗大等轴晶式晶粒外延组织,晶粒内缺陷密度很低,即表现为晶带 3 型薄膜组织。

在晶带 2 和晶带 3 的情况下,衬底温度已经较高,因而溅射气压或入射粒子能量对薄膜组织的影响较小。衬底温度较低时,晶带 1 和晶带 T 生长的过程中原子扩散能力不足,因而这两类生长又称为抑制型生长。与此相对应,晶带 2 和晶带 3 的生长称为热激活型生长。

蒸发方法制备的薄膜与溅射薄膜的组织相似,也可相应地划分为四个晶带。图 9.4.2 所示是蒸发法制备的金属薄膜的组织形态随衬底相对温度的变化情况。当 $T_s/T_m < 0.15$ 时,薄膜组织为晶带 1 型的细等轴晶,沉积过程伴随着形核过

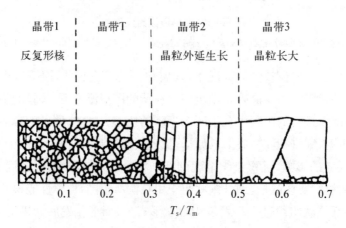

图 9.4.2　蒸发法制备的金属薄膜的组织形态随衬底相对温度的变化

程,晶粒尺寸只有 5 ~ 20 nm,组织中孔洞较多,组织较为疏松;当 $0.15 < T_s/T_m < 0.3$ 时,出现的是晶带 T 型的组织,其特点是在细晶粒的包围下出现部分直径约为 50 nm 的较大晶粒,表明部分晶界已具备一定的运动能力;当 $T_s/T_m = 0.3 \sim 0.5$ 时,晶带 2 型的柱状晶形貌开始出现;当 $T_s/T_m > 0.5$ 时,组织变为晶带 3 型的粗大等轴晶组织。

9.4.2 纤维状生长模型

由上述分析可知,当衬底温度合适,薄膜组织呈现典型的纤维状生长。这实际上是原子扩散能力有限,大量晶粒竞争外延生长的结果,由疏松的晶粒边界包围下的相互平行生长的较为致密的纤维状组织组成。在薄膜的横断面上,这种纤维状组织的特点很明显,这是因为纤维状组织的晶粒边界处密度较低,结合强度较弱,常常是最容易发生断裂的地方,如图 9.4.3 所示。

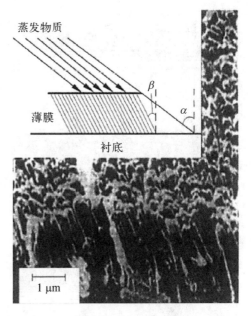

纤维状组织的一个特性是纤维生长方向与粒子的入射方向之间成正切夹角关系,即

$$\tan\alpha = 2\tan\beta \qquad (9.4.1)$$

图 9.4.3 蒸发沉积 Al 薄膜的纤维生长方向与入射粒子方向之间的关系

式中,α、β 为入射粒子和纤维生长方向与衬底法向间的夹角。由图 9.4.3 可知,纤维状生长方向与衬底法向的夹角小于入射粒子方向与衬底法向的夹角。这一实验规律的普遍适用性表明,纤维状生长与薄膜沉积时入射原子运动的方向性以及导致的沉积阴影效应密切相关。

通过计算机模拟可以得出薄膜沉积过程中纤维状生长过程及其与沉积阴影效应的关系。假设衬底处于一定温度,而按顺序蒸发出的原子硬球以一定的入射角度 α 无规律地入射到衬底上,则可得到如图 9.4.4 所示的模拟结果。模拟过程中允许沉积原子调整自己的位置至最近的空位,从而使得近邻配位数达到最大。模拟结果显示,随着入射角 α 增加,薄膜的沉积密度下降,而且纤维生长方向与衬底法线间的夹角 β 小于 α，且与式(9.4.1)的结果相吻合。随着衬底温度的升高，薄膜的密度增加。换句话说，当原子入射的方向被阴影遮蔽，或者入射原子在沉积之后扩散能力不足时，薄膜中孔洞的数量将增加，薄膜的密度将减小，原子扩散能力越弱，阴影效应也越明显。

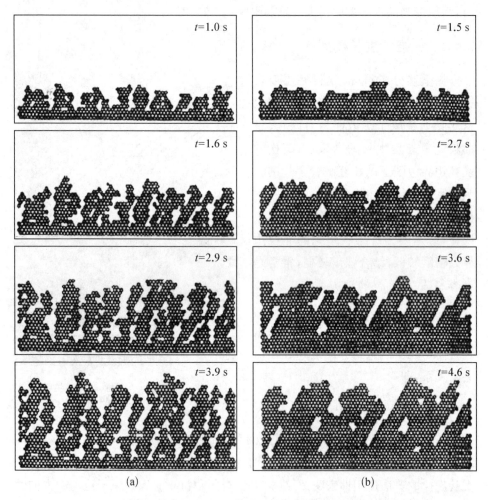

图 9.4.4　计算机模拟得出的 Ni 薄膜在不同温度下的纤维状生长过程

(a) $\alpha = 45°$，$T = 350\,\mathrm{K}$；(b) $\alpha = 45°$，$T = 420\,\mathrm{K}$

由以上晶带及纤维状生长模型得知，由于薄膜中不可避免地会存在孔洞，沉积后的薄膜密度一般低于理论密度。同时实验表明，薄膜的密度变化遵循以下规律[10]：

（1）随着薄膜厚度的增加，薄膜的密度逐渐增加并且趋于一个极限值，这一极限值一般仍低于理论密度。比如,在 525 ℃ 以上沉积 Al 薄膜,当薄膜厚度增加至大于 25 nm 时,其密度将由 2.1 g/cm³ 增加至约 2.58 g/cm³,其后维持在这一数值不再变化。但后一数值仍小于 Al 的理论密度 2.70 g/cm³。显然,厚度较小时,薄膜密度较低的原因与薄膜沉积初期的点阵无序程度高,氧化物含量大,空位、孔洞以及气体含量较高有关。

　　(2) 金属薄膜的相对密度一般高于陶瓷等化合物材料。显然,这与后者沉积时原子的扩散能力较弱,沉积产物中孔隙较多有关。比如,金属薄膜的相对密度一般可以达到理论值的 95％ 以上,而氟化物材料薄膜的相对密度一般只有理论值的 70％ 左右,提高衬底温度可以显著提高后一类薄膜的密度。

　　(3) 薄膜材料中含有大量空位和孔洞。据估计,在沉积态的金属薄膜中,空位的密度很高。相互独立存在或相互连通的孔洞聚集在晶界附近。除此之外,沉积物中还存在大量的显微孔洞。图 9.4.5 所示是在欠聚焦状态下拍摄到的 Au 膜中显微孔洞在晶粒内的分布情况。这种显微孔洞的尺寸只有 1 nm 左右,但其密度高达 1×10^{17} 个/cm³。

图 9.4.5　Au 膜中显微孔洞在晶粒内的分布情况

　　薄膜中纤维状的结构和显微缺陷的存在对薄膜的性能有着重要的影响。例如,呈纤维状生长的薄膜的物理性能,包括力学、电学、磁学、热学性能等,均呈现各向异性。薄膜中缺陷的存在使得薄膜中元素的扩散系数增大,造成薄膜微观结构的不稳定性,增加其再结晶和晶粒长大的倾向等。

9.4.3　薄膜的缺陷

　　薄膜的体内晶体缺陷(包括点缺陷、线缺陷、面缺陷)与一般晶体的缺陷相同,我们在这里只做一些简要的介绍,同时强调这些缺陷与表面、界面之间的关系。薄膜的表面和界面上还会出现与体缺陷不同的缺陷,如表面点缺陷等,它们对薄膜的生长、质量和性能均有重要的影响[10]。

9.4.3.1　点缺陷

　　金属薄膜中的点缺陷主要有空位、间隙原子和替代杂质原子等。由于空位形成能比间隙原子形成能小得多,这些金属的平衡空位浓度比平衡间隙原子浓度大得多。只有一些尺寸小的杂质原子(如 H、C 等)才比较容易存在于金属原子的间隙之中,要了解这些现象,需要计算金属间隙的尺寸和数目。图 9.4.6(a)所示的面心立方金属晶胞共有四个原子,图 9.4.6(b)是面心立方金属晶胞中原子在晶胞底面的投影,原子旁的数值是原子在垂直底面方向的坐标。晶胞的六个面心原子分别处于两个相邻的(111)面上,平行于这两个(111)面的另外两个(111)面通过两个顶点原子,这四个面将晶胞体对角线三等分。这六个面心原子组成围绕晶胞中心的正八面体,因此,晶胞中心就是一个八面体间隙,如以晶格常数为单位,其坐标是(1/2,1/2,1/2)。12 个棱的中点也是八面体间隙,此时需要加上相邻晶胞的两个面心原子组成八面体,各个(111)原子面的堆垛次序是ABCABC,A、B、C 是六角密堆原子面在[111]方向投影的三种位置。

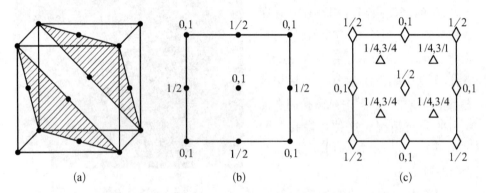

(a)　　　　　　　　　　(b)　　　　　　　　　　(c)

图 9.4.6　面心立方金属晶胞及其中的两个相邻的(111)面

(a) 晶胞的透视图;(b) 晶胞中原子在底面上的投影;(c) 晶胞中八面体间隙(菱形)和四面体间隙(三角形)中心在底面上的投影,数值是垂直于底面方向的坐标

图 9.4.6(a)中,一个顶角原子和三个相邻面心原子组成四面体,其中的间隙是四面体间隙,其坐标可以是(1/4,1/4,1/4)。显然四面体顶点原子和三个相邻面心原子处于相邻的(111)面上。

八面体间隙和四面体间隙在晶胞内的位置如图 9.4.6(c)所示。图中的菱形是八面体间隙的投影,符号旁的数字表示垂直于底面方向的坐标,其单位是晶格常数。由图可见,一个晶胞中有四个原子、四个八面体间隙和 8 个四面体间隙,即面心立方金属中原子与八面体间隙之比是 1:1,原子与四面体间隙之比是1:2。

面心立方金属晶胞中的原子分别处于四个相邻的(111)面上,这四个(111)

原子面的堆垛次序是 ABCA。图 9.4.7(a)所示是相邻两层原子的堆垛,从图中可以看到,两个相邻(111)面之间有两种间隙,相邻(111)面各由三个近邻原子组成的大间隙是八面体间隙,图 9.4.7(b)为其立体图。一个(111)面的原子和相邻(111)面的三个近邻原子组成的小间隙是四面体间隙,图 9.4.7(c)为其立体图。在相切钢球模型中,原子半径是 0.354(晶格常数为 1),八面体间隙半径是 0.146,八面体间隙半径与原子半径之比是 0.414。四面体间隙半径是 0.079 5,四面体间隙半径与原子半径之比是 0.225。由此可见,八面体间隙比四面体间隙大得多。但是,八面体间隙比原子体积小得多,金属的间隙原子在大的八面体间隙中也会引起很大的畸变,使间隙原子形成能很大,因此间隙原子平衡浓度远远比空位平衡浓度小。一些杂质原子如 C、H 等的原子半径比金属原子小许多,它们可以比较容易地处于八面体间隙中。

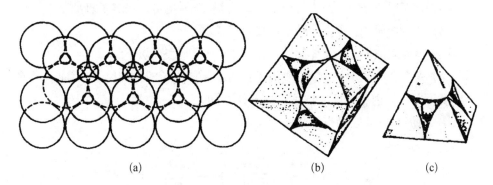

图 9.4.7　面心立方金属两层(111)原子面之间的情况

(a) 八面体间隙和四面体间隙;(b) 八面体间隙立体图;(c) 四面体间隙立体图

　　体心立方金属中也有八面体(非正八面体)间隙和四面体(非正四面体)间隙。前者位于面心位置,如(1/2, 1/2, 0)等 6 处(属于一个晶胞的有 3 个)以及 12 个棱的中点(属于一个晶胞的有 3 个),因此,一个晶胞有 6 个八面体间隙。八面体间隙的半径由相邻近的两个原子限制,八面体间隙半径与原子半径之比为 0.155。四面体间隙位于(1/2, 1/4, 0)等处,立方体每个面上有 4 处,共 24 处(属于一个晶胞的有 12 个)。四面体间隙半径与原子半径之比为 0.291,体心立方金属中四面体间隙比八面体间隙大得多。与面心立方金属中的情况相反,体心立方金属中,原子(属于晶胞的有 2 个原子)与八面体间隙之比是 1∶3,原子与四面体间隙之比是 1∶6。由于体心立方金属中的四面体间隙比面心立方金属中的八面体间隙小得多,体心立方金属 Fe 四面体间隙中能固溶的 C 原子数远比面心立方 Fe 八面体间隙中固溶的 C 原子少。

金属中的点缺陷可以是置换合金原子、间隙合金原子等,前者指取代了基体原子的异类原子,后者指填充在基体原子间隙中的异类原子。置换合金原子的半径一般与基体原子半径相差较小,间隙合金原子的半径一般比基体原子的半径小得多。置换合金原子在基体中引起晶格的局部膨胀和收缩,使晶格常数随合金原子百分比的增大而近似线性地变化(费伽德定律)。合金原子使固溶体的能量增加是不利的,但它们可以使固溶体的组态熵增大,这是有利的。两者优化的结果(自由能极小)使金属或其他元素都或多或少含有一定数量的杂质原子。

对金属晶体来说,表面点缺陷可分为以下几种。

(1) 表面空位:一般指台面上的空位。

(2) 台面空位:相当于台阶上相距一个原子间距的两个扭折。

(3) 表面增原子:一般指台面上的同类增原子,也可以是异类增原子。

(4) 台阶增原子:靠在台阶上的增原子。

(5) 表面间隙原子:与体间隙原子类似,但位于表面层下。

(6) 表面合金原子:一般指取代了台面上基体原子的异类原子,表面合金原子浓度可以与体内合金原子浓度有显著的不同。

图 9.4.8 是一些表面点缺陷的示意图。

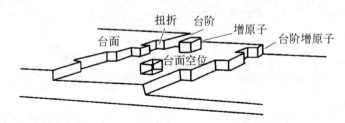

图 9.4.8 表面点缺陷示意图

9.4.3.2 位错

位错主要有两种基本类型:螺位错和刃位错。一般位错是由这两种基本位错组成的混合型位错。位错线的形状是曲线,在曲线的不同部分分别是螺位错(曲线的局部与 b 平行)和刃位错(曲线的局部与 b 垂直)。薄膜中存在大量位错,位错密度通常可达 $10^{10} \sim 10^{11}$ cm^{-2}。同时,由于位错处于钉扎状态,因此薄膜的抗拉强度比大块材料略高。

9.4.3.3 孪晶界和其他面缺陷

面心立方金属(111)原子面的堆垛次序是 ABCABC,以(111)为界面的孪晶中的堆垛次序是 ABCABCBACBA,这是以中心的 C 面为对称面的两个面心立方晶体的结构形成孪晶。这样的堆垛从最近邻原子看仍保持着每一个原子有 12 个最近邻原子与它成键,并且键长不变。但从相隔一个原子层的(111)面,如 BCB 堆垛的两个 B 面之间的次近邻、第三近邻看,出现了不符合面心立方金属堆垛的次近邻、第三近邻,它实际上是面心立方金属中夹进的三层六角密堆金属,如果晶体结合能完全由最近邻键合能决定,孪晶界面的出现不会引起能量的增加。但是,实际上次近邻等较远的键合能也有一定的贡献,次近邻等较远的键的变化会引起附加的能量,这种附加能量很小,因此孪晶界面能是各种界面能中最小的一种。

　　孪晶界面能比堆垛层错能更小一些,因为堆垛层错实际上可以近似看成相邻的两个孪晶界面,面心立方金属沿(111)滑移,ABCABC 在 CA 之间滑移后使 C 后面的 ABC 滑移到 BCA 成为 ABCBCA,其中含有不符合面心立方堆垛次序的 BCBC 四层,它可以近似看成 BCB、CBC 两个孪晶界堆垛层错能高于孪晶界面能。不同金属的堆垛层错能相差较大,如 Ag、Au、Cu、Al、Ni 的堆垛层错能分别为 20 erg①/cm²、45 erg/cm²、75 erg/cm²、135 erg/cm²、240 erg/cm²。合金的堆垛层错能可以进一步降低,如黄铜(Cu‐Zn 合金)中含 10% Zn 时层错能从 75 erg/cm² 降到 35 erg/cm²。面心立方的不锈钢(奥氏体)的堆垛层错能也相当低。概括起来,这些金属和合金的堆垛层错能为 20~200 erg/cm²,比面心立方金属孪晶界面能约大 1 倍。

　　一般金属的小角晶界能由位错芯部能量(键合能有明显增大)和位错引起的应变能组成,但由于位错排列规则,应变范围已大大缩小至晶界的近旁,因此小角晶界能不大。倾斜晶界两侧晶体之间的倾角 θ 与刃位错竖直间距 h 的关系为 $\theta = b/h$,其中 b 是伯格斯矢量长度,即刃位错多余半原子面的厚度。由位错理论可计算得到小角倾斜晶界能。

　　大角晶界两侧晶体没有共格关系,在相互取向关系满足一定条件时,晶界上一小部分原子与两侧晶体有共格关系(处于重位点阵位置上),但大部分原子不共格,使原子间键能增大,甚至由于近邻数减少而形成悬键。大角晶界能一般为表面能的 1/3,如 Cu 的表面能为 1 650 erg/cm²,Cu 的大角晶界能为 600 erg/cm²。晶界常常是杂质原子富集的场所,晶界在表面的显露也会形成杂质原子富集的场所,类似地,晶粒间界上的原子也容易被侵蚀,形成沿晶界延伸

───────────────

　　① erg 是能量与功的单位,1 erg=1×10⁻⁷ J。

的凹沟。实际上,不被侵蚀的晶界在界面张力平衡条件的作用下也会通过热扩散形成凹沟,人们常常制备晶界的纵剖面,通过测量凹沟处晶界和表面的角度来确定表面张力与晶粒间界张力的比值。

以上各种界面是同一组分、同一结构的相结合在一起形成的界面,两种不同组分或不同结构的相结合在一起时会形成相界面。相界面可以分为共格相界面、部分共格相界面和非共格相界面三种。

共格相界面两侧的晶体具有完全确定的位向关系,一侧的原子面和另一侧的原子面可以取向不同或有扭折,但可以逐一对应和过渡,具体的例子有 Co 的面心立方结构和六角密堆结构之间的界面、GaAs 与 InGaAs 之间的界面等。Al 中固溶少量 Cu 原子后形成的富 Cu 的一、二原子层厚的 GP 区与基体之间也可以认为形成了共格相界面。

部分共格相界面的典型例子是 GaAs(001)上生长的较厚的 InGaAs 层,界面两侧晶粒取向虽有确定的取向关系,但界面两侧的原子面已无逐一对应和过渡的关系。此时界面上出现一系列刃型错配位错,那些多余的半原子面一直插到界面处。

非共格相界面两侧的晶体没有一定的取向关系,界面上一般也没有较多原子处于重位点阵位置上。界面原子的排列一般比大角晶粒间界更混乱,因此,非共格相界面能也比晶粒间界能更高。

共格相界面两侧晶体中存在应变能,这种应变能随相的厚度的增加而增大,为松弛过大的应变能,共格相界面会自然地转化为部分共格相界面,即在界面上自发地形成错配位错。在单晶衬底上外延生长薄膜时,衬底中的位错等会延伸到薄膜中,形成所谓的穿过位错。在有错配度的薄膜生长过程中,这些穿过位错可以引起界面上错配位错的形成。

参考文献

[1] 田民波.薄膜技术与薄膜材料[M].北京:清华大学出版社,2006.

[2] 田民波,刘德令.薄膜科学与技术手册(上下册)[M].北京:机械工业出版社,1991.

[3] 田民波.薄膜技术基础[R].北京:清华大学,1996.

[4] Chapman B, Vossen J L. Glow discharge processes: sputtering and plasma etching[J]. Physics Today, 1981, 34(7): 62.

[5] Feldman L C, Mayer J W. Fundamentals of surface and thin film analysis[M]. Amsterdam: Elsevier, 1986.

［6］唐伟忠.薄膜材料制备原理、技术及应用［M］.北京：冶金工业出版社,1998.

［7］陈国平.薄膜物理与技术［M］.南京：东南大学出版社,1993.

［8］杨邦朝,王文生.薄膜物理与技术［M］.成都：电子科技大学出版社,1994.

［9］王力衡,黄运添,郑海涛.薄膜技术［M］.北京：清华大学出版社,1991.

［10］吴自勤,王兵.薄膜生长［M］.北京：科学出版社,2001.